HEYNE ‹

## Das Buch

*Mathe-Magie für Durchblicker* ist genau jenes Buch, das Sie sich in der Schulzeit gewünscht haben. Denn Arthur Benjamin zaubert ein wunderbares Bündel an ganz praktischen Beispielen und ihren mathematischen Kniffen aus dem Hut, sodass jeder Leser die Schönheit und Klarheit, ja die Magie der Mathematik erblicken kann: Anhand von Eislöffeln oder Pokerkarten, von Gebirgshöhen oder Zahlenquadraten lassen sich wie nebenbei Formeln und Gleichungen kennenlernen, die einst jeden Kopf zum Bersten brachten. Arthur Benjamin führt durch alle Gebiete der klassischen Mathematik – und plötzlich lässt sich sogar auf die Zahl Pi sprichwörtlich ein Reim machen oder werden die Fibonacci-Zahlen ein wahres Spielzeug der Fantasie. Wenn wir das nur auf der Schulbank schon gewusst hätten ...

## Der Autor

Arthur Benjamin ist Mathematikprofessor am Harvey Mudd College in Claremont, Kalifornien. Er arbeitet außerdem als professioneller Magier und zeigt sein Programm *Mathematik & Magie* überall auf der Welt. Sein erstes Buch *Mathe-Magie* war international ein Bestseller.

Arthur Benjamin

# MATHE MAGIE

## FÜR DURCHBLICKER

### DIE VERBLÜFFENDSTEN MATHE-TRICKS FÜR ALLE RECHENARTEN

Aus dem Amerikanischen
von Martin Bauer

WILHELM HEYNE VERLAG
MÜNCHEN

Die Originalausgabe erschien 2015 unter dem Titel *The Magic of Math*
bei Basic Books, a member of Perseus Books, New York.

Verlagsgruppe Random House FSC® N001967

2. Auflage
Deutsche Erstausgabe 10/2016
Copyright © 2015 by Arthur Benjamin
Copyright © 2016 der deutschsprachigen Ausgabe
by Wilhelm Heyne Verlag, München,
in der Verlagsgruppe Random House GmbH,
Neumarkter Straße 28, 81673 München
Redaktion: Felix Peterhammer
Umschlaggestaltung: Hauptmann & Kompanie Werbeagentur, Zürich
Satz: Satzwerk Huber, Germering
Druck und Bindung: GGP Media GmbH, Pößneck
Printed in Germany 2016

ISBN 978-3-453-60393-6

www.heyne.de

# Inhalt

# Kapitel Null

# Einleitung

Zauberei fasziniert mich schon mein ganzes Leben. Egal, ob ich Zauberern zusah oder selbst Tricks vorführte, immer faszinierten mich die Methoden, mit denen man ein Publikum verblüffen und beeindrucken kann. Ich liebte es, die Geheimnisse dahinter zu erkunden. Anhand von ein paar einfachen Prinzipien konnte ich sogar eigene Tricks erfinden.

Die gleiche Erfahrung machte ich mit der Mathematik. Schon sehr früh erkannte ich die ganz eigene Magie von Zahlen. Hier ein Trick, der Ihnen gefallen könnte: Wählen Sie eine Zahl zwischen 20 und 100. Zählen Sie jetzt die einzelnen Ziffern zusammen. Ziehen Sie das Ergebnis von Ihrer Ausgangszahl ab. Und zählen Sie schließlich die Ziffern Ihres Ergebnisses zusammen. Lassen Sie mich raten: Lautet Ihr Endergebnis 9? (Wenn nicht, sollten Sie Ihre Berechnungen überprüfen.) Ziemlich cool, was?

In der Mathematik wimmelt es von Zaubereien wie dieser, doch in unserer Schulzeit erfahren wir nichts davon. In diesem Buch lernen Sie, welch hübsche Überraschungen in Zahlen, Figuren und reiner Logik stecken können. Und Sie brauchen nur ein wenig Algebra oder Geometrie, um die Geheimnisse hinter dieser Magie zu entdecken – und vielleicht sogar selbst interessante Zusammenhänge zu finden.

In diesem Buch behandle ich zentrale mathematische Themen: Zahlen, Algebra, Geometrie, Trigonometrie, Infinitesimalrechnung, aber auch Abseitigeres wie das pascalsche Dreieck, die Unendlichkeit, die magischen Eigenschaften von Zahlen wie

9, π, e, i, die Fibonacci-Zahlen und den goldenen Schnitt. Natürlich lassen sich die großen mathematischen Themen auf ein paar Dutzend Seiten nicht erschöpfend behandeln, aber ich hoffe, hinterher verstehen Sie die wichtigsten Konzepte, haben eine bessere Vorstellung davon, warum sie funktionieren, und haben die Eleganz und Bedeutung der einzelnen Bereiche zu schätzen gelernt. Selbst wenn Sie mit dem einen oder anderen Bereich bereits vertraut sind, sehen Sie ihn danach vielleicht mit anderen Augen. Je tiefer wir in die Mathematik eindringen, desto ausgeklügelter und faszinierender wird die Magie. Hier beispielsweise eine meiner Lieblingsgleichungen:

$$e^{i\pi} + 1 = 0$$

Göttlich, wie in dieser kurzen magischen Gleichung die vier wichtigsten Zahlen der Mathematik vereint sind! Konkret kommen 0 und 1 vor, die Basis der Arithmetik; $\pi = 3,14159...$, die wichtigste Zahl der Geometrie; $e = 2,71828$, die wichtigste Zahl der Infinitesimalrechnung; und i, eine imaginäre Zahl, deren Quadrat -1 ist. Mehr zu π in Kapitel 8 und zu *i* und *e* in Kapitel 10. In Kapitel 11 stelle ich die Mathematik vor, die wir für das Verständnis dieser magischen Gleichung brauchen.

Dieses Buch ist gedacht für alle Menschen, die irgendwann einmal einen Mathekurs machen müssen, die gerade einen machen, und diejenigen, die alle Mathekurse ihres Lebens hinter sich haben. Anders ausgedrückt: Dieses Buch soll allen Spaß bringen, Mathe-Phobikern ebenso wie Mathe-Fans. Damit das gelingt, muss ich zuvor einige Regeln aufstellen.

**Regel 1: Sie dürfen alle grauen Kästen überspringen (außer diesem)!**
In jedem Kapitel finden Sie „Nebenbemerkungen", in denen ich etwas Interessantes erzähle, das aber vom Thema wegführt. Vielleicht liefere ich ein weiteres Beispiel oder einen Beweis oder mache Anmerkungen, an denen

fortgeschrittene Leser ihre Freude haben. Beim ersten Durchlesen des Buchs überspringen Sie diese Kästen vielleicht besser (und beim zweiten und dritten Lesen vielleicht auch). Und ich hoffe wirklich, Sie lesen dieses Buch mehrmals. Mathematik ist es wert, dass man sich immer wieder mit ihr beschäftigt!

**Regel 2: Überspringen Sie ruhig Absätze, Abschnitte oder ganze Kapitel.** Springen Sie einfach ein wenig vorwärts, wenn Sie stecken bleiben. Manchmal braucht man den Überblick über ein Thema, bevor man es ganz versteht. Sie werden erstaunt sein, wie viel leichter Ihnen das Verständnis fällt, wenn Sie später zu dem Thema zurückkehren. Es wäre jammerschade, wenn Sie mitten im Buch aufhören und all den Spaß verpassen würden, der weiter hinten auf Sie wartet.

**Regel 3: Überspringen Sie das letzte Kapitel nicht.** Das Schlusskapitel über die Mathematik des Unendlichen stellt etliche verblüffende Ideen vor, von denen Sie in der Schule nie etwas gehört haben. Und das Meiste beruht nicht auf den vorangegangenen Kapiteln. Umgekehrt nimmt das letzte Kapitel Ideen aus allen vorangegangenen Kapiteln wieder auf, was Sie vielleicht dazu ermuntert, diese Teile noch einmal zu lesen.

**Regel $\pi$: Erwarten Sie das Unerwartete.** Mathematik ist zwar ein richtig wichtiges Thema, aber deswegen muss sie noch lange nicht trocken und humorlos präsentiert werden. Als Matheprofessor am Harvey Mudd College kann ich mir gelegentliche Scherze, Witze, Lieder oder Zaubertricks nicht verkneifen, um meine Kurse – und dieses Buch hier – aufzulockern. Auf von mir gesungene Lieder müssen Sie bei diesem Buch allerdings verzichten. Glück gehabt!

Folgen Sie diesen Regeln und entdecken Sie die Magie der Mathematik!

# Kapitel eins

$$1 + 2 + 3 + 4 + ... + 100 = 5050$$

# Die Magie der Zahlen

## Zahlenmuster

Die Erkundung der Mathematik beginnt mit Zahlen. Nachdem wir in der Schule zu zählen und Zahlen in Wörtern oder Ziffern oder physischen Objekten darzustellen gelernt haben, verbringen wir viele Jahre damit, mithilfe von Addition, Subtraktion, Multiplikation, Division und weiteren Rechenarten mit Zahlen zu jonglieren. Leider bekommen wir oft nicht gezeigt, dass Zahlen einen ganz eigenen Zauber haben, der uns bannen könnte, wenn wir nur unter die Oberfläche blicken könnten.

Beginnen wir mit einer Aufgabe, die Carl Friedrich Gauß als Schulbub gestellt bekam. Gauß' Lehrer trug der Klasse auf, alle Zahlen von 1 bis 100 zusammenzuzählen – eine mühselige Arbeit, die die Schüler eine Zeitlang beschäftigen sollte. Gauß verblüffte Lehrer und Mitschüler, indem er die Lösung sofort hinschrieb: 5050. Wie war er darauf gekommen? Gauß hatte sich die Zahlen 1 bis 100 in zwei Zeilen hingeschrieben vorgestellt: oben die Zahlen von 1 bis 50, darunter die Zahlen von 51 bis 100, allerdings *in umgekehrter Reihenfolge* (s. u.). Gauß erkannte, dass alle 50 Spalten jeweils 101 ergaben, die Gesamtsumme betrug also 50 x 101 gleich 5050.

| 1 | 2 | 3 | 4 | ... | 47 | 48 | 49 | 50 |
|---|---|---|---|-----|----|----|----|----|
| + 100 | + 99 | + 98 | + 97 | ... | + 54 | + 53 | + 52 | + 51 |
| 101 | 101 | 101 | 101 | ... | 101 | 101 | 101 | 101 |

Die Zahlen von 1 bis 100 in zwei Zeilen notiert;
jede Spalte summiert sich zu 101.

Gauß wuchs später zum größten Mathematiker des neunzehnten Jahrhunderts heran – aber nicht, weil er schnell im Kopf rechnete, sondern weil er es verstand, die Zahlen zum Tanzen zu bringen. In diesem Kapitel erkunden wir viele interessante Zahlenmuster und bekommen eine erste Ahnung davon, wie Zahlen tanzen. Einige dieser Muster helfen tatsächlich beim Kopfrechnen, andere sind einfach nur schön.

Gut, wir wissen nun dank Gauß, wie man die Zahlen von 1 bis 100 zusammenrechnet. Doch was ist, wenn wir alle Zahlen von 1 bis 17 oder bis 1000 oder bis 1.000.000 addieren wollen? Kein Problem, die Methode funktioniert auch in diesen Fällen. Nennen wir die Zahl, bis zu der wir addieren wollen, *n*. Dieses *n* dürfen wir beliebig wählen. Manche Menschen finden Zahlen weniger abstrakt, wenn sie sie sich bildlich vorstellen können. Wir nennen die Zahlen 1, 3, 6, 10 und 15 Dreieckszahlen, da wir mit 1, 3, 6, 10, 15 usw. Punkten Dreiecke, wie unten gezeigt, bauen können. (Die 1 gilt hierbei auch als Dreieckszahl.) Die offizielle Definition lautet: Die *n*-te Dreieckszahl ist $1 + 2 + 3 + ... + n$.

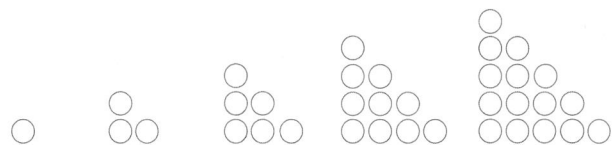

Die ersten Dreieckszahlen sind 1, 3, 6, 10 und 15

Sehen Sie, was passiert, wenn man zwei Dreiecke wie unten abgebildet aneinanderlegt?

Wie viele Punkte befinden sich in dem Rechteck?

Da die zwei (identischen) Dreiecke ein Rechteck mit 5 Zeilen und 6 Spalten bilden, gibt es insgesamt 30 Punkte. Folglich musste jedes der Ausgangsdreiecke halb so viele Punkte haben, nämlich 15. Klar, das wussten wir schon, aber nach der gleichen Logik können wir verallgemeinern: Nimmt man zwei Dreiecke mit $n$ Zeilen und legt sie wie gezeigt aneinander, entsteht ein Rechteck mit $n$ Zeilen und $n + 1$ Spalten, das $n \times (n + 1)$ Punkte enthält (oder prägnanter: $n(n + 1)$). Damit haben wir die versprochene Formel für die **Summe der ersten n Zahlen** abgeleitet:

$$1 + 2 + 3 + \ldots + n = \frac{n(n + 1)}{2}$$

Haben Sie gemerkt, was wir soeben getan haben? Wir haben ein Muster erkannt (wie man die ersten 100 Zahlen addiert) und es auf alle anderen Aufgaben dieser Art übertragen. Müssten wir alle Zahlen von 1 bis 1.000.000 addieren, könnten wir das in zwei Schritten tun: Erst 1.000.000 mit 1.000.001 multiplizieren und das Ganze dann durch 2 teilen!

Hat man erst einmal eine Formel gefunden, ergeben sich daraus schnell weitere Formeln. Multiplizieren wir z. B. beide Seiten der obigen Gleichung mit 2, bekommen wir eine Formel für die **Summe der ersten $n$ geraden Zahlen**:

$$2 + 4 + 6 + \ldots + 2n = n(n + 1)$$

Und wie sieht es mit der **Summe der ersten _n_ ungeraden Zahlen** aus? Betrachten wir uns die Zahlen einmal:

$$
\begin{aligned}
1 &= 1 \\
1 + 3 &= 4 \\
1 + 3 + 5 &= 9 \\
1 + 3 + 5 + 7 &= 16 \\
1 + 3 + 5 + 7 + 9 &= 25 \\
&\vdots
\end{aligned}
$$

Was ist die Summe der ersten _n_ ungeraden Zahlen?

Rechts vom Gleichheitszeichen stehen lauter Quadratzahlen: $1 \times 1$, $2 \times 2$, $3 \times 3$ usw. Das Muster, das die Summe der ersten _n_ ungeraden Zahlen $n \times n$ (meist $n^2$ geschrieben) sein könnte, springt sofort ins Auge. Doch wie können wir sicher sein, dass wir keinem Zufall aufsitzen? In Kapitel 6 stelle ich mehrere Methoden vor, um solche Zusammenhänge zu beweisen, aber ein so einfaches Muster sollte auch eine einfache Erklärung haben. Am besten nehme ich dazu wieder meine Punkte. Warum sollten sich die ersten fünf ungeraden Zahlen genau zu $5^2$ addieren? Betrachten Sie nun folgende Abbildung eines Quadrats mit Kantenlänge 5:

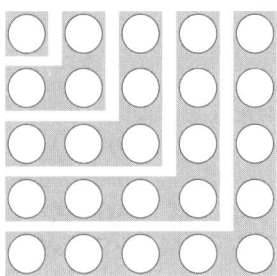

Wie viele Punkte befinden sich in dem Quadrat?

Dieses Quadrat hat 5 × 5 = 25 Punkte, doch zählen wir sie mal anders. Beginnen wir mit dem 1. Punkt in der oberen linken Ecke. An ihn grenzen 3 Punkte, dann 5 Punkte, dann 7 Punkte, dann 9 Punkte. Folglich gilt:

$$1 + 3 + 5 + 7 + 9 = 5^2$$

Gehen wir allgemein von einem Quadrat mit Kantenlänge $n$ aus und teilen es in $n$ Regionen in Form umgedrehter Ls mit 1, 3, 5, ... , $(2n - 1)$ Punkten auf. So bekommen wir eine Formel für die ersten $n$ ungeraden Zahlen:

$$1 + 3 + 5 + ... + (2n - 1) = n^2$$

**Nebenbemerkung**
Weiter hinten im Buch sehen wir, wie einfaches Punkte-zählen (und generell der Ansatz, Aufgaben auf zweierlei Weise anzugehen) selbst in der höheren Mathematik zu einigen interessanten Erkenntnissen führt. Manchmal werden einem damit ganz grundsätzliche Dinge klar. Zum Beispiel: Warum gilt eigentlich, dass 3 × 5 = 5 × 3? Ich bin mir sicher, dass Sie diese Aussage nie hinterfragt haben, schließlich hat man Ihnen in der Schule erzählt, dass die Reihenfolge in Multiplikationen keine Rolle spielt. (Mathematiker nennen das „Kommutativität".) Aber warum sollten 3 Tüten mit je 5 Murmeln ebenso viele Murmeln enthalten wie 5 Tüten mit je 3 Murmeln? Die Erklärung dafür ist ganz einfach, wenn man die Punkte in einem Rechteck von 3 x 5 Punkten zählt. Zählt man zeilenweise, sieht man 3 Zeilen mit je 5 Punkten, also 3 x 5 Punkte. Zählt man hingegen spaltenweise, sieht man 5 Spalten mit je 3 Punkten, also 5 x 3 Punkte.

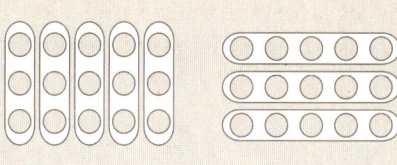

Warum ist 3 x 5 genau so viel wie 5 x 3?

Dieses Muster für die Summe ungerader Zahlen lässt sich in ein noch hübscheres Muster überführen. Ich habe versprochen, wir würden die Zahlen zum Tanzen bringen – und hier führen sie einen kleinen Square-Dance vor (engl. *square* heißt Quadrat).

Betrachten Sie diese interessante Pyramide von Gleichungen:

$$1 + \ 2 = \ 3$$
$$4 + \ 5 + \ 6 = \ 7 + \ 8$$
$$9 + 10 + 11 + 12 = 13 + 14 + 15$$
$$16 + 17 + 18 + 19 + 20 = 21 + 22 + 23 + 24$$
$$25 + 26 + 27 + 28 + 29 + 30 = 31 + 32 + 33 + 34 + 35$$
$$\vdots$$

Welches Muster erkennen Sie? Die Anzahl von Zahlen in jeder Zeile lässt sich einfach erkennen: 3, 5, 7, 9, 11 usw. Doch dann kommt ein unerwartetes Muster. Was ist die erste Zahl in jeder Zeile? 1, 4, 9, 16 und 25 – die Quadratzahlen. Wie kommt das?

Betrachten wir die fünfte Zeile. Wie viele Zahlen gibt es in dieser Zeile? In den Zeilen davor waren es 3, 5, 7 und 9. Zählt man das zusammen und fügt noch die 1 als erste ungerade Zahl hinzu, bekommt man die erste Zahl in Zeile 5: 25 bzw. $5^2$, die Summe der ersten 5 ungeraden Zahlen.

Überprüfen wir nun die fünfte Gleichung, allerdings ohne Zusammenzählen. Was würde Gauss tun? Vernachlässigen wir die 25 am Anfang der Zeile zunächst; dann stehen links noch 5

Zahlen, die jeweils um 5 kleiner sind als die dazugehörigen Zahlen auf der rechten Seite der Gleichung.

| 25 | 26 | 27 | 28 | 29 | 30 |
|---|---|---|---|---|---|
| | $-\ 31$ | $-\ 32$ | $-\ 33$ | $-\ 34$ | $-\ 35$ |
| | $-\ 5$ | $-\ 5$ | $-\ 5$ | $-\ 5$ | $-\ 5$ |

Ein Vergleich der linken Seite von Zeile 5
mit der rechten Seite

Die fünf Zahlen rechts sind zusammen genommen um 25 größer als die dazugehörigen Zahlen auf der linken Seite. Folglich geht die Gleichung wie versprochen auf. Mit der gleichen Logik und ein wenig Algebra lässt sich zeigen, dass dieses Muster sich unendlich fortsetzt.

**Nebenbemerkung**

Hier die Algebra dahinter: Vor Zeile $n$ stehen $3 + 5 + 7 + \ldots + (2n - 1) = n^2 - 1$ Zahlen, folglich beginnt die linke Seite der Zeile mit der Zahl $n^2$, gefolgt von den nächsten $n$ Zahlen, $n^2 + 1$ bis $n^2 + n$. Auf der rechten Seite stehen die nächsten $n$ Zahlen, von $n^2 + n + 1$ bis $n^2 + 2n$. Ignorieren wir das $n^2$ auf der linken Seite einmal, sehen wir, dass die $n$ Zahlen rechts jeweils um $n$ größer sind als die dazugehörigen Zahlen auf der linken Seite, sodass die Differenz $n \times n$ entspricht, also $n^2$. Aber das wird vom $n^2$ ganz links in der Zeile ausgeglichen, sodass die Gleichung aufgeht.

Zeit für ein neues Muster: Wir haben gesehen, dass sich mit ungeraden Zahlen Quadrate bilden lassen. Schauen wir jetzt mal, was passiert, wenn wir alle ungeraden Zahlen in ein großes Dreieck packen.

Wir sehen, dass $3 + 5 = 8$, $7 + 9 + 11 = 27$, $13 + 15 + 17 + 19 = 64$. Und was haben die Zahlen 1, 8, 27 und 64 gemeinsam? Sie sind alles Kubikzahlen! Addiert man die fünf Zahlen in der fünften Zeile, bekommt man:

|    |   |    |   |    |   |    |   |    |     |   |     |   |       |
|----|---|----|---|----|---|----|---|----|-----|---|-----|---|-------|
|    |   |    |   | 1  |   |    |   |    |     | = | 1   | = | $1^3$ |
|    |   | 3  | + | 5  |   |    |   |    |     | = | 8   | = | $2^3$ |
|    |   | 7  | + | 9  | + | 11 |   |    |     | = | 27  | = | $3^3$ |
|    |   | 13 | + | 15 | + | 17 | + | 19 |     | = | 64  | = | $4^3$ |
| 21 | + | 23 | + | 25 | + | 27 | + | 29 |     | = | 125 | = | $5^3$ |
|    |   |    |   | ⋮  |   |    |   |    |     |   | ⋮   |   | ⋮     |

Ein gerades Dreieck aus
ungeraden Zahlen

$$21 + 23 + 25 + 27 + 29 = 125 = 5 \times 5 \times 5 = 5^3$$

In der 1. Zeile beträgt die Summe also $1^3$, in der 2. Zeile $2^3$, in der 3. Zeile $3^3$ usw. Das Muster legt nahe, dass die Summe der Zahlen in der $n$-ten Zeile $n^3$ beträgt. Stimmt das generell, oder handelt es sich nur um einen seltsamen Zufall? Betrachten Sie mal die mittleren Zahlen in den Zeilen 1, 3 und 5. Was sehen Sie? Quadratzahlen. Die Zeilen 2 und 4 haben keine Zahlen genau in der Mitte, doch die jeweils angrenzenden Zahlen sind 3 und 5, mit dem Mittelwert 4, bzw. 15 und 17, mit dem Mittelwert 16. Sehen wir mal, wie wir dieses Muster ausnützen können.

Betrachten Sie erneut Zeile 5. Man kann sogar ohne jede Addition sehen, dass die Summe $5^3$ betragen muss, weil die fünf Zahlen auf der linken Seite symmetrisch um 25 herum liegen. Da der Mittelwert dieser fünf Zahlen $5^2$ ist, gilt für die Gesamtsumme $5^2 + 5^2 + 5^2 + 5^2 + 5^2 = 5 \times 5^2 = 5^3$. Ebenso ist der Mittelwert der 4 Zahlen in der vierten Zeile 16, also $4^2$, somit muss die Gesamtsumme $4^3$ sein. Mit ein bisschen Algebra lässt sich zeigen, dass der Mittelwert der $n$ Zahlen in der $n$-ten Zeile $n^2$ ist, weshalb die Gesamtsumme wie gewünscht $n^3$ sein muss.

Da wir schon bei Quadraten und Würfeln sind, kann ich nicht widerstehen, Ihnen ein weiteres Muster zu zeigen. Welche Gesamtsummen bekommt man, wenn man die Kubikzahlen, beginnend mit $1^3$, zusammenzählt?

$$1^3 = 1 = \mathbf{1}^2$$
$$1^3 + 2^3 = 9 = \mathbf{3}^2$$
$$1^3 + 2^3 + 3^3 = 36 = \mathbf{6}^2$$
$$1^3 + 2^3 + 3^3 + 4^3 = 100 = \mathbf{10}^2$$
$$1^3 + 2^3 + 3^3 + 4^3 + 5^3 = 225 = \mathbf{15}^2$$
$$\vdots$$

Die Summe der Kubikzahlen ist immer eine Quadratzahl.

Wenn wir die Kubikzahlen addieren, bekommen wir die Summen 1, 9, 36, 100, 225 usw. – lauter Quadratzahlen. Aber nicht irgendwelche Quadratzahlen, sondern die Quadrate von 1, 3, 6, 10, 15 usw. – lauter Dreieckszahlen. Weiter oben haben wir gesehen, dass diese die Summen von ganzen Zahlen waren, zum Beispiel:

$$1^3 + 2^3 + 3^3 + 4^3 + 5^3 = 225 = 15^2 = (1 + 2 + 3 + 4 + 5)^2$$

Anders ausgedrückt: Die Summe der dritten Potenzen der ersten $n$ Zahlen ist gleich dem Quadrat der Summe der ersten $n$ Zahlen. Wir sind noch nicht ganz bereit dazu, dieses Ergebnis zu beweisen, aber in Kapitel 6 reiche ich zwei Beweise nach.

## Erste Kopfrechnungen

Manche Leute betrachten Zahlenmuster wie diese und sagen: „Okay, ganz hübsch. Aber wozu nützen sie?" Die meisten Mathematiker würden wahrscheinlich wie Künstler indigniert antworten, hübsche Muster bräuchten keine weitere Rechtfertigung. Und je tiefer wir in sie eintauchen, desto mehr entfalten sie ihre Schönheit. Doch gelegentlich gibt es für die Muster auch ganz reale Anwendungsmöglichkeiten.

Hier ein einfaches Muster, das ich schon als Schuljunge entdeckte (wenn auch nicht als Erster). Ich betrachtete Zahlenpaare, die sich zu 20 addierten (wie 10 und 10, 9 und 11 usw.), und fragte mich, wie groß ihr Produkt maximal sein könnte. Offenbar wurde das Produkt maximal, wenn beide Zahlen gleich 10 waren. Die Werte sahen folgendermaßen aus:

Abstand von 100

| | | | | |
|---|---|---|---|---|
| $10 \times 10$ | $=$ | $100$ | | |
| $9 \times 11$ | $=$ | $99$ | | $1$ |
| $8 \times 12$ | $=$ | $96$ | | $4$ |
| $7 \times 13$ | $=$ | $91$ | | $9$ |
| $6 \times 14$ | $=$ | $84$ | | $16$ |
| $5 \times 15$ | $=$ | $75$ | | $25$ |
| | | $\vdots$ | | $\vdots$ |

Die Produkte der Zahlen,<br>die sich zu 20 addieren

Das Muster war unverkennbar: Je weiter die Zahlen auseinanderdrifteten, desto kleiner wurde ihr Produkt. Und um wie viel lag es unter 100? Um 1, 4, 9, 16, 25, ... , also $1^2$, $2^2$, $3^2$, $4^2$, $5^2$ usw. Gilt dieses Schema immer? Ich probierte es aus, indem ich Zahlenpaare betrachtete, die sich zu 26 addierten.

Abstand von 169

| | | | |
|---|---|---|---|
| $13 \times 13$ | $= 169$ | | |
| $12 \times 14$ | $= 168$ | | $1$ |
| $11 \times 15$ | $= 165$ | | $4$ |
| $10 \times 16$ | $= 160$ | | $9$ |
| $9 \times 17$ | $= 153$ | | $16$ |
| $8 \times 18$ | $= 144$ | | $25$ |
| | $\vdots$ | | $\vdots$ |

Die Produkte der Zahlen,<br>die sich zu 26 addieren

Wieder war das Produkt maximal, wenn die zwei Zahlen gleich groß waren, und von dort ausgehend sank es um 1, dann 4, dann 9 usw. Weitere Tests mit anderen Zahlen überzeugten mich davon, dass das Muster allgemein galt. (Die Algebra dahinter stelle ich später vor.) Und dann erkannte ich, wie mir dieses Muster dabei helfen konnte, Zahlen schneller zu quadrieren.

Angenommen, wir wollen 13 quadrieren. Anstatt $13 \times 13$ zu rechnen, könnten wir die einfachere Berechnung $10 \times 16$ durchführen. Jetzt haben wir die Lösung schon fast, aber weil wir um 3 nach unten bzw. oben gegangen sind, ist unsere Zahl um $3^2$ zu klein. Folglich gilt:

$$13^2 = (10 \times 16) + 3^2 = 160 + 9 = 169$$

Nehmen wir ein weiteres Beispiel. Versuchen wir, mit dieser Methode $98 \times 98$ zu rechnen. Dafür gehen wir 2 nach oben (100) und nach unten (96) und addieren $2^2$. Also:

$$98^2 = (100 \times 96) + 2^2 = 9600 + 4 = 9604$$

Das Quadrieren von Zahlen, die auf 5 enden, ist besonders einfach, weil man beim Hinauf- und beim Hinuntergehen zwei Mal Zahlen bekommt, die auf 0 enden. Beispielsweise:

$$35^2 = (40 \times 30) + 5^2 = 1200 + 25 = 1225$$
$$55^2 = (50 \times 60) + 5^2 = 3000 + 25 = 3025$$
$$85^2 = (90 \times 80) + 5^2 = 7200 + 25 = 7225$$

Versuchen Sie jetzt $59^2$. Sie gehen 1 nach oben und unten und bekommen $59^2 = (60 \times 58) + 1^2$. Doch wie rechnen Sie $60 \times 58$ im Kopf? Dazu nur vier Worte: von links nach rechts. Ignorieren wir die 0 und berechnen wir $6 \times 58$ von links nach rechts. $6 \times 50 = 300$ und $6 \times 8 = 48$. Zählen Sie diese Zahlen zusammen (von links nach rechts); Ergebnis 348. Folglich ist $60 \times 58 = 3480$ und so

$$59^2 = (60 \times 58) + 1^2 = 3480 + 1 = 3481$$

**Nebenbemerkung**

Hier die Algebra hinter dieser Methode. (Tipp: Lesen Sie diesen Kasten vielleicht erst, wenn Sie in Kapitel 2 mehr über die *Differenz von Quadraten* gelernt haben.)

$$A^2 = (A + d)\,(A - d) + d^2$$

wobei A die zu quadrierende Zahl ist und d die Distanz zur nächsten einfachen Zahl (wobei die Formel für jeden beliebigen Wert von *d* gilt). Beim Quadrieren von 59 beispielsweise ist A = 59 und d = 1, die Formel weist uns also an, $(59 + 1) \times (59 - 1) + 1^2$ zu rechnen, wie im obigen Beispiel.

Wenn Sie den Bogen bei zweistelligen Quadratzahlen raus haben, können Sie die gleiche Methode auch auf dreistellige Quadrate anwenden. Wenn Sie etwa wissen, dass $12^2 = 144$, dann rechnen Sie ganz einfach

$$112^2 = (100 \times 124) + 12^2 = 12.400 + 144 = 12.544$$

Eine ähnliche Methode lässt sich für die Multiplikation von Zahlen nahe 100 anwenden. Anfangs mag sie Ihnen wie reine Magie vorkommen. Betrachten Sie zum Beispiel 104 x 109. Neben jeder Zahl notieren wir (wie unten gezeigt) ihre Entfernung von 100. Jetzt zählen wir die erste Zahl zur zweiten Entfernungszahl. Hier wäre das 104 + 9 = 113. Dann multipliziert man die Entfernungen miteinander. Hier ist das 4 × 9 = 36. Schieben Sie diese Zahlen zusammmen und wie durch Zauberhand erscheint die Lösung.

$$
\begin{array}{r}
104 \quad (4) \\
\times \quad 109 \quad (9) \\
\hline
113 \quad 36
\end{array}
$$

Eine magische Art, Zahlen nahe 100 miteinander
zu multiplizieren ; hier: 104 x 109 = 11.336

Mehr Beispiele und die dahintersteckende Algebra stelle ich Ihnen in Kapitel 2 vor. Doch wenn wir schon dabei sind, lassen Sie mich ein paar Worte zum Thema »Kopfrechnen« sagen. In der Schule rechnen wir endlos mit Zettel und Stift, Kopfrechnen hingegen wird kaum gelehrt. Und doch rechnet man im Alltag vornehmlich im Kopf. Für schwierigere Aufgaben nimmt man den Taschenrechner, aber den zückt kaum jemand, der gerade eine Nährwerttabelle liest, einer Rede lauscht oder Verkaufszahlen vorgelegt bekommt. In solchen Situationen braucht man nur einen guten Überschlagswert, wie hoch das Ergebnis denn ungefähr ausfallen sollte. Die in der Schule gelehrten Methoden funktionieren mit Zettel und Stift prima, stören beim Kopfrechnen aber eher.

Ich könnte ein ganzes Buch darüber schreiben, wie man schnell im Kopf rechnet, aber hier folgen erst einmal nur meine wichtigsten Regeln. Mein wichtigster Rat, den ich gar nicht oft genug wiederholen kann, lautet: *von links nach rechts* rechnen. Kopfrechnen ist ein Prozess stetiger Vereinfachung. Man geht von einer schwierigen Aufgabe aus und bricht sie so lange in immer einfachere Aufgaben herunter, bis man schließlich die Lösung bekommt.

## Addition im Kopf

Betrachten Sie folgende Aufgabe:

$$314 + 159$$

(Ich schreibe die Zahlen waagrecht nebeneinander, damit Sie nicht in Versuchung kommen, die Methode der schriftlichen Addition anzuwenden.) Von der 314 ausgehend, addieren wir 100 und bekommen folgende einfachere Aufgabe:

$$414 + 59$$

Wir addieren 50 und bekommen eine noch einfachere Aufgabe, die wir sofort lösen können:

$$464 + 9 = 473$$

So geht Addition im Kopf. Es gibt eine einzige weitere Strategie, die hin und wieder nützlich ist, wenn man eine schwierige Addition in eine einfache Subtraktion verwandeln kann. Zum Beispiel beim Zusammenrechnen von Preisen im Laden:

$$23,58 \text{ €} + 8,95 \text{ €}$$

Da 8,95 € nur 5 Cent unter 9 € liegt, addieren wir erst 9 € zu 23,58 € und ziehen dann 5 Cent wieder ab. Die Aufgabe vereinfacht sich zu:

$$32,58 \text{ €} - 0,05 \text{ €} = 32,53 \text{ €}$$

## Subtraktion im Kopf

Das wichtigste Konzept bei der Subtraktion im Kopf ist die Strategie des Zu-viel-Wegnehmens. Anstatt 9 abzuziehen, ist es oft leichter, 10 abzuziehen und dann wieder 1 hinzuzuzählen. Beispielsweise:

$$83 - 9 = 83 - 10 + 1 = 74$$

Analog ist es wahrscheinlich einfacher, statt 39 gleich 40 abzuziehen und dann wieder 1 zu addieren.

$$83 - 39 = 83 - 40 + 1 = 44$$

Bei der Subtraktion von Zahlen mit zwei oder mehr Stellen liegt der Schlüssel darin, mit *Komplementen* zu arbeiten (dafür werden Sie mir später Komplimente machen). Das Komplement zu einer Zahl ist ihre Entfernung zur nächsthöheren runden Zahl. Bei einstelligen Zahlen ist das die Entfernung zu 10. Bei zweistelligen die Entfernung zu 100. Betrachten Sie folgende Zahlenpaare, die sich zu 100 addieren. Was fällt Ihnen auf?

| 87 | 75 | 56 | 92 | 80 |
|----|----|----|----|----|
| + 13 | + 25 | + 44 | + 08 | + 20 |
| 100 | 100 | 100 | 100 | 100 |

Komplementäre zweistellige Zahlen
addieren sich zu 100.

Wir können sagen, 13 ist das Komplement von 87, 25 das Komplement von 75 usw. Umgekehrt ist 87 das Komplement von 13 und 75 das Komplement von 25. Liest man alle obigen Berechnungen von links nach rechts, sieht man, dass die Ziffern ganz links sich – abgesehen von der letzten Summe – zu 9 addieren und die Ziffern rechts zu 10. Beispielsweise summieren sich beim ersten Zahlenpaar die jeweils ersten Ziffern, 8 und 1, zu 9, und die Einer-Ziffern, 7 und 3, zu 10. Die Ausnahme ist, wenn beide Zahlen auf 0 enden (wie beim letzten Komplement). Beispielsweise ist 20 das Komplement von 80.

Wenden wir diese Komplement-Strategie nun auf die Aufgabe 1234 – 567 an. Mit Zettel und Stift müsste man sich schon ziemlich plagen. *Aber mit Komplementen werden schwierige Subtraktionen zu einfachen Additionen!* Anstatt 567 abzuziehen, ziehen wir 600 ab. Das ist ganz einfach, insbesondere, wenn man von links nach rechts denkt. 1234 – 600 = 634. Aber wir haben zu viel abgezogen. Um wie viel zu viel? Nun, wie weit ist 567 von 600 entfernt? Genauso weit wie 67 von 100, also 33. Also

$$1234 - 567 = 1234 - 600 + 33 = 667$$

Beachten Sie, dass die Addition besonders einfach ist, weil man nicht mit „1 gemerkt" oder so operieren muss. Das ist oft der Fall, wenn man mithilfe von Komplementen subtrahiert.

Etwas Ähnliches passiert mit dreistelligen Komplementen:

$$
\begin{array}{r} 789 \\ +\ 211 \\ \hline 1000 \end{array}
\qquad
\begin{array}{r} 555 \\ +\ 445 \\ \hline 1000 \end{array}
\qquad
\begin{array}{r} 870 \\ +\ 130 \\ \hline 1000 \end{array}
$$

Komplementäre dreistellige Zahlen summieren sich zu 1000.

Bei den meisten Aufgaben (wenn die Zahl nicht auf 0 endet) summieren sich die korrespondierenden Ziffern zu 9, bis auf das letzte Zahlenpaar, das sich zu 10 summiert. Bei 789 beispielsweise gilt 7 + 2 = 9, 8 + 1 = 9 und 9 + 1 = 0. Das ist ganz praktisch, wenn man Wechselgeld berechnen muss. Mein Lieblingssandwich im örtlichen Delikatessenladen kostet 6,76 €. Wie viel Wechselgeld bekomme ich auf einen Zehner? Die Lösung findet man, indem man das Komplement zu 676 nimmt, nämlich 324. Ich sollte also 3,24 € zurückbekommen.

**Nebenbemerkung**
Jedes Mal, wenn ich dieses Sandwich kaufe, springt mir wieder ins Auge, dass sowohl der Preis als auch die Wechselgeldsumme auf einen Zehner Quadrate sind ($26^2 = 676$ und $18^2 = 324$). Bonusfrage: Es gibt ein weiteres Paar von Quadratzahlen, die zusammen 1000 ergeben. Welches?

## Multiplikation im Kopf

Wer das kleine Einmaleins (eine Aufstellung folgt weiter hinten im Kapitel) beherrscht, kann jede Multiplikation im Kopf machen (oder zumindest zu einem guten Schätzwert kommen). Fangen wir mit Aufgaben an, wo einstellige Zahlen mit zweistelligen multipliziert werden (die Ergebnisse muss man aber nicht auswendig lernen). Wieder ist es das A und O, von links nach rechts vorzugehen. Bei der Multiplikation von 8 × 24 sollte man zunächst 8 × 20 rechnen und dann 8 × 4 hinzuzählen:

$$8 \times 24 = (8 \times 20) + (8 \times 4) = 160 + 32 = 192$$

Sobald man das beherrscht, kann man sich an die Multiplikation von einstelligen Zahlen mit Dreistelligen wagen. Aufgaben dieser Art sind deswegen etwas schwieriger, weil man sich mehr merken muss. Der Schlüssel besteht hier darin, die Zahlen während des Rechnens sukzessive einzubeziehen, sodass man sich weniger merken muss. Will man beispielsweise 456 × 7 rechnen, hält man zwischendurch inne, um 2800 und 350 zu addieren, und fügt erst dann 42 hinzu.

$$
\begin{array}{rr}
& 456 \\
\times & 7 \\
\hline
400 \times 7 = & 2800 \\
50 \times 7 = + & 350 \\
\hline
& 3150 \\
6 \times 7 = + & 42 \\
\hline
& 3192 \\
\end{array}
$$

Sobald Sie bei dieser Art Aufgabe den Bogen heraus haben, wird es Zeit, sich der Multiplikation zweier zweistelliger Zahlen zuzuwenden. Für mich beginnt hier der Spaß, weil sich solche Aufgaben auf vielerlei Weise angehen lassen. Rechnet man auf mehrere verschiedene Arten, kann man seine Lösung gleich überprüfen – und sich an der Stimmigkeit der Mathematik erfreuen. Ich werde alle Herangehensweisen an demselben Beispiel illustrieren: 32 × 38.

Am vertrautesten (weil so ähnlich aus der schriftlichen Multiplikation bekannt) wirkt die *Additionsmethode*, die sich auf jede Aufgabe anwenden lässt. Dabei teilen wir eine Zahl (normalerweise die mit der kleineren Ziffer an der Einerstelle) in zwei Teile, multiplizieren beide mit der anderen Zahl und addieren die Ergebnisse zusammen. Zum Beispiel:

$$32 \times 38 = (30 + 2) \times 38 = (30 \times 38) + (2 \times 38) = \dots$$

Wie berechnen wir nun $30 \times 38$? Rechnen wir $3 \times 38$ und hängen hinten eine 0 an. $3 \times 38 = 90 + 24 = 114$, also ist $30 \times 38 = 1140$. Dazu kommt $2 \times 38 = 60 + 16 = 76$, also

$$32 \times 38 = (30 \times 38) + (2 \times 38) = 1140 + 76 = 1216$$

Eine andere Art, diese Aufgabe zu lösen, wäre die *Subtraktionsmethode* (typischerweise hilfreich, wenn eine der Zahlen auf 7, 8 oder 9 endet). Hier nutzen wir den Umstand, dass $38 = 40 - 2$ und erhalten

$$38 \times 32 = (40 \times 32) - (2 \times 32) = 1280 - 64 = 1216$$

An beiden Methoden ist allerdings knifflig, dass man sich große Zahlen (wie 1140 und 1280) merken muss, während man eine weitere Berechnung durchführt. Das kann schwierig sein. Deswegen verwende ich am liebsten die Faktorisierungsmethode, die immer funktioniert, wenn sich eine der Zahlen als Produkt zweier einstelliger Zahlen darstellen lässt. In unserem Beispiel kann man 32 in $8 \times 4$ zerlegen. Es folgt

$$38 \times 32 = 38 \times 8 \times 4 = 304 \times 4 = 1216$$

Wir hätten die 32 auch in 4 x 8 zerlegen, also $38 \times 4 \times 8 = 152 \times 8 = 1216$ rechnen können, aber ich mache lieber zuerst die Multiplikation mit dem größeren Faktor, damit das Ergebnis (typischerweise eine dreistellige Zahl) nur noch mit einem kleineren Faktor multipliziert werden muss.

**Nebenbemerkung**

Die Faktorisierungsmethode funktioniert auch bei Vielfachen von 11 gut: *einfach die Ziffern addieren und das Ergebnis zwischen die Ziffern schreiben*: Bei 53 × 11 wissen wir, dass 5 + 3 = 8, die Lösung lautet also 583. Wie viel ergibt 27 × 11? Da 2 + 7 = 9, lautet die Lösung 297. Was, wenn die Summe der zwei Ziffern größer ist als 9? In diesem Fall fügen wir die letzte Ziffer der Summe ein und erhöhen die erste Ziffer um 1. Um 48 × 11 zu berechnen, addiert man 4 + 8 = 12, fügt die 2 in der Mitte ein und erhöht die 4 um 1: Die Lösung lautet 528. Analog ist 74 × 11 = 814. Dieser Umstand lässt sich ausnützen, wenn man mit Zahlen multipliziert, die ein Vielfaches von 11 sind, zum Beispiel:

$$74 \times 33 = 74 \times 11 \times 3 = 814 \times 3 = 2442$$

Eine weitere nette Methode zur Multiplikation zweier zweistelliger Zahlen ist die Nahe-beieinander-Methode. Sie können sie verwenden, wenn beide Zahlen mit derselben Ziffer beginnen. Wenn man sie zum ersten Mal angewendet sieht, wirkt sie wie pure Magie. Wir behaupten jetzt einfach, dass

$$38 \times 32 = (30 \times 40) + (8 \times 2) = 1200 + 16 = 1216$$

Die Berechnung ist besonders einfach, wenn sich (wie im obigen Fall) die Einerstellen zu 10 addieren. (Hier beginnen beide Zahlen mit 3, und die hinteren Stellen ergeben 8 + 2 = 10.) Hier ein weiteres Beispiel:

$$83 \times 87 = (80 \times 90) + (3 \times 7) = 7200 + 21 = 7221$$

Selbst wenn sich die hinteren Stellen nicht zu 10 summieren, ist die Berechnung fast ebenso einfach. Um etwa 41 × 44 zu rechnen, zieht man von der kleineren Zahl 1 ab (um auf die runde 40 zu kommen) und erhöht die andere um 1.

$$41 \times 44 = (40 \times 45) + (1 \times 4) = 1800 + 4 = 1804$$

Um $34 \times 37$ zu berechnen, zieht man von 34 4 ab (um die runde 30 zu erreichen) und multipliziert mit $37 + 4 = 41$ und zählt dazu wie folgt $4 \times 7$ dazu:

$$34 \times 37 = (30 \times 41) + (4 \times 7) = 1230 + 28 = 1258$$

Übrigens haben wir bei der mysteriösen Multiplikation von $104 \times 109$ weiter oben genau diese Methode angewendet.

$$104 \times 109 = (100 \times 113) + (4 \times 9) = 11.300 + 36 = 11.336$$

In manchen Schulen müssen die Kinder die Multiplikationstabelle der Zahlen bis 20 auswendig lernen. Doch eigentlich bräuchten wir uns die Produkte der Zahlen zwischen 10 und 20 gar nicht zu merken, weil man sie mit unserer Methode ganz schnell im Kopf ermittelt, beispielsweise:

$$17 \times 18 = (10 \times 25) + (7 \times 8) = 250 + 56 = 306$$

Warum funktioniert diese merkwürdige Methode? Dafür brauchen wir Algebra, die ich Ihnen im Kapitel 2 vorstelle. Wenn wir erst die Algebra beherrschen, können wir weitere Berechnungsmethoden finden. Beispielsweise erfahren wir, warum sich obige Aufgabe auch so lösen lässt:

$$18 \times 17 = (20 \times 15) + ((-2) \times (-3)) = 300 + 6 = 306$$

Da wir schon bei Multiplikationstabellen sind, sehen Sie sich die Tabelle mit dem kleinen Einmaleins an, die ich Ihnen zuvor versprochen habe. Hier eine Aufgabe, die dem jungen Gauss gefallen hätte: Was ist die Summe aller Zahlen in der Tabelle? Nehmen Sie sich eine Minute und schauen Sie, ob Sie eine elegante Lösungsmethode finden. Das korrekte Ergebnis finden Sie am Ende des Kapitels.


## Schätzung und Division im Kopf

Beginnen wir mit einer ganz einfachen Frage und einer ganz einfachen Antwort, die man kaum je in der Schule lernt:

(a) Kann man bei der Multiplikation zweier dreistelliger Zahlen sofort sagen, wie viele Stellen das Ergebnis haben muss?

Und eine Folgefrage:

(b) Wie viele Stellen kann das Ergebnis haben, wenn man eine vier- und eine fünfstellige Zahl miteinander multipliziert?

In der Schule quälen wir uns ewig damit ab, die einzelnen Ziffern in Multiplikations- oder Divisionsaufgaben zu errechnen, aber vorher überschlagen wir nie, wie groß das Ergebnis denn ungefähr sein muss. Dabei ist es doch viel wichtiger, die Größenordnung des Ergebnisses zu kennen, als die letzten oder ersten Ziffern der Zahl. (Das Wissen, dass das Ergebnis mit einer 3 beginnt, ist bedeutungslos, solange man nicht weiß, ob es irgendwo bei 30.000, 300.000 oder 3.000.000 liegt.) Die Antwort auf die erste Frage lautet: fünf oder sechs Stellen. Wieso? Das kleinste mögliche Ergebnis ist $100 \times 100 = 10.000$, was 5 Stellen hat. Die größte mögliche Zahl ist $999 \times 999$, was kleiner ist als $1000 \times 1000 = 1.000.000$, was (gerade eben) sieben Stellen hat. Da $999 \times 999$ kleiner ist, muss das Ergebnis sechs Stellen haben. (Natürlich könnten Sie die Multiplikation schnell im Kopf durchführen: $999^2 = (1000 \times 998) + 1^2 = 998.001$.) Folglich muss das Produkt zweier dreistelliger Zahlen fünf oder sechs Stellen haben.

| × | 1 | 2 | 3 | 4 | 5 | 6 | 7 | 8 | 9 | 10 |
|---|---|---|---|---|---|---|---|---|---|---|
| 1 | 1 | 2 | 3 | 4 | 5 | 6 | 7 | 8 | 9 | 10 |
| 2 | 2 | 4 | 6 | 8 | 10 | 12 | 14 | 16 | 18 | 20 |
| 3 | 3 | 6 | 9 | 12 | 15 | 18 | 21 | 24 | 27 | 30 |
| 4 | 4 | 8 | 12 | 16 | 20 | 24 | 28 | 32 | 36 | 40 |
| 5 | 5 | 10 | 15 | 20 | 25 | 30 | 35 | 40 | 45 | 50 |
| 6 | 6 | 12 | 18 | 24 | 30 | 36 | 42 | 48 | 54 | 60 |
| 7 | 7 | 14 | 21 | 28 | 35 | 42 | 47 | 56 | 63 | 70 |
| 8 | 8 | 16 | 24 | 32 | 40 | 48 | 56 | 64 | 72 | 80 |
| 9 | 9 | 18 | 27 | 36 | 45 | 54 | 63 | 72 | 81 | 90 |
| 10 | 10 | 20 | 30 | 40 | 50 | 60 | 70 | 80 | 90 | 100 |

Was ist die Summe aller Zahlen in der Multiplikationstabelle?

Die Antwort auf die zweite Frage lautet: acht oder neun Stellen. Warum? Die kleinste vierstellige Zahl ist 1000 alias $10^3$ (eine 1, gefolgt von 3 Nullen). Die kleinste fünfstellige Zahl ist $10.000 = 10^4$. Das kleinste Produkt ist also $10^3 \times 10^4 = 10^7$, was 8 Stellen hat. (Wo kommt $10^7$ her? $10^3 \times 10^4 = (10 \times 10 \times 10) \times (10 \times 10 \times 10 \times 10) = 10^7$.) Und das größte Produkt wird nur um Haaresbreite unter $10^4 \times 10^5 = 10^9$ liegen, die Lösung hat also maximal neun Stellen.

Daraus können wir eine ganz einfache Regel ableiten: **Eine *m*-stellige Zahl mal einer *n*-stelligen Zahl ergibt ein Produkt mit *m* + *n* oder *m* + *n* – 1 Stellen.**

Normalerweise kann man an den ersten (vordersten) Ziffern der beiden Zahlen schnell ablesen, wie viele Stellen das Produkt haben wird. Liegt das Produkt dieser beiden Zahlen bei 10 oder darüber, hat das Produkt garantiert *m* + *n* Stellen. Liegt das Produkt der ersten beiden Zahlen bei 4 oder darunter, wird das Ergebnis *m* + *n* – 1 Stellen haben. Ist das Produkt der beiden Zahlen 5, 6, 7, 8 oder 9, muss man genauer hinsehen. 222 × 444 etwa hat fünf Stellen, 234 × 456 aber sechs Stellen. (Beide Ergebnisse liegen sehr nahe bei 100.000, das erste allerdings darunter und das zweite darüber, und genau darauf kommt es wirklich an.)

Indem wir die Regel umkehren, bekommen wir eine noch einfachere Regel für die Division: **Eine *m*-stellige Zahl geteilt durch eine *n*-stellige Zahl hat *m* − *n* oder *m* − *n* + 1 Stellen.**

Eine neunstellige Zahl geteilt durch eine fünfstellige muss also eine vier- oder fünfstellige Zahl ergeben. Die Regel dafür, wie viele Stellen es nun genau sein müssen, ist sogar noch einfacher als bei der Multiplikation: Anstatt die ersten Ziffern zu multiplizieren oder zu dividieren, *vergleichen* wir sie einfach. Ist die erste Ziffer der zu teilenden Zahl kleiner als die erste Ziffer der Zahl, durch die geteilt wird, sind wir bei der kleineren Variante (*m* − *n*). Ist die erste Ziffer der zu teilenden Zahl größer als die erste Ziffer der Zahl, durch die geteilt wird, sind wir bei der größeren Variante (*m* − *n* + 1). Sind die ersten Ziffern gleich groß, sehen wir uns die zweiten Ziffern an, wobei die gleiche Regel gilt. Teilt man beispielsweise 314.159.265 durch 12.358, hat das Ergebnis fünf Stellen, weil die erste Ziffer des Dividenden, also der Zahl, die geteilt wird, größer ist als die erste Ziffer des Divisors, also der Zahl, durch die geteilt wird. Teilen wir jedoch durch 62.831, hat das Ergebnis vier Stellen, weil hier die erste Ziffer des Dividenden kleiner ist als die erste Ziffer des Divisors. Die Division von 161.803.398 durch 14.142 wird zu einem fünfstelligen Ergebnis führen, weil 16 größer ist als 14.

Darüber hinaus will ich auf Divisionen im Kopf nicht näher eingehen, weil die Methode derjenigen der schriftlichen Division ähnelt. (Da man auch bei der Division mit Zettel und Stift von links nach rechts vorgeht.) Aber es gibt einige Abkürzungen, die sich gelegentlich als nützlich erweisen.

Teilt man durch 5 (oder irgendeine Zahl, die auf 5 endet), macht man sich in aller Regel das Leben einfacher, wenn man Zähler und Nenner verdoppelt. Beispiele:

$$34 \div 5 = 68 \div 10 = 6.8$$

$$123 \div 4.5 = 246 \div 9 = 82 \div 3 = 27{,}333.$$

Nach dem Verdoppeln beider Zahlen ist Ihnen vielleicht aufgefallen, dass sich sowohl 246 als auch 9 durch 3 teilen lassen (mehr dazu in Kapitel 3), also können wir weiter vereinfachen, indem wir beide Zahlen durch 3 teilen.

**Nebenbemerkung**

Betrachten Sie die Kehrwerte der Zahlen von 1 bis 10:

$$1/2 = 0{,}5,\ 1/3 = 0{,}333\ldots,\ 1/4 = 0{,}25,\ 1/5 = 0{,}2,$$
$$1/6 = 0{,}1666\ldots,\ 1/8 = 0{,}125,\ 1/9 = 0{,}111\ldots,\ 1/10 = 0{,}1$$

All diese Werte haben maximal zwei Stellen hinter dem Komma oder wiederholen sich spätestens nach der zweiten Nachkommastelle. Doch es gibt eine seltsame Ausnahme: 1/7, das sich erst nach sechs Dezimalstellen wiederholt:

$$1/7 = 0{,}142857\ 142857\ldots$$

(Der Grund, warum die anderen Werte so glatt sind: Alle anderen Zahlen zwischen 2 und 11 passen glatt in 10, 100, 1000, 9, 90 oder 99, doch die erste hübsche Zahl, in die 7 passt, ist 999.999. Schreibt man die Nachkommastellen von 1/7 in einem Kreis hin, passiert etwas Magisches:

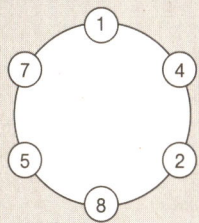

Der siebte Kreis

33

Bemerkenswert daran ist, dass alle anderen Brüche mit Nenner 7 auch ermittelt werden können, indem man von der richtigen Stelle im Kreis beginnend ewig im Kreis herumläuft. Und zwar:

$1/7 = 0,142857\ 142857\ \ldots\ 2/7 = 0,285714\ 285714\ldots$
$3/7 = 0,428571\ 428571\ \ldots\ 4/7 = 0,571428\ 571428\ldots$
$5/7 = 0,714285\ 714285\ \ldots\ 6/7 = 0,857142\ 857142\ldots$

Beenden wir dieses Kapitel mit der Aufgabe, die ich vor einigen Seiten gestellt habe. Was ist die Summe aller Zahlen in der Multiplikationstabelle? Auf den ersten Blick scheint die Aufgabe erschreckend, ebenso wie das Zusammenzählen der ersten hundert Zahlen aufwendig erschienen sein mag. Doch wenn wir uns die Muster zu Freunden machen, die erscheinen, wenn die Zahlen zu tanzen beginnen, haben wir eine bessere Chance, eine elegante Lösung für diese Aufgabe zu finden.

Wir beginnen mit der Addition der Zahlen in der ersten Zeile. Dank Gauss (oder unserer Dreiecks-Zahlenformel oder einfacher Addition) wissen wir, dass

$$1 + 2 + 3 + 4 + 5 + 6 + 7 + 8 + 9 + 10 = 55$$

Was ist die Summe der zweiten Zeile? Nun, ganz einfach

$$2 + 4 + 6 + \ldots + 20 = 2\ (1 + 2 + 3 + \ldots + 10) = 2 \times 55$$

Nach derselben Logik ergibt die dritte Zeile $3 \times 55$. Setzen wir diese Logik fort, zeigt sich, dass die Summe all dieser Zahlen

$$(1 + 2 + 3 + \ldots + 10) \times 55 = 55 \times 55 = 55^2$$

Und das sollten Sie mittlerweile im Kopf rechnen können: 3025!

$2n + 4 / 2 \{ n = 2$

# Die Magie der Algebra

## Magische Einleitung

Zum ersten Mal begegnete ich der Algebra als Kind, über meinen Vater. Er sagte: „Sohn, Algebra ist wie Rechnen, nur dass man Zahlen durch Buchstaben ersetzt. Beispielsweise $2x + 3x = 5x$ oder $3y + 6y = 9y$. Verstanden?" Ich antwortete: „Ich glaube." Er fragte: „Okay, was ist dann $5Q + 5Q$?" Stolz sagte ich: „$10Q$." Er sagte: „Ich habe dich nicht gehört! Wiederholst du das lauter?" Also rief ich: „$10Q$!" Und er antwortete: „Gern geschehen!" („$10Q$" klingt im Englischen so ähnlich wie *thank you*, also „Danke" – mein Vater interessierte sich immer mehr für Witze, Wortspiele und Geschichten als dafür, mir Mathematik beizubringen. Ich hätte also gewarnt sein sollen.)

Meine zweite Erfahrung mit Algebra machte ich beim Versuch, folgenden Zaubertrick zu verstehen.

Schritt 1.  Wählen Sie eine Zahl zwischen 1 und 10 (sie darf aber auch größer sein, wenn Sie wollen).

Schritt 2.  Verdoppeln Sie diese Zahl.

Schritt 3.  Zählen Sie 10 dazu.

Schritt 4.  Teilen Sie sie durch 2.

Schritt 5.  Ziehen Sie davon jetzt die Zahl ab, die Sie am Anfang gewählt haben.

Ich wette, das Ergebnis lautet 5. Stimmt's?

Welches Geheimnis steckt hinter diesem Trick? Gehen wir ihn von Anfang an Schritt für Schritt durch. Ich weiß nicht, welche Zahl Sie gewählt haben, also nehmen wir den Platzhalter $N$. Wenn wir einen Buchstaben verwenden, um eine unbekannte Zahl darzustellen, nennen wir diesen Buchstaben eine *Variable*.

Im zweiten Schritt verdoppeln Sie die Zahl, Sie erhalten also $2N$. (Das Multiplikationszeichen dazwischen lassen wir in aller Regel weg, vor allem, um Verwechslungen mit der Variablen $x$ zu vermeiden.) Nach Schritt 3 hat man $2N + 10$. Bei Schritt 4 teilt man das Ganze durch 2 und erhält $N + 5$. Am Ende zieht man die Ausgangszahl ab, also $N$. Was bleibt? $N + 5 - N$, *macht* 5. Wir fassen das Ganze in der folgenden Tabelle zusammen:

| Schritt 1: | N |
|---|---|
| Schritt 2: | 2N |
| Schritt 3: | 2N + 10 |
| Schritt 4: | N + 5 |
| Schritt 5: | N + 5 −N |
| Ergebnis: | 5 |

## Regeln der Algebra

Beginnen wir mit einem Rätsel. Finden Sie eine Zahl, die sich verdreifacht, wenn man 5 hinzuzählt. Zur Lösung des Rätsels nennen wir die unbekannte Zahl $x$. Zählt man 5 zu dieser Zahl, bekommt man $x + 5$. Das Dreifache der Ausgangszahl heißt $3x$. Diese zwei Werte sollen gleich sein, also bekommen wir die Gleichung

$$3x = x + 5$$

Zieht man auf beiden Seiten X ab, bekommt man

$$2x = 5$$

(Wo kommt das $2x$ *her*? $3x - x$ *ist das Gleiche wie* $3x - 1x$, was $2x$ *ist.*) Teilt man beide Seiten der Gleichung durch 2, bekommt man

$$x = 5/2 = 2.5$$

Wir können überprüfen, ob unsere Lösung stimmt: 2,5 + 5 = 7,5, was 3 mal 2,5 entspricht.

**Nebenbemerkung**

Hier ein weiterer Trick, der sich mithilfe von Algebra erklären lässt. Schreiben Sie eine beliebige dreistellige Zahl hin, deren Ziffern von links nach rechts immer kleiner werden, z. B. 842 oder 951. Dann drehen Sie diese Zahl um und ziehen sie von der Ausgangszahl ab. Nehmen Sie das Ergebnis, drehen Sie auch diese Zahl wieder um und zählen Sie die beiden Zahlen zusammen. Machen wir das Ganze einmal am Beispiel der Zahl 853.

$$
\begin{array}{rr}
853 & 495 \\
-\ 358 & +\ 594 \\
\hline
495 & 1089
\end{array}
$$

Machen Sie dasselbe mit einer anderen Ausgangszahl. Was bekommen Sie? Solange Sie alles richtig machen, landen Sie erstaunlicherweise immer bei 1089! Wie gibt es das? Algebra, hilf! Angenommen, wir beginnen mit der dreistelligen Zahl *abc mit* $a > b > c$. So wie die Zahl 853 = $(8 \times 100) + (5 \times 10) + 3$, hat die Zahl *abc den Wert* $100a + 10b + c$. Drehen wir die Reihenfolge um, bekommen wir ihre sog. *Spiegelzahl cba*, mit dem Wert $100c + 10b + a$. Ziehen wir die beiden Zahlen voneinander ab, bekommen wir

$$(100a + 10b + c) - (100c + 10b + a)$$
$$= (100a - a) + (10b - 10b) + (c - 100c)$$
$$= 99a - 99c = 99(a - c)$$

Anders ausgedrückt: Die Differenz muss ein Vielfaches von 99 sein. Da die Ziffern der Ausgangszahl von links nach rechts absteigen, muss *a − c mindestens 2 sein*, also 2, 3, 4, 5, 6, 7, 8 oder 9. Nach der Subtraktion müssen wir also eine der folgenden Zahlen bekommen:

198, 297, 396, 495, 594, 693, 792 oder 891

In all diesen Fällen passiert dasselbe, wenn wir die Zahl und ihre Spiegelzahl zusammenzählen:

$$198 + 891 = 297 + 792 = 396 + 693 = 495 + 594 = 1089$$

Wir müssen also immer bei 1089 herauskommen.

Das war gerade ein Beispiel für das, was ich die **Goldene Regel der Algebra** nenne: **Tu einer Seite immer genau das an, was du der anderen antust.**

Angenommen, Sie wollen die folgende Gleichung nach $x$ auflösen:

$$3(2x + 10) = 90$$

Unser Ziel besteht darin, $x$ zu isolieren. Beginnen wir, indem wir beide Seiten durch 3 teilen. Die Gleichung vereinfacht sich zu:

$$2x + 10 = 30$$

Die 10 werden wir los, indem wir sie auf beiden Seiten abziehen. Wenn wir das tun, bekommen wir

$$2x = 20$$

Schließlich teilen wir beide Seiten durch 2, und es bleibt

$$x = 10$$

Es kann nie schaden, Ergebnisse zu überprüfen. Hier sehen wir: Wenn $x = 10$, dann ist $3(2x + 10) = 3(30) = 90$, wie gewünscht. Gibt es noch andere Lösungen für diese Gleichung? Nein, denn diese Werte für $x$ müssten auch die anderen Gleichungen erfüllen, also ist $x = 10$ die einzige Lösung.

Aber wann braucht man Algebra schon im Alltag? Hier ein Problem, das sich einem Journalisten der *New York Times* im Jahr 2014 stellte. Sony ließ melden, dass der Film *The Interview* in den ersten 4 Tagen nach Erscheinen im Internet 15 Millionen Dollar eingespielt habe. Allerdings verriet das Filmstudio nicht, wie oft der Film online verkauft (zu 15 Dollar) bzw. vermietet (zu 6 Dollar) wurde. Nur, dass es insgesamt 2 Millionen Internettransaktionen gegeben habe. Wie kam der Reporter nun auf die Zahl der Verkäufe? Nennen wir die Zahl der Online-Verkäufe $V$ und die Zahl der Online-Mieten $M$. Da es 2 Millionen Online-Transaktionen gab, wissen wir

$$V + M = 2.000.000$$

Da ein Verkauf mit 15 \$ zu Buche schlägt und eine Miete mit 6 \$, lautet die Gleichung zum Gesamtumsatz

$$15V + 6M = 15.000.000$$

Formt man die erste Gleichung um, erhält man $M = 2.000.000 - V$. Das setzen wir in die zweite Gleichung ein, d. h. anstatt $M$ schreiben wir $(2.000.000 - V)$ und erhalten

$$15V + 6(2.000.000 - V) = 15.000.000$$

oder, umgeformt, $15V + 12.000.000 - 6V = 15.000.000$. Jetzt haben wir es nur noch mit einer Variablen zu tun. Wir verkürzen das Ganze zu

$$9V + 12.000.000 = 15.000.000$$

Zieht man 12.000.000 auf beiden Seiten ab, erhält man

$$9V = 3.000.000$$

folglich liegen die Verkäufe, V, bei genau einer Drittelmillion. $V \approx 333.333$, folglich liegt die Anzahl der Online gemieteten Filme, M, bei $2.000.000 - V \approx 1.666.667$. (Überprüfung des Ergebnisses: Der Gesamtumsatz liegt bei $\$15(333.333) + \$6(1.666.667) \approx \$15.000.000$.)

An dieser Stelle muss ich über ein Gesetz reden, das wir im Buch bereits mehrfach angewendet haben, ohne es explizit beim Namen zu nennen: das **Distributivgesetz**. Dieses Gesetz sorgt dafür, dass Addition und Multiplikation gut zusammenarbeiten. Das Distributivgesetz besagt, dass für beliebige Zahlen *a*, *b*, *c* gilt

$$a(b + c) = ab + ac$$

Nach diesem Schema multiplizieren wir einstellige und zweistellige Zahlen miteinander, beispielsweise

$$7 \times 28 = 7 \times (20 + 8) = (7 \times 20) + (7 \times 8) = 140 + 56 = 196$$

Die Logik dahinter ist ganz einfach. Angenommen, ich habe 7 Säcke mit Münzen, in denen sich jeweils 20 Gold- und 8 Silbermünzen befinden. Wie viele Münzen habe ich insgesamt? Das kann ich entweder so rechnen: Jeder Sack enthält 28 Münzen, also habe ich $7 \times 28$ Münzen. Oder ich rechne so: Ich habe $7 \times 20$ Goldmünzen und $7 \times 8$ Silbermünzen, also $(7 \times 20) + (7 \times 8)$ Münzen insgesamt. Folglich ist $7 \times 28 = (7 \times 20) + (7 \times 8) = 196$.

Man kann sich das Distributivgesetz auch geometrisch veran-schaulichen, indem man die Fläche eines Rechtecks auf zwei-erlei Weise betrachtet, wie unten gezeigt.

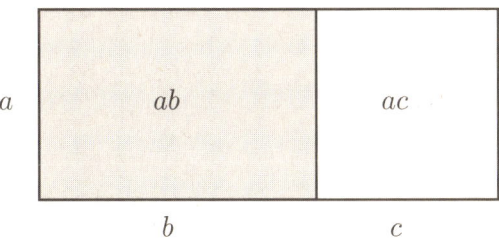

Das Rechteck illustriert das Distributivgesetz:
$$a(b + c) = ab + ac$$

Einerseits ist die Fläche des Rechtecks $a(b + c)$. Aber die linke Seite des Rechtecks hat die Fläche $ab$ und die rechte die Fläche $ac$, die Gesamtfläche ist also auch $ab + ac$. Damit lässt sich das Distributivgesetz für alle positiven Zahlen $a$, $b$, $c$ veranschauli-chen. Übrigens wenden wir das Distributivgesetz gelegentlich auf Zahlen und Variablen gleichzeitig an, beispielsweise bei

$$3(2x + 7) = 6x + 21$$

Liest man diese Gleichung von links nach rechts, kann man sie als Multiplikation von $2x + 7$ mit 3 interpretieren. Liest man sie von rechts nach links, könnte man davon sprechen, dass wir aus $6x + 21$ die „3 ausgeklammert" haben.

**Nebenbemerkung**
Warum ergibt eine negative Zahl mal eine negative Zahl etwas Positives? Warum gilt beispielsweise $(-5) \times (-7) = 35$? Lehrer versuchen, das auf verschiedenste Arten zu erklären, etwa mit dem Zurückzahlen von Schulden, oder

sie belassen es bei einem „so ist das nun mal". Aber der *wahre Grund* besteht darin, dass das Distributivgesetz für alle Zahlen gelten soll, nicht nur wie oben für positive Zahlen. Und wenn es für alle Zahlen gelten soll, dann muss man die Konsequenzen daraus akzeptieren. Schauen wir uns an, warum.

Angenommen, Sie akzeptieren die Tatsachen, dass $-5 \times 0 = 0$ und $-5 \times 7 = -35$.

(Auch diese Behauptungen lassen sich beweisen – mit einer ähnlichen Methode, wie wir sie gleich anwenden, doch für den Hausgebrauch reicht es, sie einfach als wahr hinzunehmen.)

Betrachten Sie sich jetzt den Term

$$-5 \times (-7 + 7)$$

Welchen Wert hat er? Einerseits ist das nur wieder $-5 \times 0$, was bekanntlich 0 ergibt. Andererseits lässt sich das Ganze mithilfe des Distributivgesetzes auch ausdrücken als $((-5) \times (-7)) + (-5 \times 7)$. Folglich ist

$$((-5) \times (-7)) + (-5 \times 7) = ((-5) \times (-7)) - 35 = 0$$

Und da $((-5) \times (-7)) - 35 = 0$, folgt daraus zwingend, dass $(-5) \times (-7) = 35$. Allgemein stellt das Distributivgesetz sicher, dass $(-a) \times (-b) = ab$, und zwar für alle Zahlen a und b.

## Die Magie des Ausmultiplizierens

Eine wichtige Folge aus dem Distributivgesetz ist die Regel des Ausmultiplizierens, wonach für alle Zahlen oder Variablen $a, b, c, d$ gilt:

$$(a + b)(c + d) = ac + ad + bc + bd$$

Halten Sie sich dabei immer an dieselbe Reihenfolge: Erst die Zahlen miteinander multiplizieren, die als Erste in den Klammern stehen, dann die Zahlen, die außen sind, dann die Zahlen, die innen liegen, und schließlich die jeweils letzten Zahlen in den Klammern. Hier ist $ac$ das Produkt der ersten Terme in $(a + b)(c + d)$. Dann ist $ad$ das Produkt der *äußeren Terme*. Danach multipliziert man die inneren Terme bc und schließlich die letzten Terme, $bd$.

Multiplizieren wir zur Illustration zwei Zahlen mithilfe dieser Regel:

$$
\begin{aligned}
23 \times 45 &= (20 + 3)(40 + 5) \\
&= (20 \times 40) + (20 \times 5) + (3 \times 40) + (3 \times 5) \\
&= 800 + 100 + 120 + 15 \\
&= 1035
\end{aligned}
$$

**Nebenbemerkung**
Warum funktioniert diese Regel? Nach dem Distributivgesetz (mit dem Summenteil vorne) haben wir

$$(a + b)e = ae + be$$

Nun ersetzen wir $e$ durch $c + d$ und bekommen

$$
\begin{aligned}
(a + b)(c + d) &= a(c + d) + b(c + d) \\
&= ac + ad + bc + bd
\end{aligned}
$$

Wobei wir den Term hinter dem letzten Gleichheitszeichen bekommen, indem wir das Distributivgesetz wieder anwenden. Wenn Ihnen ein geometrischer Ansatz lieber ist, können wir die Fläche des unten abgebildeten Rechtecks auch auf zweierlei Weise berechnen (funktioniert jedoch nur, wenn $a$, $b$, $c$, $d$ positiv sind).

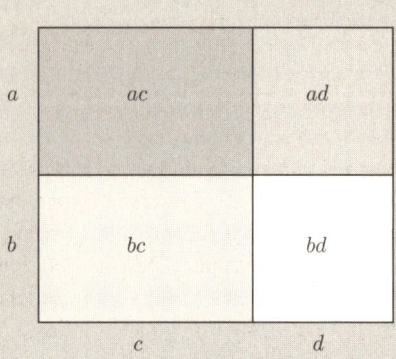

Einerseits hat das Rechteck die Fläche $(a + b)(c + d)$. Oder wir teilen das große Rechteck in vier kleinere Rechtecke mit den Flächen $ac$, $ad$, $bc$ und $bd$. Die Fläche entspricht also auch $ac + ad + bc + bd$. Setzen wir das mit dem obigen Klammerausdruck gleich, bekommen wir die Bestätigung, dass diese beiden Terme tatsächlich dasselbe bedeuten.

Und jetzt wenden wir diese Methode für einen Zaubertrick an. Werfen Sie zwei Würfel und folgen Sie den Anweisungen in der folgenden Tabelle. Nehmen wir beispielsweise an, der erste Würfel zeigt eine 6, der zweite eine 3. Die jeweils unten liegenden Zahlen sind die 1 bzw. die 4.

Werfen Sie zwei Würfel (angenommen, wir bekommen 6 und 3):

| | |
|---|---|
| Die oben liegenden Zahlen multiplizieren: | $6 \times 3 = 18$ |
| Die unten liegenden Zahlen multiplizieren: | $1 \times 4 = 4$ |
| Die oben liegende Zahl des einen Würfels mal die unten liegende Zahl des anderen: | $6 \times 4 = 24$ |

| | |
|---|---|
| Die unten liegende Zahl des einen Würfels mal die oben liegende Zahl des anderen: | $1 \times 3 = 3$ |
| Summe: | 49 |

In unserem Beispiel kamen wir auf eine Gesamtsumme von 49. Probieren Sie es jetzt selbst – Sie werden (angenommen, Sie verwenden gewöhnliche Würfel mit sechs Seiten) immer auf dieselbe Gesamtsumme kommen. Das liegt an dem Umstand, dass sich bei herkömmlichen Würfeln die gegenüberliegenden Seiten jeweils zu 7 ergänzen. Liegen also $x$ und $y$ *oben*, müssen $7 - x$ und $7 - y$ unten liegen. Algebraisch ausgedrückt, sieht unsere Tabelle so aus:

Werfen Sie 2 Würfel (Augenzahl oben $x$ bzw. $y$):

| | |
|---|---|
| Obere Zahlen multiplizieren: | $xy = xy$ |
| Untere Zahlen multiplizieren: | $(7 - x)(7 - y) = 49 - 7y - 7x + xy$ |
| Oben mit unten multiplizieren: | $x(7 - y) = 7x - xy$ |
| Unten mit oben multiplizieren: | $(7 - x)y = 7y - xy$ |
| Gesamtsumme | $= 49$ |

Beachten Sie, wie wir in der dritten Zeile die Regel für das Ausmultiplizieren verwendet haben (und dass $-x$ *mal* $-y$ gleich $xy$). Tatsächlich könnten wir die Gesamtsumme auch mit noch weniger Algebra bekommen, wenn wir uns die zweite Spalte unserer Tabelle ansehen und erkennen, dass man dort genau die vier Terme sieht, die man beim Ausmultiplizieren von $(x + (7 - x))(y + (7 - y))$ bekommt, nämlich $7 \times 7 = 49$.

Im Matheunterricht wird die Regel meist dafür verwendet, Terme folgender Art auszumultiplizieren:

$$(x + 3)(x + 4) = x^2 + 4x + 3x + 12 = x^2 + 7x + 12$$

Beachten Sie, dass im Term ganz rechts die 7 (der sogenannte *Koeffizient* des *x-Terms*) schlicht die Summe der zwei Zahlen 3 + 4 ist. Und dass die letzte Zahl, 12, die sogenannte *Konstante*, das Produkt der Zahlen 3 × 4 ist. Mit ein bisschen Übung kann man das Produkt sofort hinschreiben. Da 5 + 7 = 12 und 5 × 7 = 35, sieht man sofort

$$(x + 5)(x + 7) = x^2 + 12x + 35$$

Das funktioniert auch mit negativen Zahlen. Hier einige Beispiele. Im ersten Beispiel nutzen wir den Umstand, dass 6 + (−2) = 4 und 6 × (−2) = −12.

$$(x + 6)(x − 2) = x^2 + 4x − 12$$
$$(x + 1)(x − 8) = x^2 − 7x − 8$$
$$(x − 5)(x − 7) = x^2 − 12x + 35$$

Hier einige Beispiele, wo beide Klammern identisch sind:

$$(x + 5)^2 = (x + 5)(x + 5) = x^2 + 10x + 25$$
$$(x − 5)^2 = (x − 5)(x − 5) = x^2 − 10x + 25$$

Bitte beachten Sie insbesondere, dass $(x + 5)^2 \neq x^2 + 25$; dieser Fehler wird von Anfängern gern gemacht. Etwas Interessantes passiert auch, wenn die Zahlen unterschiedliche Vorzeichen haben. Da z. B. 5 + (−5) = 0,

$$(x + 5)(x − 5) = x^2 + 5x − 5x − 25 = x^2 − 25$$

Es lohnt sich, wenn Sie sich die *Formel für die Differenz zweier Quadrate* merken:

$$(x + y)(x − y) = x^2 − y^2$$

Diese Formel haben wir schon in Kapitel 1 angewendet, als wir einen Trick zum schnellen Quadrieren von Zahlen vorstellten: Die Methode beruhte auf der folgenden Algebra:

$$A^2 = (A + d)(A - d) + d^2$$

Überprüfen wir die Formel erst einmal. Aus der Formel für die Differenz zweier Quadrate sehen wir, dass $[(A + d)(A - d)] + d^2 = [A^2 - d^2] + d^2 = A^2$. Folglich gilt die Formel für alle Werte von $A$ und $d$. Im konkreten Fall ist $A$ die zu quadrierende Zahl und $d$ die Distanz zur nächsten einfachen Zahl. Um 97 zu quadrieren, wählen wir $d = 3$ sodass

$$97^2 = (97 + 3)(97 - 3) + 3^2$$
$$= (100 \times 94) + 9$$
$$= 9409$$

**Nebenbemerkung**

Hier eine geometrische Herleitung der Formel für die Differenz zweier Quadrate. Sie zeigt, wie ein geometrisches Objekt mit der Fläche $x^2 - y^2$ zugeschnitten und umarrangiert werden kann, sodass es ein Rechteck der Fläche $(x + y)(x - y)$ bildet.

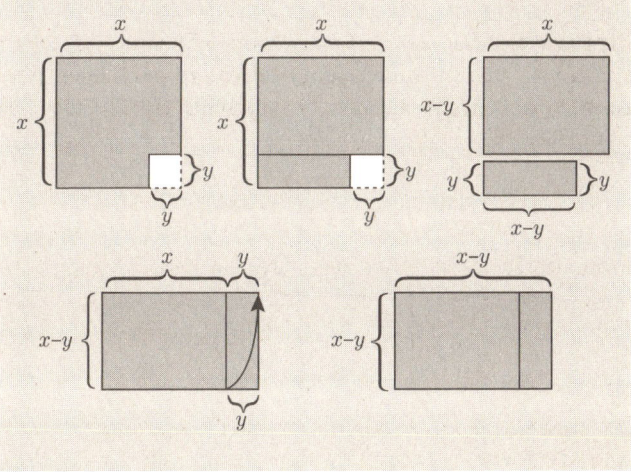

In Kapitel 1 habe ich auch eine Methode vorgestellt, wie man nahe beieinanderliegende Zahlen multipliziert. Wir betrachteten Zahlen, die nahe 100 lagen oder mit derselben Ziffer begannen, aber sobald man die Algebra hinter der Methode versteht, kann man sie auch auf ein breiteres Spektrum von Situationen anwenden. Hier ist die Algebra hinter der Nahe-beieinander-Methode:

$$(z + a)(z + b) = z(z + a + b) + ab$$

Die Formel gilt, weil $(z + a)(z + b) = z^2 + zb + za + ab$, und dann klammern wir $z$ aus den ersten drei Ausdrücken aus. Die Formel funktioniert für alle Zahlen, doch typischerweise wählen wir $z$. Um $43 \times 48$ zu berechnen, nehmen wir $z = 40$, $a = 3$, $b = 8$. Unserer Formel gemäß erhalten wir

$$
\begin{aligned}
43 \times 48 &= (40 + 3)(40 + 8) \\
&= 40(40 + 3 + 8) + (3 \times 8) \\
&= (40 \times 51) + (3 \times 8) \\
&= 2040 + 24 \\
&= 2064
\end{aligned}
$$

Beachten Sie, dass sich die beiden zu multiplizierenden Zahlen zu $43 + 48 = 91$ summieren und sich die einfacheren Zahlen, die man tatsächlich multipliziert, ebenfalls zu $40 + 51 = 91$ summieren. Das ist kein Zufall, da uns die Algebra verrät, dass die Originalzahlen eine Summe von $(z + a) + (z + b) = 2z + a + b$ haben, und das ist auch die Summe der einfacheren Zahlen $z$ und $z + a + b$. Die Algebra zeigt uns, dass wir auch auf einfachere Zahlen *aufrunden* dürfen. Obige Berechnung hätten wir auch mit $z = 50$, $a = -7$ und $b = -2$ durchführen dürfen. Unsere Multiplikation hätte dann gelautet $50 \times 41$. (Zur 41 gelangt man leicht, wenn man bedenkt $43 + 48 = 91 = 50 + 41$.)

Folglich gilt:

$$43 \times 48 = (50 - 7)(50 - 2)$$
$$= (50 \times 41) + (-7 \times -2)$$
$$= 2050 + 14$$
$$= 2064$$

**Nebenbemerkung**

In Kapitel 1 benutzten wir diese Methode, um Zahlen zu multiplizieren, die knapp über 100 lagen. Magischerweise funktioniert sie aber auch für Zahlen knapp unter 100. Zum Beispiel:

$$96 \times 97 = (100 - 4)(100 - 3)$$
$$= (100 \times 93) + (-4 \times -3)$$
$$= 9300 + 12$$
$$= 9312$$

Beachten Sie, dass $96 + 97 = 193 = 100 + 93$. (In der Praxis zähle ich einfach die letzten Ziffern (hier $6 + 7$) zusammen und weiß sofort, dass 100 mit einer Zahl multipliziert wird, die auf 3 endet, folglich muss es die 93 sein.) Sobald Sie den Bogen raus haben, müssen Sie sich auch nicht mehr die Mühe machen, zwei negative Zahlen miteinander zu multiplizieren; Sie dürfen einfach die positiven Zahlen miteinander multiplizieren. Ein Beispiel:

$$97 \times 87 = (100 - 3)(100 - 13)$$
$$= (100 \times 84) + (3 \times 13)$$
$$= 8400 + 39$$
$$= 8439$$

Die Methode funktioniert auch für Zahlen, von denen eine knapp über 100 liegt und die andere knapp darunter.

Beispielsweise:

$$
\begin{aligned}
109 \times 93 &= (100 + 9)(100 - 7) \\
&= (100 \times 102) - (9 \times 7) \\
&= 10.200 - 63 \\
&= 10.137
\end{aligned}
$$

Auch hier kann man die Zahl 102 entweder über 109 − 7 oder über 93 + 9 oder über 109 + 93 − 100 erhalten (oder einfach, indem man die hintersten Stellen der Originalzahlen addiert; 9 + 3 verrät gleich, dass die Zahl auf 2 endet, was als Info schon genügen sollte). Mit ein wenig Übung können Sie diese Methode zur Multiplikation aller Zahlen verwenden, die relativ nahe beieinanderliegen. Ich demonstriere das anhand von mäßig schwierigen dreistelligen Zahlen. Beachten Sie in diesem Fall, dass die Abstände $a$ und $b$ nicht einstellig sind.

$$
\begin{aligned}
218 \times 211 &= (200 + 18)(200 + 11) \\
&= (200 \times 229) + (18 \times 11) \\
&= 45.800 + 198 \\
&= 45.998
\end{aligned}
$$

$$
\begin{aligned}
985 \times 978 &= (1000 - 15)(1000 - 22) \\
&= (1000 \times 963) + (15 \times 22) \\
&= 963.000 + 330 \\
&= 963.330
\end{aligned}
$$

## Nach x auflösen

Weiter vorn in diesem Kapitel habe ich einige Beispiele gebracht, wie man Gleichungen mithilfe der Goldenen Regel der Algebra löst. Eine *lineare* Gleichung mit nur *einer* Unbekannten (d. h., es kommt beispielsweise nur $x$ vor, und zwar nicht quadriert oder in noch höherer Potenz) lässt sich dann ganz einfach nach $x$ auflösen. Um die Gleichung

$$9x - 7 = 47$$

aufzulösen, können wir auf beiden Seiten 7 addieren, um $9x = 54$ zu erhalten, und dann durch 9 teilen, um $x = 6$ als Lösung zu bekommen.

Das funktioniert auch bei etwas komplizierteren Aufgaben wie beispielsweise:

$$5x + 11 = 2x + 18$$

Wir ziehen einfach auf beiden Seiten $2x$ ab (und gleichzeitig 11, wenn Sie wollen), übrig bleibt

$$3x = 7$$

mit dem Ergebnis $x = 7/3$. Letztlich lässt sich jede lineare Gleichung zu $ax = b$ (oder $ax - b = 0$) vereinfachen, mit der Lösung $x = b/a$ (unter der Annahme $a \neq 0$).

Komplizierter wird die Sache bei *quadratischen* Gleichungen (in denen man es mit $x^2$ zu tun hat). Am leichtesten lassen sich quadratische Gleichungen folgender Form lösen

$$x^2 = 9$$

Es gibt *zwei* Lösungen: $x = 3$ und $x = -3$. Das gilt auch, wenn die rechte Seite nicht das Quadrat einer ganzen Zahl ist, etwa bei:

$$x^2 = 10$$

Auch hier gibt es zwei Lösungen, $x = \sqrt{10} = 3{,}16...$ und $x = -\sqrt{10} = -3{,}16...$ Es hat sich eingebürgert, die nichtnegative Lösung als *Quadratwurzel* zu bezeichnen. Es gilt also für $n > 0$, dass $\sqrt{n}$ die positive Zahl ist, die quadriert $n$ ergibt. Ist $n$ nicht das Quadrat einer ganzen Zahl, braucht man für die Berechnung in der Regel einen Taschenrechner.

Eine Gleichung wie

$$x^2 + 4x = 12$$

ist nur wegen des Terms $4x$ etwas kniffliger zu lösen, aber dieses Problem kann man auf mehrere Arten angehen. Wie beim Kopfrechnen lassen sich auch Aufgaben dieser Form auf mehrerlei Weise knacken. Als Erstes versuche ich es mit der Zerlegung in Linearfaktoren. Zunächst schiebe ich alles auf die linke Seite der Gleichung, sodass rechts 0 steht. In unserem Beispiel wird die Gleichung zu

$$x^2 + 4x - 12 = 0$$

Was jetzt? Zum Glück haben wir im letzten Kapitel beim Ausmultiplizieren gelernt, dass $x^2 + 4x - 12 = (x + 6)(x - 2)$. Folglich dürfen wir unsere Aufgabe umschreiben zu

$$(x + 6)(x - 2) = 0$$

Das Produkt zweier Ausdrücke kann aber nur dann 0 sein, wenn mindestens einer der Ausdrücke 0 ist. Folglich muss entweder gelten $x + 6 = 0$ oder $x - 2 = 0$, was bedeutet

$$x = -6 \text{ oder } x = 2.$$

Und tatsächlich lösen diese Werte unsere Aufgabe; überprüfen Sie es ruhig. Nach den Regeln des Ausmultiplizierens gilt $(x + a)(x + b) = x^2 + (a + b)x + ab$. Die Zerlegung in Linearfaktoren hat deswegen etwas von einer Denksportaufgabe. Beispielsweise mussten wir bei der vorigen Aufgabe zwei Zahlen $a$ und $b$ mit einer Summe von 4 und einem Produkt von $-12$ finden. Die Lösung dieses Rätsels, $a = 6$ und $b = -2$, gibt uns genau die Faktoren, die wir für unsere Zerlegung brauchen. Versuchen Sie übungshalber, $x^2 + 11x + 24$ zu zerlegen. Das Rätsel lautet: Finde zwei Zahlen, die zusammen gerechnet 11 ergeben und miteinander multipliziert 24. Da die Zahlen 3 und 8 diese Anforderung erfüllen, bekommen wir $x^2 + 11x + 24 = (x + 3)(x + 8)$. Doch angenommen, wir haben eine Gleichung dieser Art: $x^2 + 9x = -13$. Das lässt sich nicht so einfach faktorisieren. Doch keine Angst! In solchen Fällen rettet uns die **Lösungsformel für quadratische Gleichungen**. Sie lässt sich auf alle Gleichungen des Typs

$$ax^2 + bx + c = 0$$

anwenden und besagt, dass die Lösungen lauten

$$x = \frac{-b \pm \sqrt{b^2 - 4ac}}{2a}$$

wobei das $\pm$ Symbol bedeutet „plus oder minus." Hier ein Beispiel. Nehmen Sie die Gleichung

$$x^2 + 4x - 12 = 0$$

Wir haben $a = 1$, $b = 4$ und $c = -12$.

Laut Formel ist

$$x = \frac{-4 \pm \sqrt{16 - 4(1)(-12)}}{2} = \frac{-4 \pm \sqrt{64}}{2} = \frac{-4 \pm 8}{2} = -2 \pm 4$$

Die Lösung lautet also $x = -2 + 4 = 2$ oder $x = -2 - 4 = -6$, wie erwartet. Sie werden mir zustimmen, dass für diese Aufgabe die Zerlegung in Linearfaktoren weniger kompliziert war.

**Nebenbemerkung**

Eine weitere interessante Methode zur Lösung quadratischer Gleichungen heißt *quadratische Ergänzung*. Addieren wir bei der Gleichung $x^2 + 4x = 12$ auf beiden Seiten der Gleichung 4. Damit bekommen wir

$$x^2 + 4x + 4 = 16$$

Wir haben auf beiden Seiten 4 addiert, damit die linke Seite zu $(x + 2)(x + 2)$ wird. Wir erhalten also

$$(x + 2)^2 = 16$$

bzw. $(x + 2)^2 = 4^2$. Folglich gilt

$$x + 2 = 4 \text{ oder } x + 2 = -4$$

mit den Lösungen $x = 2$ und $x = -6$, die wir schon von oben kennen.

Für die Gleichung

$$x^2 + 9x + 13 = 0$$

ist allerdings die Lösungsformel für quadratische Gleichungen der beste Ansatz. Wir haben $a = 1$, $b = 9$ und $c = 13$. Laut Formel lauten die Lösungen

$$x = \frac{-9 \pm \sqrt{81 - 52}}{2} = \frac{-9 \pm \sqrt{29}}{2}$$

Die Lösungen sind also ungefähr 7,2 und 1,8. Darauf wären wir durch Hinsehen nicht gekommen. Es gibt in der Mathematik nicht viele Formeln, die man auswendig lernen muss, aber die Lösungsformel für quadratische Gleichungen gehört eindeutig dazu. Mit ein wenig Übung fällt Ihnen das Anwenden der Formel bald so leicht wie … *a, b, c!*

**Nebenbemerkung**

Doch warum funktioniert die Lösungsformel für quadratische Gleichungen? Schreiben wir die Gleichung $ax^2 + bx + c = 0$ um zu

$$ax^2 + bx = -c$$

Jetzt teilen wir beide Seiten durch $a$ (ungleich 0) und bekommen

$$x^2 + \frac{b}{a}x = \frac{-c}{a}$$

Da aber $(x + \frac{b}{2a})^2 = x^2 + (b/a)x + \frac{b^2}{4a^2}$, können wir *quadratisch ergänzen*, indem wir auf beiden Seiten der obigen Gleichung $\frac{b^2}{4a^2}$ addieren. Wir erhalten

$$\left(x + \frac{b}{2a}\right)^2 = \frac{b^2}{4a^2} + \frac{-c}{a} = \frac{b^2 - 4ac}{4a^2}$$

Zieht man auf beiden Seiten die Wurzel, erhält man

$$x + \frac{b}{2a} = \pm \frac{\sqrt{b^2 - 4ac}}{2a}$$

Folglich

$$x = \frac{-b \pm \sqrt{b^2 - 4ac}}{2a}$$

wie gewünscht.

## Algebra mit Graphen veranschaulichen

Im siebzehnten Jahrhundert machte die Mathematik einen Riesensprung, als die französischen Mathematiker Pierre de Fermat und René Descartes unabhängig voneinander entdeckten, wie man algebraische Gleichungen grafisch veranschaulichen und umgekehrt geometrische Objekte in Form algebraischer Gleichungen darstellen konnte. Beginnen wir mit dem Graphen der einfachen Gleichung

$$y = 2x + 3$$

Diese Gleichung besagt, dass wir für jeden Wert der Variablen $x$ diesen Wert verdoppeln und 3 hinzuzählen, um $y$ zu bekommen. Hier eine Tabelle mit einer Handvoll Werte für $x$-$y$-Paare. Als Nächstes zeichnen wir diese Wertepaare in ein Koordinatensystem ein. Wir tragen $(-3, 3)$, $(-2, -1)$, $(-1, 1)$ usw. ein. Verbindet man die Punkte und extrapoliert, nennt sich das resultierende Objekt *Graph*. Unten zeige ich den Graphen der Gleichung $y = 2x + 3$.

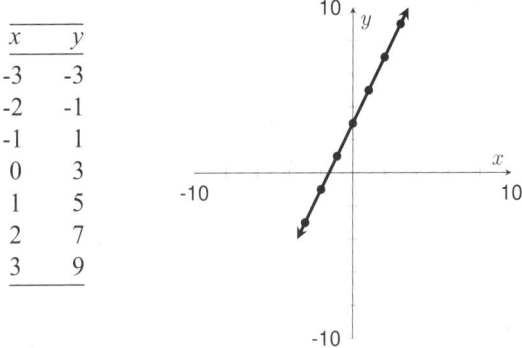

| $x$ | $y$ |
|-----|-----|
| -3 | -3 |
| -2 | -1 |
| -1 | 1 |
| 0 | 3 |
| 1 | 5 |
| 2 | 7 |
| 3 | 9 |

Der Graph der Gleichung $y = 2x + 3$

Hier ein wenig nützliche Terminologie: Die horizontale Linie in unserer Abbildung heißt *x-Achse*, die senkrechte Linie *y-Achse*. Der Graph in unserem Beispiel ist eine Gerade mit Steigung 2 und dem $y$-Achsenabschnitt 3. Die Steigung misst die Steilheit der Geraden. Eine Steigung von 2 bedeutet, dass $y$ um 2 wächst, wenn $x$ um 1 größer wird (was Sie auch aus der Wertetabelle ablesen können). Der $y$-Achsenabschnitt ist einfach der Wert von $y$ *bei* $x = 0$. Geometrisch ist das der Ort, an dem der Graph die $y$-Achse schneidet. Allgemein ist der Graph einer Gleichung der Form

$$y = mx + b$$

eine Gerade mit Steigung $m$ und dem $y$-Achsenabschnitt $b$. Typischerweise identifizieren wir eine Gerade mit ihrer Gleichung. Wir könnten also einfach sagen, der Graph der obigen Abbildung ist die Gerade $y = 2x + 3$.

Hier sind die Graphen der Geraden $y = 2x - 2$ und $y = -x + 7$.

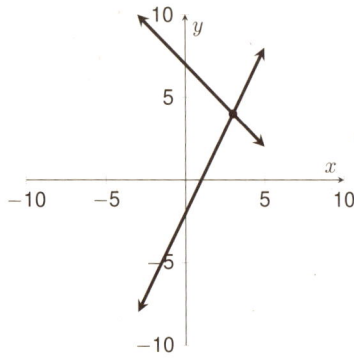

Wo schneiden sich die Graphen von $y = 2x - 2$
und $y = -x + 7$?

Die Gerade $y = 2x - 2$ hat die Steigung 2 und den $y$-Achsenabschnitt $-2$. (Der Graph ist *parallel zu* $y = 2x + 3$, nur dass die Gerade senkrecht um 5 Einheiten nach unten verschoben wurde.) Der Graph $y = -x + 7$ hat die Steigung $-1$, wenn also $x$ um 1 ansteigt, fällt $y$ um 1. Setzen wir Algebra ein, um den Punkt $(x, y)$ zu ermitteln, an dem sich die Geraden schneiden. Am Schnittpunkt haben beide Geraden dieselben $x$- und $y$-Werte, also müssen wir die $x$-Werte finden, an denen die $y$-Werte identisch sind. Anders ausgedrückt, müssen wir

$$2x - 2 = -x + 7$$

lösen. Wir addieren auf beiden Seiten $x$ und 2 und erhalten

$$3x = 9$$

also $x = 3$. Sobald wir $x$ kennen, setzen wir es in eine der zwei Gleichungen ein und erhalten $y$.

Da $y = 2x - 2$, ist $y = 2(3) - 2 = 4$. (Alternativ erhalten wir in $y = -x + 7$ eingesetzt: $y = -3 + 7 = 4$.) Die Geraden schneiden sich also im Punkt $(3, 4)$.

Sobald man zwei Punkte einer Geraden kennt, kann man ihren Graphen ganz einfach zeichnen, indem man eine Gerade durch diese Punkte legt. Schwieriger wird das Ganze bei quadratischen Gleichungen. Die am einfachsten zu zeichnende quadratische Funktion lautet $y = x^2$, siehe Abbildung unten. Graphen quadratischer Funktionen heißen *Parabeln*.

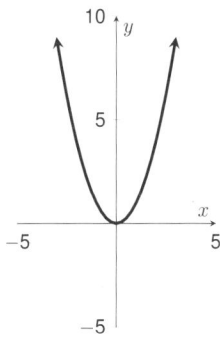

Der Graph von $y = x^2$

Hier ist der Graph von $y = x^2 + 4x - 12 = (x + 6)(x - 2)$.

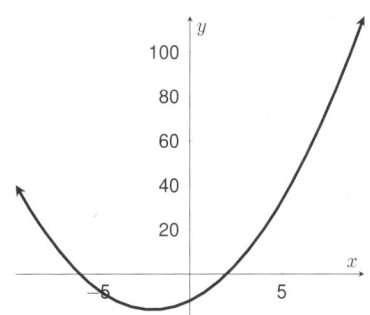

Der Graph von $y = x^2 + 4x - 12 = (x + 6)(x - 2)$.
(Maßstab auf der $y$-Achse geändert.)

Beachten Sie, dass bei $x = -6$ und $x = 2$ gilt, $y = 0$. Das sehen wir in der Abbildung; die Parabel schneidet an diesen zwei Punkten die $x$-Achse. Diese Punkte heißen auch Nullstellen. Genau auf halber Strecke zwischen diesen beiden Punkten erreicht die Parabel ihren tiefsten Punkt: bei $x = -2$. Dieser Punkt $(-2, -16)$ heißt Scheitelpunkt. Den y-Wert, $-16$, können Sie einfach selbst ausrechnen, indem Sie $-2$ in die Gleichung einsetzen. Wir begegnen Parabeln im täglichen Leben überall. Jedes Mal, wenn ein Gegenstand geworfen wird, beschreibt seine Flugkurve fast exakt eine Parabel, egal, ob es sich um einen Basketball handelt oder Wasser, das aus einem Trinkbrunnen kommt, wie in der Abbildung unten. Die Eigenschaften von Parabeln werden bei der Entwicklung von Scheinwerfern, Teleskopen und Satellitenschüsseln genutzt.

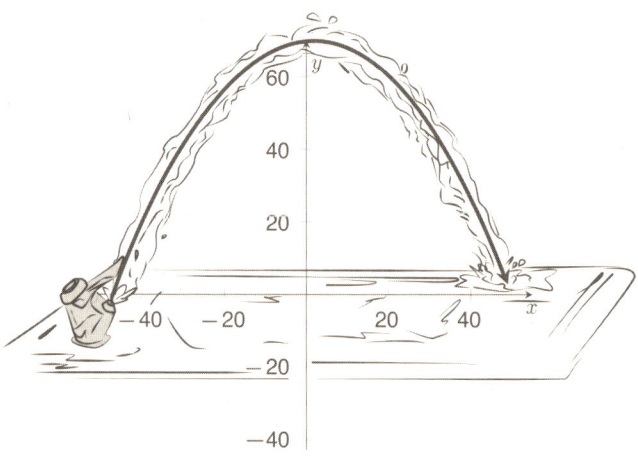

Ein typischer Trinkbrunnen. Bei diesem beschreibt der Strahl eine Parabel der Form $y = -0{,}03x^2 + 0{,}08x + 70$.

Zeit für ein wenig Terminologie. Bisher haben wir mit *Polynomen* gearbeitet, Kombinationen aus Zahlen und einer einzelnen Variablen (z. B. $x$), die auch in höherer Potenz auftreten konnte. Der größte Exponent der Variablen ist der *Grad* des Polynoms. $3x + 7$ beispielsweise ist ein (lineares) Polynom ersten Grades. Ein Polynom zweiten Grades wie $x^2 + 4x - 12$ heißt *quadratisch*. Ein Polynom dritten Grades wie $5x^3 - 4x^2 - \sqrt{2}$ heißt *kubisch*. Polynome des 4. und 5. Grades heißen *quartisch* bzw. *quintisch*. (Namen für Polynome höheren Grades kenne ich nicht; hauptsächlich mag das daran liegen, dass sie in der Praxis nicht häufig vorkommen. Außerdem frage ich mich, ob ein Polynom siebten Grades wirklich *septisch* hieße. Vielleicht benutzen manche Leute diesen Ausdruck, aber ich bin da skeptisch.)

Ein Polynom ohne Variable, wie etwa die Gleichung $y = 17$, hat den Grad 0 und heißt *konstante* Funktion. Und schließlich darf ein Polynom nicht unendlich viele Terme beinhalten. $1 + x + x^2 + x^3 + \ldots$ beispielsweise ist kein Polynom, sondern eine unendliche Reihe (mehr dazu in Kapitel 12, ab S. 359).

Beachten Sie, dass bei Polynomen nur positive ganzzahlige Exponenten erlaubt sind, die Hochzahlen dürfen also nicht negativ oder Bruchzahlen sein. Lautet unsere Gleichung etwa $y = 1/x$ oder $y = \sqrt{x}$, handelt es sich nicht um ein Polynom, da $1/x = x^{-1}$ und $\sqrt{x} = x^{1/2}$.

Die *Nullstellen* eines Polynoms sind definiert als die Werte von $x$, an denen das Polynom den Wert 0 annimmt. $3x + 7$ beispielsweise hat eine Nullstelle, nämlich $x = -7/3$. Und die Nullstellen von $x^2 + 4x - 12$ sind $x = 2$ und $x = -6$. Ein Polynom wie $x^2 + 9$ hat keine (echten) Nullstellen, da es die x-Achse überhaupt nicht schneidet. Beachten Sie, dass jedes Polynom des Grades 1 (eine Gerade) genau eine Nullstelle hat, da es die $x$-Achse an genau einem Punkt schneidet, und ein quadratisches Polynom (eine Parabel) maximal zwei Nullstellen hat. Die Polynome $x^2 + 1$, $x^2$ und $x^2 - 1$ haben null, eine bzw. zwei Nullstellen.

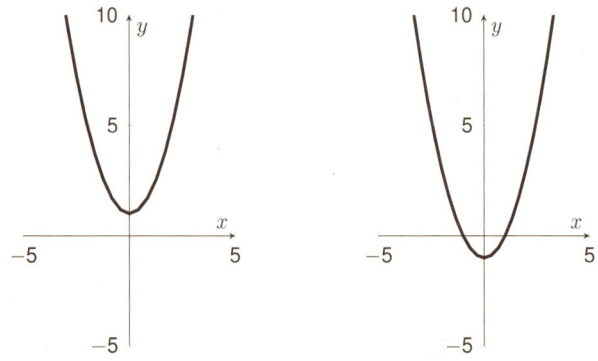

Die Graphen von $y = x^2 + 1$ und $y = x^2 - 1$ haben null bzw. zwei Nullstellen. Der Graph von $y = x^2$, der bereits auf S. 59 abgebildet wurde, hat genau eine Nullstelle.

Es folgen die Graphen zweier kubischer Polynome; Sie werden bemerken, dass sie maximal drei Nullstellen haben.

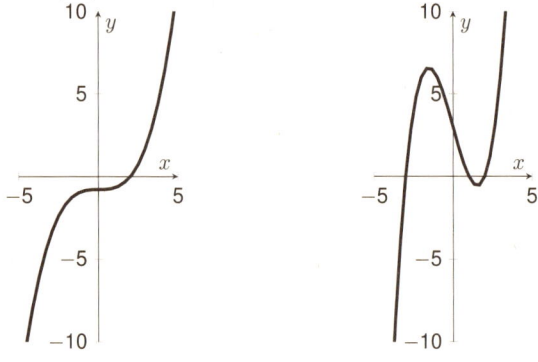

Der Graph von $y = (x^3 - 8)/10 = 1/10\,(x - 2)(x^2 + 2x + 4)$ hat eine Nullstelle, und $y = (x^3 - 7x + 6)/2 = \frac{1}{2}\,(x + 3)(x - 1)(x - 2)$ hat drei Nullstellen.

In Kapitel 10 machen wir Bekanntschaft mit dem *Fundamentalsatz der Algebra*, demzufolge ein Polynom des Grades $n$ maximal $n$ *Nullstellen hat*. Darüber hinaus kann es in lineare oder quadratische Teile zerlegt werden. Zum Beispiel hat

$$(x^3 - 7x + 6)/2 = \frac{1}{2}(x + 3)(x - 1)(x - 2)$$

drei *Nullstellen* (1, 2 und –3).

$$x^3 - 8 = (x - 2)(x^2 + 2x + 4)$$

hingegen hat genau eine reelle *Nullstelle*, bei $x = 2$. (Das Polynom hat auch zwei *komplexe Nullstellen*, aber das muss definitiv noch bis Kapitel 10 warten.) Übrigens sollte ich darauf hinweisen, dass es heutzutage ganz einfach ist, den Graphen der meisten Funktionen zu finden – einfach indem man die Gleichung in eine Suchmaschine eingibt. Probieren Sie es mal aus und suchen Sie nach „y = (x^3 – 7x + 6)/2". Gleich als erstes Suchergebnis wird meist der Graph ausgespuckt.

In diesem Kapitel haben wir gesehen, wie einfach sich die *Nullstellen* linearer oder quadratischer Polynome finden lassen. Es gibt auch Formeln für die Ermittlung der *Nullstellen* kubischer oder quartischer Polynome, doch die sind extrem kompliziert. Sie wurden im 16. Jahrhundert entdeckt, und danach plagten sich Mathematiker über zwei Jahrhunderte lang mit der Suche nach einer Formel zur Lösung von Polynomen fünften Grades ab. Einige der klügsten mathematischen Köpfe versuchten sich erfolglos daran – bis der norwegische Mathematiker Niels Abel Anfang des 19. Jahrhunderts bewies, dass eine solche Formel für Polynome ab Grad 5 unmöglich existieren konnte. (Gottlob hat der biblische Kain nicht diesen Abel erschlagen, sonst würden die Mathematiker heute noch vergebens nach diesen Formeln suchen!) Beispiele dafür, wie man beweist, dass etwas unmöglich ist, stelle ich Ihnen im nächsten Kapitel vor.

## Nebenbemerkung

Warum ist $x^{-1} = 1/x$? Warum etwa sollte $5^{-1} = 1/5$? Betrachten Sie dafür das folgende Muster:

$$5^3 = 125, 5^2 = 25, 5^1 = 5, 5^0 = ?, 5^{-1} = ??, 5^{-2} = ???$$

Beachten Sie, dass jedes Mal, wenn wir den Exponenten um 1 verringern, die Zahl durch den Faktor 5 dividiert wird. Und wenn man darüber nachdenkt, scheint das auch nur logisch. Damit sich dieses Muster fortsetzt, muss gelten $5^0 = 1$ und $5^{-1} = 1/5$, $5^{-2} = 1/25$ usw. Doch der wahre Grund dafür ist das **Potenzgesetz**, das besagt: $x^a x^b = x^{a+b}$. Das klingt alles total logisch, solange $a$ und $b$ positive ganze Zahlen sind. Ein Beispiel: $x^2 = x \cdot x$ und $x^3 = x \cdot x \cdot x$. Es folgt

$$x^2 \cdot x^3 = (x \cdot x) \cdot (x \cdot x \cdot x) = x^5$$

Da das Gesetz auch für 0 gültig sein soll, muss gelten $x^{a+0} = x^a \cdot x^0$, und da die linke Seite gleich $x^a$ ist, muss die rechte Seite das auch sein. Doch das klappt nur, wenn $x^0 = 1$.

Da das Potenzgesetz auch für negative ganze Zahlen gelten soll, müssen wir auch akzeptieren, dass

$$x^1 \cdot x^{-1} = x^{1+(-1)} = x^0 = 1$$

Teilt man beide Seiten durch $x$, folgt daraus, dass $x^{-1}$ identisch sein muss mit $1/x$. Nach derselben Logik muss gelten $x^{-2} = 1/x^2$, $x^{-3} = 1/x^3$ usw.

Und da das Potenzgesetz für alle reellen Zahlen gelten soll, müssen wir akzeptieren, dass

$$x^{1/2} x^{1/2} = x^{1/2 + 1/2} = x^1 = x$$

Wenn wir also $x^{1/2}$ mit sich selbst multiplizieren, bekommen wir $x$, folglich muss (solange $x$ eine positive Zahl ist) gelten: $x^{1/2} = \sqrt{x}$.

## Abrakadabra!

Beenden wir dieses Kapitel, wie wir es begannen: mit einem algebraischen Zaubertrick.

Schritt 1. Denken Sie sich zwei Zahlen zwischen 1 und 10.
Schritt 2. Zählen Sie diese Zahlen zusammen.
Schritt 3. Multiplizieren Sie das Ergebnis mit 10.
Schritt 4. Addieren Sie dazu die größere Ihrer Ausgangszahlen.
Schritt 5. Ziehen Sie die kleinere Ausgangszahl ab.
Schritt 6. Sagen Sie mir Ihr Ergebnis, und ich verrate Ihnen Ihre beiden Ausgangszahlen!

Ob Sie's glauben oder nicht: Die eine Zahl reicht, um beide Ausgangszahlen zu bestimmen. Lautet das Endergebnis etwa 126, dann muss man von 9 und 3 ausgegangen sein. Selbst wenn Sie den Trick ein paarmal wiederholen, wird Ihnen Ihr Publikum kaum auf die Schliche kommen.

Hier ist das Geheimnis: Die größere Zahl erhalten Sie, indem Sie die letzte Ziffer des Endergebnisses (hier 6) zum Rest des Endergebnisses (hier 12) zählen und durch 2 teilen. Die größere Zahl muss also sein $(12+6)/2 = 18/2 = 9$. Die kleinere Zahl erhält man, wenn man die letzte Ziffer des Endergebnisses (6) von der soeben errechneten größeren Zahl (9) abzieht. In diesem Fall wäre das $9 - 6 = 3$.

Hier zwei weitere Beispiele zum Üben: Lautet das Endergebnis 82, dann ist die größere Zahl $(8+2)/2 = 5$ und die kleinere Zahl $5-2 = 3$. Beträgt das Endergebnis 137, dann ist die größere Zahl $(13 + 7)/2 = 10$ und die kleinere Zahl $10 - 7 = 3$.

Wie funktioniert dieser Trick? Angenommen, Sie beginnen mit den Zahlen $X$ und $Y$, wobei $X$ mindestens genauso groß ist wie $Y$. Folgt man den einzelnen Schritten und der Algebra in der folgenden Tabelle, erhält man nach dem 5. Schritt $10(X + Y) + (X - Y)$.

| | |
|---|---|
| Schritt 1: | $X$ und $Y$ |
| Schritt 2: | $X + Y$ |
| Schritt 3: | $10(X + Y)$ |
| Schritt 4: | $10(X + Y) + X$ |
| Schritt 5: | $10(X + Y) + (X - Y)$ |
| Größere Zahl: | $((X + Y) + (X - Y))/2 = X$ |
| Kleinere Zahl: | $X - (X - Y) = Y$ |

Inwiefern hilft uns das? Beachten Sie, dass eine Zahl der Form $10(X + Y)$ auf 0 enden muss und die Ziffer(n) davor $X + Y$ ist / sind. Da $X$ und $Y$ zwischen 1 und 10 liegen und $X$ mindestens so groß ist wie $Y$, muss $X - Y$ notwendigerweise eine einstellige Zahl (zwischen 0 und 9) sein. Folglich muss die letzte Ziffer des Gesamtergebnisses $X - Y$ sein. Hat man beispielsweise 9 und 3 gewählt, dann ist $X = 9$ und $Y = 3$. Folglich muss das Endergebnis nach Schritt 5 mit $X + Y = 9 + 3 = 12$ anfangen und mit $X - Y = 9 - 3 = 6$ enden, hintereinandergeschrieben 126 . Sobald wir $X + Y$ und $X - Y$ kennen, können wir daraus den Mittelwert bestimmen; das ist $((X + Y) + (X - Y))/2 = X$. Um dann $Y$ zu erhalten, könnten wir $((X + Y) - (X - Y))/2$ berechnen (hier wäre das $(12 - 6)/2 = 6/2 = 3$), doch ich finde es einfacher, die gerade erhaltene größere Zahl zu nehmen und von ihr die letzte Ziffer des Gesamtergebnisses abzuziehen ($9 - 6 = 3$), da $X - (X - Y) = Y$.

**Nebenbemerkung**

Wenn Sie den Schwierigkeitsgrad für sich (und die Mitspieler, die dann vielleicht einen Taschenrechner brauchen) erhöhen wollen, können Sie das Ganze mit zwei Zahlen zwischen 1 und 100 spielen. Bei Schritt 3 müssen die Mitspieler dann aber mit 100 multiplizieren statt mit 10, ansonsten bleibt alles gleich. Angenommen, Ihr Kandidat hat 42 und 17 gewählt, dann lautet sein Gesamtergebnis nach Schritt 5 5925. Nehmen Sie die letzten zwei Ziffern dieser Zahl, zählen Sie sie zu den zwei vorderen und teilen Sie das Ergebnis durch 2. Die größere Zahl lautet $(59 + 25)/2 = 84/2 = 42$. Die kleinere Zahl bekommen Sie wieder, indem Sie die hinteren zwei Ziffern des Gesamtergebnisses von der größeren Zahl abziehen: $42 - 25 = 17$. Stimmt. Dieser Trick funktioniert fast genauso wie der vorige, nur dass man nach Schritt 5 das Gesamtergebnis $100(X + Y) - (X - Y)$ hat, bei dem $X - Y$ die letzten zwei Ziffern des Gesamtergebnisses sind.

Hier ein weiteres Beispiel: Wenn das Gesamtergebnis 15222 lautet, (also $X + Y = 152$ und $X - Y = 22$), dann ist die größere Zahl $(152 + 22)/2 = 174/2 = 87$ und die kleinere $87 - 22 = 65$.

$$\sqrt{9} = 3$$

# Die Magie der Neun

## Die magischste Zahl

Als ich noch ein Kind war, gefiel mir die Zahl 9 am besten, weil sie so viele magische Eigenschaften zu haben schien. Eine erste Ahnung davon bekommen Sie, wenn Sie den unten stehenden mathemagischen Anweisungen folgen.

Schritt 1.  Wählen Sie eine Zahl zwischen 1 und 10 (oder eine größere ganze Zahl; dann brauchen Sie aber ggf. einen Taschenrechner).
Schritt 2.  Verdreifachen Sie die Zahl.
Schritt 3.  Zählen Sie 6 dazu.
Schritt 4.  Verdreifachen Sie die Zahl erneut.
Schritt 5.  Verdoppeln Sie die Zahl, wenn Sie mögen.
Schritt 6.  Bilden Sie die Quersumme der Zahl (zählen Sie ihre Ziffern zusammen). Hören Sie auf, wenn das Ergebnis eine einstellige Zahl ist.
Schritt 7.  Ist das Ergebnis zweistellig, zählen Sie die beiden Ziffern zusammen.
Schritt 8.  Merken Sie sich das Ergebnis.

Ich spüre, dass Ihr Ergebnis 9 lautet. Stimmt's? (Wenn nicht, sollten Sie Ihre Berechnungen überprüfen!) Was ist so magisch an der Zahl 9? Im weiteren Verlauf dieses Kapitels werde ich einige ihrer magischen Eigenschaften vorstellen, wir werden uns sogar eine Welt vorstellen, in der man sagen kann, 12 und 3 kämen im Prinzip auf das Gleiche heraus. Die erste magische Eigenschaft der 9 sieht man, wenn man ihre Vielfachen ansieht:

9, 18, 27, 36, 45, 54, 63, 72, 81, 90, 99, 108, 117, 126, 135, 144 ...

Was haben all die Zahlen gemeinsam? Wenn man ihre Ziffern zusammenzählt, erhält man offenbar immer 9. Überprüfen wir ein paar davon: 18 hat die Quersumme $1 + 8 = 9$; 27 hat $2 + 7 = 9$; 144 hat $1 + 4 + 4 = 9$. Doch Moment, hier ist eine Ausnahme: 99 hat die Quersumme 18, doch 18 ist selbst wieder ein Vielfaches von 9. Hier also das zentrale Ergebnis, das Sie vielleicht auch in der Grundschule gelernt haben, und das ich später im Kapitel noch näher erläutere:

**Wenn eine Zahl ein Vielfaches von 9 ist, dann ist ihre Quersumme ebenfalls ein Vielfaches von 9 (und umgekehrt).**

Die Zahl 123.456.789 beispielsweise hat eine Quersumme von 45 (ein Vielfaches von 9), folglich ist sie ein Vielfaches von 9. Die Zahl 314.159 hingegen hat die Quersumme 23 (kein Vielfaches von 9), folglich ist sie kein Vielfaches von 9.

Um den Zaubertrick von oben zu verstehen, betrachten wir uns die Algebra dahinter. Anfangs wählt man eine Zahl aus, die wir $N$ nennen wollen. Nach der Verdreifachung haben wir $3N$, was im nächsten Schritt zu $3N + 6$ wird. Verdreifacht man das wieder, bekommt man $3(3N + 6) = 9N + 18$, was gleichbedeutend ist mit $9(N + 2)$. Sollten Sie Lust dazu gehabt haben, die Zahl zu verdoppeln, hätten Sie $18N + 36 = 9(2N + 4)$ bekommen. Doch in beiden Fällen wird bei Ihrem Ergebnis 9 mit einer ganzen Zahl multipliziert, Sie haben es also mit einem Vielfachen von 9 zu tun. Nimmt man die Quersumme dieser Zahl, bekommt man wiederum ein Vielfaches von 9 (wahrscheinlich 9 oder 18 oder 27 oder 36), und *die Quersumme dieser Zahl muss dann 9 sein.*

Hier eine Variante des obigen Tricks, die ich auch gerne aufführe. Bitten Sie jemanden mit Taschenrechner, heimlich eine der folgenden Zahlen zu wählen:

3.141 oder 2.718 oder 2.358 oder 9.999

Diese Zahlen sind jeweils die ersten vier Ziffern von $\pi$ (Kapitel 8) bzw. von $e$ (Kapitel 10), aufeinanderfolgende Fibonacci-Zahlen (Kapitel 5) und die größte vierstellige Zahl. Bitten Sie Ihren Kandidaten dann, diese Zahl mit einer *beliebigen* dreistelligen Zahl zu multiplizieren. Das Endergebnis ist eine sechs- oder siebenstellige Zahl, die Sie unmöglich wissen können. Bitten Sie den Kandidaten dann, im Geist eine der Ziffern dieser Zahl einzukringeln, allerdings keine 0 (weil die schon aussieht wie ein Kringel!) Bitten Sie ihn nun, alle nicht umkringelten Zahlen *in beliebiger Reihenfolge* vorzulesen und sich ganz auf die verbleibende Ziffer zu konzentrieren. Mit ein bisschen Konzentration schaffen Sie es, diese Ziffer zu „erraten".

Was ist das Geheimnis dahinter? Beachten Sie, dass alle vier möglichen Ausgangszahlen ein Vielfaches von 9 waren. Da man mit einem Vielfachen von 9 beginnt und mit ganzen Zahlen multipliziert, muss das Ergebnis auch ein Vielfaches von 9 sein. Folglich müssen sich die Ziffern zu 9 addieren. Zählen Sie die Ziffern zusammen, die Ihnen vorgelesen werden. Die fehlende Ziffer ist diejenige Zahl, die Sie brauchen, um auf ein Vielfaches von 9 zu kommen. Angenommen, Ihr Kandidat nennt die Ziffern 5, 0, 2, 2, 6 und 1. Die Summe dieser Zahlen ist 16, er muss also die 2 verschwiegen haben, mit der man auf das nächste Vielfache von 9, nämlich 18, kommt. Nennt er die Zahlen 1, 1, 2, 3, 5, 8, Summe 20, dann muss die fehlende Ziffer eine 7 sein, weil man mit ihr auf 27 kommt. Doch was, wenn sich die vorgelesenen Zahlen auf 18 summieren? Da die Instruktion lautete, keine 0 auszulassen, muss die fehlende Ziffer eine 9 sein.

Warum hat überhaupt jedes Vielfache von 9 eine Quersumme, die ebenfalls ein Vielfaches von 9 ist? Betrachten wir mal ein Beispiel. Die Zahl 3.456 sieht in Zehnerpotenzen ausgedrückt so aus:

$$3.456 = (3 \times 1000) + (4 \times 100) + (5 \times 10) + 6$$
$$= 3(999 + 1) + 4(99 + 1) + 5(9 + 1) + 6$$
$$= 3(999) + 4(99) + 5(9) + 3 + 4 + 5 + 6$$
$$= (\text{ein Vielfaches von } 9) + 18$$
$$= \text{ein Vielfaches von } 9$$

Nach derselben Logik muss jede Zahl, deren Quersumme ein Vielfaches von 9 ist, selbst ein Vielfaches von 9 sein (und umgekehrt: Jedes Vielfache von 9 muss eine Quersumme haben, die ein Vielfaches von 9 ist).

## Die Neunerprobe

Was passiert, wenn die Quersumme einer Zahl *kein* Vielfaches von 9 ist? Betrachten Sie beispielsweise die Zahl 3.457 (Quersumme 19). Nach obigem Muster können wir sie als 3(999) + 4(99) + 5(9) + 19 hinschreiben; 3.457 ist also um 19 größer als ein Vielfaches von 9. Und da 19 = 18 + 1, zeigt das an, dass 3.457 nur um 1 größer ist als ein Vielfaches von 9. Zum selben Ergebnis können wir gelangen, indem wir die Quersumme von 19 bilden (10) und davon wieder die Quersumme bilden, was ich hier so notiere:

$$3.457 \rightarrow 19 \rightarrow 10 \rightarrow 1$$

Diesen Vorgang des wiederholten Bildens von Quersummen nennt man *Neunerprobe*, weil man bei jedem Schritt ein Vielfaches von 9 subtrahiert. Die einstellige Zahl, die man am Ende erhält, heißt *iterierte Quersumme* einer Zahl. Die Digitalwurzel der Zahl 3.457 ist beispielsweise 1, die Zahl 3.456 hat die Digitalwurzel 9. Unsere bisherigen Ergebnisse lassen sich folgendermaßen zusammenfassen. Für jede positive Zahl *n* gilt:

**Hat *n* die iterierte Quersumme 9,
dann ist *n* ein Vielfaches von 9.
Ansonsten ist die iterierte Quersumme der
Rest, der bleibt, wenn *n* durch 9 geteilt wird.**

Oder, algebraischer ausgedrückt: Wenn *n* die iterierte Quersumme *r* hat, dann ist

$$n = 9x + r$$

wobei *n*, *x* und *r* ganze Zahlen sind. Mit der Neunerprobe lassen sich auf unterhaltsame Weise die Ergebnisse von Additions-, Subtraktions- und Multiplikationsaufgaben überprüfen. Hat man eine Additionsaufgabe richtig gelöst, dann muss die iterierte Quersumme des Ergebnisses der Summe der iterierten Quersummen der Ausgangszahlen entsprechen. Führen Sie zum Beispiel folgende Addition durch:

$$
\begin{array}{rcccc}
91.787 & \to & 32 & \to & 5 \\
+ \ 42.864 & \to & 24 & \to & 6 \\
\hline
134.651 & & \overline{11} & \to & \textcircled{2} \\
\downarrow & & & & \\
20 & \to & \textcircled{2} & &
\end{array}
$$

Beachten Sie, dass die zu addierenden Zahlen iterierte Quersummen von 5 und 6 haben, deren Summe, 11, die Quersumme 2 hat. Es ist kein Zufall, dass die iterierte Quersumme des Ergebnisses, 134.651, ebenfalls die iterierte Quersumme 2 hat. Der Grund, warum diese Methode funktioniert, beruht auf der Algebra

$$(9x + r1) + (9y + r2) = 9(x + y) + (r1 + r2)$$

Stimmen die Zahlen bei der Probe nicht überein, hat man definitiv irgendwo einen Fehler gemacht. **Wichtig:** Auch wenn die Zahlen übereinstimmen, muss das Ergebnis nicht notwendigerweise richtig sein. Doch in etwa 90 Prozent der Fälle erkennt man anhand der Probe, dass man einen Fehler begangen hat.

Hat man etwa versehentlich zwei (korrekte) Ziffern vertauscht, geht die Probe noch auf (weil die Quersumme sich nicht ändert), obwohl das Ergebnis natürlich nicht mehr stimmt. Hat man bei einer einzelnen Zahl einen Fehler begangen, spürt die Probe ihn auf – außer es wurde aufgrund des Fehlers aus einer 0 eine 9 oder umgekehrt. Die Probe funktioniert auch bei langen Zahlenkolonnen. Angenommen, Sie haben eine Reihe von Dingen mit folgenden Preisen gekauft:

$$
\begin{array}{rll}
112{,}56 & \rightarrow 15 \rightarrow & 6 \\
96{,}50 & \rightarrow 20 \rightarrow & 2 \\
14{,}95 & \rightarrow 19 \rightarrow & 1 \\
48{,}95 & \rightarrow 26 \rightarrow & 8 \\
108{,}00 & \rightarrow \phantom{0}9 \rightarrow & 9 \\
17{,}52 & \rightarrow 15 \rightarrow & 6 \\
\hline
398{,}48 & & 32 \rightarrow \boxed{5} \\
\downarrow & & \\
32 \rightarrow \boxed{5} & &
\end{array}
$$

Bildet man die iterierte Quersumme des Ergebnisses, erhält man 5, und die Summe der iterierten Quersummen beträgt 32, was zu unserem Ergebnis passt, da 32 die Quersumme 5 hat. Die Neunerprobe funktioniert auch bei Subtraktionen. Zum Beispiel, wenn man die Zahlen der Additionsaufgabe von S. 72. voneinander abzieht:

$$
\begin{array}{rll}
91.787 & \rightarrow 32 \rightarrow & 5 \\
\{\ 42.864 & \rightarrow 24 \rightarrow & 6 \\
\hline
48.923 & & \{1 \rightarrow \boxed{8} \\
\downarrow & & \\
26 \rightarrow \boxed{8} & &
\end{array}
$$

Unser Ergebnis (48.923) hat die iterierte Quersumme 8. Ziehen wir die iterierten Quersummen der Ausgangszahlen voneinander ab, bekommen wir $5 - 6 = -1$. Doch das passt zu unserem Ergebnis, denn $-1 + 9 = 8$, und die Addition (oder Subtraktion) von Vielfachen von 9 verändert die Quersumme nicht. Nach derselben Logik ist eine Differenz von 0 konsistent mit der Quersumme 9.

Nutzen wir unser neues Wissen, um einen neuen Zaubertrick (ähnlich demjenigen in der Einführung zu diesem Buch) zu erfinden. Folgen Sie den Anweisungen: (Sie dürfen einen Taschenrechner benutzen, wenn Sie wollen.)

Schritt 1. Nehmen Sie eine beliebige zwei- oder dreistellige Zahl.

Schritt 2. Bilden Sie deren Quersumme.

Schritt 3. Ziehen Sie diese von Ihrer Zahl ab.

Schritt 4. Bilden Sie von diesem Ergebnis die Quersumme.

Schritt 5. Multiplizieren Sie diese mit 5, wenn die Quersumme gerade ist.

Schritt 6. Multiplizieren Sie diese mit 10, wenn die Quersumme ungerade ist.

Schritt 7. Ziehen Sie jetzt 15 ab.

Haben Sie jetzt die Zahl 75 im Kopf?

Angenommen, Sie haben am Anfang die Zahl 47 gewählt, dann haben Sie $4 + 7 = 11$ gerechnet, gefolgt von $47 - 11 = 36$. Danach $3 + 6 = 9$, was eine ungerade Zahl ist. Nach Multiplikation mit 10 erhalten Sie 90, und $90 - 15 = 75$. Hätten sie hingegen eine dreistellige Zahl, wie 831, gewählt, dann hätten Sie gerechnet: $8 + 3 + 1 = 12$; $831 - 12 = 819$; $8 + 1 + 9 = 18$, eine gerade Zahl, weshalb man mit 5 multiplizieren muss. $18 \times 5 = 90$, minus 15 macht 75, wie gehabt.

Der Grund, warum dieser Trick funktioniert: Wenn die Ausgangszahl die Quersumme $T$ hat, muss sie um $T$ größer sein als ein Vielfaches von 9. Ziehen wir $T$ von der Ausgangszahl ab, müssen wir ein Vielfaches von 9 bekommen, das kleiner ist als 999, die Quersumme muss also 9 oder 18 sein. (Als wir mit 47 begannen, hatten wir eine Quersumme von 11. Die zogen wir von 47 ab und erhielten 36, Quersumme 9.) Nach dem nächsten Schritt bekommen wir notwendigerweise 90 (aus $9 \times 10$ oder $18 \times 5$). Ziehen wir 15 davon ab, muss 75 rauskommen, wie bei den obigen Beispielen.

Die Neunerprobe funktioniert auch bei Multiplikationen. Sehen wir, was passiert, wenn wir die obigen Zahlen miteinander multiplizieren:

$$
\begin{array}{r}
91.787 \;\rightarrow\; 32 \;\rightarrow\; 5 \\
\times\;\; 42.864 \;\rightarrow\; 24 \;\rightarrow\; 6 \\
\hline
3.934.357.968 \qquad\qquad \overline{30} \;\rightarrow\; ③ \\
\downarrow \\
57 \;\rightarrow\; 12 \;\rightarrow\; ③
\end{array}
$$

Der Grund, warum die Neunerprobe für Multiplikationen funktioniert, liegt in der Regel für das Ausmultiplizieren, die wir in Kapitel 2 kennengelernt haben. Bei unserem letzten Beispiel zeigen die Digitalwurzeln rechts an, dass die zu multiplizierenden Zahlen die Form $9x + 5$ bzw. $9y + 6$ haben, wobei $x$ und $y$ ganze Zahlen sind. Multiplizieren wir diese Zahlen miteinander, bekommen wir

$$
\begin{aligned}
(9x + 5)(9y + 6) &= 81xy + 54x + 45y + 30 \\
&= 9(9xy + 6x + 5y) + 30 \\
&= (\text{ein Vielfaches von } 9) + (27 + 3) \\
&= (\text{ein Vielfaches von } 9) + 3
\end{aligned}
$$

Die Neunerprobe wird zwar normalerweise nicht bei Divisionen angewendet, doch ich kann es mir nicht verkneifen, Ihnen eine absolut magische Methode vorzustellen, wie man Zahlen durch 9 teilt. Diese Methode wird mitunter »vedische« Methode genannt. Betrachten Sie die Aufgabe

$$12.302 \div 9$$

Schreiben Sie sie so hin

$$9\overline{)1\,2\,3\,0\,2}$$

Bringen Sie jetzt die erste Ziffer über den Strich und schreiben Sie den Buchstaben R (für Rest) wie gezeigt über die letzte Ziffer

$$\frac{①\qquad\quad R}{9\,)1\;2\;3\;0\;2}$$

Als nächstes addieren wir die Zahlen diagonal, wie bei den umkreisten Paaren unten. Die umkringelten Zahlen 1 und 2 addieren sich zu 3, also schreiben wir 3 als die nächste Zahl über den Strich.

$$\frac{①\;3\qquad\quad R}{9\,)1\;2\;3\;0\;2}$$

Danach 3 + 3 = 6.

$$\frac{1\;3\;6\qquad R}{9\,)1\;2\;3\;0\;2}$$

Danach 6 + 0 = 6.

$$\frac{1\;3\;6\;6\;R}{9\,)1\;2\;3\;0\;2}$$

Schließlich rechnen wir 6 + 2 = 8 für unseren Rest.

$$\frac{1\;3\;6\;6\,R\;8}{9\,)1\;2\;3\;0\;2}$$

Und hier ist unsere Lösung 12.302 ÷ 9 = 1.366, Rest 8.

Das schien ja fast zu einfach! Machen wir eine weitere Aufgabe, diesmal aber schneller.

$$31.415 \div 9$$

Hier ist das Ergebnis!

$$9\overline{)3\ 1\ 4\ 1\ 5} \quad 3\ 4\ 8\ 9\ R\ 14$$

Wir beginnen mit der 3 oben, rechnen 3 + 1 = 4, dann 4 + 4 = 8, dann 8 + 1 = 9, dann 9 + 5 = 14. Die Lösung ist also 3.489, Rest 14. Doch da 14 = 9 + 5, zählen wir 1 zu unserem Ergebnis dazu und bekommen 3.490, Rest 5.

Hier eine einfache Frage mit einer hübschen Antwort. Ich überlasse es Ihnen, (im Kopf oder auf Papier) zu überprüfen, dass

$$111.111 \div 9 = 12.345\ R\ 6$$

Wie gezeigt, zählt man einfach 1 zu seiner Lösung dazu und zieht 9 vom Rest ab, wenn dieser größer ist als 9. Etwas Ähnliches passiert, wenn wir mitten in unserer Divisionsaufgabe Summen bekommen, die größer als 9 sind. Wir notieren uns diese Stellen, ziehen 9 von der Zahl ab und machen dann weiter wie gehabt. Bei der Aufgabe 4.821 ÷ 9 beginnen wir beispielsweise so:

$$9\overline{)4\ 8\ 2\ 1} \quad 4 \qquad R$$

Wir beginnen mit der 4, doch da 4 + 8 = 12, schreiben wir eine 1 über die 4, dann ziehen wir 9 von 12 ab und schreiben 3 auf die nächste Stelle. Es folgt 3 + 2 = 5, dann 5 + 1 = 6, und schon haben wir das Ergebnis 535, Rest 6, wie unten illustriert.

$$\begin{array}{r} 1 \\ 4\ 3\ 5\ R\ 6 \\ 9\overline{)4\ 8\ 2\ 1} \end{array}$$

Hier eine weitere Aufgabe, bei der man sich oft 1 merken muss. Versuchen Sie mal 98.765 ÷ 9.

$$
\begin{array}{r}
\phantom{9)}\;{\scriptstyle 1}\;\;{\scriptstyle 1}\;\;{\scriptstyle 1} \\
\phantom{9)}9\,8\,6\,3\,\text{R}\,8 \\
9\,\overline{)\,9\,8\,7\,6\,5}
\end{array}
$$

Beginnend mit der 9 oben, addieren wir 9 + 8 = 17, schreiben die kleine 1 darüber, ziehen 9 ab sodass die nächste hinzu-schreibende Zahl eine 8 wird. Als Nächstes rechnen wir 8 + 7 = 15, merken uns wieder eine 1 und rechnen 15 − 9 = 6. Danach 6 + 6 = 12, 1 gemerkt, 12 − 9 = 3 hinschreiben. Der Rest schließlich ist 3 + 5 = 8. Rechnet man die gemerkten Einsen hinzu, bekommt man die Lösung 10.973, Rest 8.

**Nebenbemerkung**

Wenn Sie glauben, durch 9 teilen sei cool, dann teilen Sie mal durch 91. Lassen Sie sich irgendeine zweistellige Zahl geben, und Sie können sie sofort auf beliebig viele Nachkommastellen genau berechnen. Ohne Stift und Papier und ohne Blödsinn! Ein Beispiel:

$$53 \div 91 = 0{,}582417\ldots$$

Genau genommen lautet das Ergebnis $0{,}\overline{582417}$, wobei der Strich über den Ziffern anzeigt, dass sie sich unendlich wiederholen. Das ist genauso einfach, wie die Ausgangszahl mit 11 zu multiplizieren. Mit der Methode, die wir in Kapitel 1 kennengelernt haben, berechnen wir 53 × 11 = 583. Wir ziehen davon 1 ab und erhalten die erste Hälfte unserer Lösung, nämlich 0,582. Die zweite Hälfte ist 999 minus die erste Hälfte, also 999 − 582 = 417. Das Ergebnis lautet tatsächlich $0{,}\overline{582417}$, wie versprochen.

Machen wir ein weiteres Beispiel: Versuchen Sie 78 ÷ 91. Hier gilt 78 × 11 = 858, das Ergebnis beginnt also mit 857. Dann rechnen wir 999 − 857 = 142, also 78 ÷ 91 = 0,857142. Dieser Zahl sind wir schon in Kapitel 1 begegnet, denn 78/91 lässt sich zu 6/7 kürzen.

Diese Methode funktioniert, weil 91 × 11 = 1001. Für das erste Beispiel gilt $\frac{53}{91} = \frac{53 \times 11}{91 \times 11} = \frac{583}{1001}$. Und da $1/1001 = 0,000999$, erhalten wir den sich wiederholenden Teil des Ergebnisses aus 583 × 999 = 583.000 − 583 = 582.417.

Da 91 = 13 × 7, erhalten wir eine hübsche Methode für die Division durch 13 – indem wir den Nenner auf 91 erweitern. Es gilt 1/13 = 7/91, und da 7 × 11 = 077, erhalten wir

$$1/13 = 7/91 = 0,\overline{076923}$$

Analog rechnen wir $2/13 = 14/91 = 0,\overline{153846}$, da 14 × 11 = 154.

## Die Magie von 10, 11 und 12 und das Rechnen mit Modulo

Viel von dem, was wir über die Zahl 9 gelernt haben, lässt sich auf alle anderen Zahlen ausdehnen. Bei der Neunerprobe haben wir Zahlen durch den Rest ersetzt, der nach Division durch 9 blieb. Die Idee, eine Zahl durch ihren Rest zu ersetzen, ist den meisten Leuten nicht fremd – wir machen das ständig, seit wir die Uhr zu lesen gelernt haben.

Welche Zeit wird eine Analoguhr in 3 Stunden anzeigen, die jetzt 8 Uhr anzeigt? Oder in 15 Stunden? Oder in 27 Stunden? Oder was hat sie vor 9 Stunden angezeigt? Würden wir ganz normal rechnen, würden wir sagen 11 Uhr, 23 Uhr, 35 Uhr bzw. −1 Uhr. Doch was die Uhr betrifft, zeigt sie immer dieselbe Zeit an: 11, da all diese Zeiten sich nur um ein Vielfaches von 12 Stunden unterscheiden. Mathematiker verwenden in solchen Fällen die Notation

$$11 \equiv 23 \equiv 35 \equiv -1 \ (\mathrm{mod} \ 12)$$

Welche Zeit wird die Uhr in 3 Stunden anzeigen? In 15 Stunden? In 27 Stunden? Was hat sie vor 9 Stunden angezeigt?

Allgemein sagen wir $a \equiv b$ (mod 12), wenn $a$ und $b$ sich um ein Vielfaches von 12 unterscheiden. Und noch allgemeiner sagen wir für jede positive ganze Zahl $m$, dass die zwei Zahlen $a$ und $b$ kongruent modulo $m$ sind, geschrieben $a \equiv b$ (mod $m$), wenn $a$ und $b$ sich um ein Vielfaches von $m$ unterscheiden. Äquivalent gilt:

$a \equiv b$ (mod $m$), wenn $a = b + qm$, wobei $q$ eine ganze Zahl ist.

Das Schöne an Kongruenzen ist, dass sie sich fast genauso verhalten wie herkömmliche Gleichungen; wir können sie miteinander addieren und multiplizieren und voneinander subtrahieren. Gilt beispielsweise $a \equiv b$ (mod $m$), und $c$ ist eine ganze Zahl, dann gilt auch:

$$a + c \equiv b + c \ \text{und} \ ac \equiv bc \ (\mathrm{mod} \ m).$$

Verschiedene Kongruenzen können addiert, subtrahiert und multipliziert werden. Wenn beispielsweise $a \equiv b$ (mod $m$) und $c \equiv d$ (mod $m$), dann gilt:

$$a + c \equiv b + d \ \text{und} \ ac \equiv bd \ (\mathrm{mod} \ m).$$

Ein Beispiel: Da $14 \equiv 2$ und $17 \equiv 5$ (mod 12), ist $14 \times 17 \equiv 2 \times 5$ (mod 12), und tatsächlich gilt: $238 = 10 + (12 \times 19)$. Aus dieser Regel folgt, dass wir Kongruenzen auch potenzieren können. Wenn also $a \equiv b$ (mod $m$), dann haben wir die *Potenzregel*:

$$a^2 \equiv b^2 \qquad a^3 \equiv b^3 \qquad \ldots \qquad a^n \equiv b^n \qquad (\text{mod } m)$$

für jede positive ganze Zahl $n$.

**Nebenbemerkung**

Warum funktioniert die Modulorechnung? Wenn $a \equiv b$ (mod $m$) und $c \equiv d$ (mod $m$), dann gilt: $a = b + pm$ und $c = d + qm$, wobei $p$ und $q$ ganze Zahlen sind. Folglich gilt: $a + c = (b + d) + (p + q)m$, woraus folgt: $a + c \equiv b + d$ (mod $m$). Weiterhin gilt wegen der Regeln zum Ausmultiplizieren:

$$ac = (b + pm)(d + qm) = bd + (bq + pd + pqm)m.$$

$ac$ und $bd$ unterscheiden sich also um ein Vielfaches von $m$, weshalb $ac \equiv bd$ (mod $m$). Multipliziert man diesen Ausdruck mit sich selbst, bekommt man $a^2 \equiv b^2$ (mod $m$), man das mehrmals, wiederholt bekommt man die Potenzregel.

Die Potenzregel macht die 9 im Zehnersystem zu einer ganz besonderen Zahl. Da

$$10 \equiv 1 \ (\text{mod } 9),$$

folgt aus der Potenzregel, dass $10^n \equiv 1^n = 1$ (mod 9) für beliebige $n$, folglich gilt für eine Zahl wie 3.456:

$$
\begin{aligned}
3.456 &= 3(1000) + 4(100) + 5(10) + 6 \\
&\equiv 3(1) + 4(1) + 5(1) + 6 = 3 + 4 + 5 + 6 \ (\text{mod } 9)
\end{aligned}
$$

Aus $10 \equiv 1$ (mod 3) erklärt sich, warum man ganz einfach durch Bildung der Quersumme ermitteln kann, ob eine Zahl glatt durch 3 teilbar ist (oder wie groß der Rest bei Teilung durch 3 ist). Würden wir nicht im Zehnersystem rechnen, sondern beispielsweise in einem Sechzehnersystem (*Hexadezimalsystem* genannt), wie es in der Elektro- und der Computertechnik verwendet wird, dann könnte man wegen $16 \equiv 1$ (mod 15) sofort sagen, ob eine Zahl ein Vielfaches von 15 (oder 3 oder 5) ist, oder den Rest einer Division durch 15 sofort durch Bildung der Quersumme ermitteln.

Doch zurück zum Zehnersystem. Es gibt eine hübsche Methode, um herauszufinden, ob eine Zahl ein Vielfaches von 11 ist. Sie beruht auf dem Umstand, dass

$$10 \equiv -1 \ (\text{mod } 11)$$

und folglich $10^n \equiv (-1)^n$ (mod 11). Folglich $10^2 \equiv 1$ (mod 11), $10^3 \equiv (-1)$ (mod 11) usw. Eine Zahl wie 3.456 erfüllt

$$3.456 = 3(1000) + 4(100) + 5(10) + 6$$
$$\equiv -3 + 4 - 5 + 6 = 2 \ (\text{mod } 11)$$

Teilt man 3.456 durch 11, bleibt also ein Rest von 2. Die allgemeine Regel lautet, dass eine Zahl dann und nur dann ein Vielfaches von 11 ist, wenn wir ein Vielfaches von 11 (wie $0, \pm 11, \pm 22$, ... ) bekommen, wenn wir die Ziffern abwechselnd subtrahieren und addieren. Ist beispielsweise die Zahl 31.415 ein Vielfaches von 11? Wir rechnen $3 - 1 + 4 - 1 + 5 = 10$ und kommen zum Schluss, dass sie keines ist. Würden wir aber 31.416 betrachten, dann kämen wir auf 11, folglich ist 31.416 ein Vielfaches von 11.

Normalerweise wird mit mod 11 gerechnet, um ISBN-Nummern (International Standard Book Number) zu erstellen oder zu überprüfen. Angenommen, ein Buch hat eine 10-stellige ISBN-Nummer (wie die meisten vor 2007 veröffentlichten Titel). Die ersten Ziffern stehen für das Land des Verlags, das Verlagshaus und die Titelnummer, aber die zehnte Ziffer (die sog. *Prüfziffer*) wird auf ganz bestimmte Art aus den anderen errechnet. Die 10-stellige ISBN hat das Muster *a-bcd-efghi-j*, und *j* errechnet sich aus

$$10a + 9b + 8c + 7d + 6e + 5f + 4g + 3h + 2i + j \equiv 0 \pmod{11}$$

Mein im Jahr 2006 veröffentliches Buch *Secrets of Mental Math* hat beispielsweise die ISBN 0-307-33840-1, und tatsächlich ergibt

$$10(0) + 9(3) + 8(0) + 7(7) + 6(3) + 5(3) + 4(8) + 3(4) + 2(0) + 1$$
$$= 154 \equiv 0 \pmod{11}$$

da $154 = 11 \times 14$. Vielleicht fragen Sie sich, was passiert, wenn die Prüfziffer 10 sein sollte. In diesem Fall steht an ihrer Stelle der Buchstabe *X*, das römische Zeichen für 10. Das ISBN-System hat die nette Eigenschaft, dass es sofort erkennt, wenn eine einzige Ziffer falsch eingegeben wurde. Ist etwa die dritte Ziffer falsch, liegt das Endergebnis um ein Vielfaches von 8 daneben, entweder um ±8 oder ±16 oder ... ± 80. Doch keine dieser Zahlen wird ein Vielfaches von 11 sein (denn 11 ist eine Primzahl), das verfälschte Gesamtergebnis kann also nicht um ein Vielfaches von 11 vom korrekten abweichen. Tatsächlich lässt sich mit ein bisschen Algebra beweisen, dass das System jeden Fehler, der durch das Verdrehen zweier Ziffern entsteht, entdeckt. Nehmen wir an, nur die Ziffern *c* und *f* seien vertauscht, der Rest stimme. Dann verändern sich nur die *c*- und die *f*- Terme, wodurch sich das Gesamtergebnis ändert. Ins frühere Gesamtergebnis ging $8c + 5f$ ein, ins neue geht $8f + 5c$ ein. Die Differenz ist $(8f + 5c) - (8c + 5f) = 3(f - c)$, was kein Vielfaches von 11 ist. Folglich wird das neue Gesamtergebnis kein Vielfaches von 11 sein. Im Jahr 2007 gingen die Verlage zum ISBN-13-System über, das 13 Ziffern verwendet und mit mod 10 arbeitet statt mit mod 11. Unter dem neuen System ist die Zahlenfolge *abc-d-efg-hijkl-m* nur dann gültig, wenn es die Bedingung

$$a + 3b + c + 3d + e + 3f + g + 3h + i + 3j + k + 3l + m$$
$$\equiv 0 \pmod{10}$$

erfüllt. Die ISBN-13 für die englischsprachige Originalausgabe dieses Buchs lautet beispielsweise 978-0-465-05472-5. Diese Zahl lässt sich schnell überprüfen, indem man die Ziffern mit geraden Positionszahlen und diejenigen mit ungeraden Positionszahlen addiert und rechnet:

$$(9 + 8 + 4 + 5 + 5 + 7 + 5) + 3(7 + 0 + 6 + 0 + 4 + 2)$$
$$= 43 + 3(19) = 43 + 57 = 100 \equiv 0 \pmod{10}$$

Einzelne falsche Ziffern lassen sich mit dem ISBN-13-System zuverlässig entdecken, ebenso die meisten Zahlendreher. Doch wenn man beispielsweise bei den letzten drei Ziffern statt 725 versehentlich 275 schreibt, dann fällt der Fehler nicht auf, weil sich die neue Gesamtsumme 110 ergibt, die ein Vielfaches von 10 ist. Ein ähnliches auf mod 10 beruhendes System existiert, um Barcodes, Kreditkarten- und Debitkartennummern zu überprüfen. Darüber hinaus spielt die Modulorechnung beim Design elektronischer Schaltkreise und der Sicherung finanzieller Transaktionen im Internet eine Rolle.

## Kalenderberechnungen

Mein liebster mathematischer Partytrick ist derjenige, bei dem ich Menschen den Wochentag ihres Geburtstags verrate, allein anhand ihres Geburtsdatums. Wenn mir etwa ein Mädchen verrät, dass es am 2. Mai 2002 geboren wurde, kann ich ihr sofort sagen, dass das ein Donnerstag war. Eine praktischere Anwendung der Methode ermöglicht einem, jedem Datum des aktuellen oder folgenden Jahres sofort einen Wochentag zuzuordnen. In diesem Abschnitt verrate ich Ihnen eine ganz einfache Methode dafür – und warum sie funktioniert.

Doch bevor wir uns der Methode widmen, möchte ich die wissenschaftlichen und historischen Hintergründe unserer Zeitrechnung beleuchten. Da die Erde etwa 365,25 Tage braucht, um die Sonne ein Mal zu umkreisen, hat ein normales Jahr 365

Tage, doch alle vier Jahre brauchen wir einen Schalttag, den 29. Februar. (Auf diese Weise bekommen wir in vier Jahren 4 × 365 + 1 = 1461 Tage, was ziemlich gut hinkommt.) Das war die Idee hinter dem Julianischen Kalender, der vor über zweitausend Jahren von Julius Caesar eingeführt wurde. 2000 war beispielsweise ein Schaltjahr, ebenso wie jedes vierte Jahr danach: 2004, 2008, 2012, 2016 usw. bis 2096. Das Jahr 2100 wird allerdings kein Schaltjahr sein. Warum nicht? Das Problem besteht darin, dass ein Jahr etwa 365,243 Tage hat (etwa 11 Minuten weniger als 365,25); Schaltjahre sind also ganz leicht überrepräsentiert. Bei 400 Reisen um die Sonne erleben wir 146.097 Tage, doch der Julianische Kalender rechnet 400 × 365,25 = 146.100 Tage dafür (also drei zu viel). Zur Lösung dieses Problems (und einiger anderer Schwierigkeiten, die mit der Terminierung des Osterfests zusammenhingen) führte Papst Gregor XIII im Jahr 1582 den Gregorianischen Kalender ein. In jenem Jahr strichen die katholischen Länder zehn Tage aus ihrem Kalender. In Spanien beispielsweise folgte auf Donnerstag, den 4. Oktober (nach Julianischem Kalender), Freitag, der 15. Oktober 1582. Im Gregorianischen Kalender sind Jahre, die durch 100 teilbar sind, keine Schaltjahre mehr – außer wenn sie durch 400 teilbar sind (wodurch drei Schalttage in 400 Jahren gestrichen werden). Folglich blieb das Jahr 1600 auch im neuen Kalender ein Schaltjahr, doch die Jahre 1700, 1800 und 1900 würden keine mehr sein. Analog sind die Jahre 2000 und 2400 Schaltjahre, die Jahre 2100, 2200 und 2300 aber nicht.

In diesem System gibt es über jeden 400-Jahres-Abschnitt 100 − 3 = 97 Schaltjahre und folglich (400 × 365) + 97 = 146.097 Tage, wie gewünscht. Doch der Gregorianische Kalender wurde nicht von allen Nationen sofort übernommen, vor allem nicht-katholische Länder ließen sich Zeit. England und seine Kolonien etwa stiegen erst 1752 um, als auf Mittwoch, den 2. September, sofort Donnerstag, der 14. September, folgte. (Beachten Sie, dass 11 Tage übersprungen werden mussten, da das Jahr 1700 nach dem Julianischen Kalender ein Schaltjahr gewesen war, nach dem Gregorianischen aber nicht.) Erst in den 1920ern waren alle Länder vom Julianischen auf den Gregorianischen Kalender umgeschwenkt, was Historikern das Leben mitunter ziemlich schwer macht. Ich liebe zum Beispiel das historische Paradox, dass William Shakespeare und Miguel de Cervantes zwar am gleichen Datum starben, dem 23. April 1616, doch im Abstand von zehn Tagen. Denn als Cervantes starb, hatte Spanien den Gregorianischen Kalender schon eingeführt, während England noch nach dem Julianischen Kalender rechnete. Am Gregorianischen 23. April 1616 schrieben die Engländer noch den 13. April 1616, und Shakespeare lebte noch (wenn auch nur noch 10 Tage).

Die Formel zur Ermittlung des Wochentags für jedes Datum des Gregorianischen Kalenders lautet:

$$\text{Wochentag} \equiv \text{Monatsziffer} + \text{Datum} + \text{Jahresziffer (mod 7)}$$

Mehr dazu gleich. Eine Modulorechnung mit der Zahl 7 ergibt hier deswegen Sinn, weil es 7 Wochentage gibt. Ein Datum beispielsweise, das 72 Tage in der Zukunft liegt, wird zwei Wochentage nach dem heutigen liegen, da 72 = 2 (mod 7). Ein Datum, das 28 Tage in der Zukunft liegt, wird auf denselben Wochentag fallen wie der heutige Tag, da 28 ein Vielfaches von 7 ist.

Beginnen wir mit der Nummerierung der Wochentage, die ganz banal am Montag mit der 1 beginnt, Dienstag = 2, Mittwoch = 3, Donnerstag = 4, Freitag = 5, Samstag = 6 und Sonntag = 7 (oder 0).

Komplizierter wird es bei den Monatsziffern. Hier die Tabelle:

| Monat | Ziffer | Merkhilfe ( „Eselsbrücke") |
|---|---|---|
| Januar* | 6 | W-I-N-T-E-R |
| Februar* | 2 | Monat Nummer 2 |
| März | 2 | Im März werden die 2ge wieder grün. |
| April | 5 | A-P-R-I-L |
| Mai | 0 | Mai-O-nese! |
| Juni | 3 | Viel E-I-S |
| Juli | 5 | Wird oft sehr H-E-I-S-S |
| August | 1 | August beginnt mit A = 1 |
| September | 4 | Remember, remember die „4" vom September |
| Oktober | 6 | H-E-R-B-S-T |
| November | 2 | Kalt, also „Tea for 2" |
| Dezember | 4 | Jahres-E-N-D-E |

*Ausnahmen: In Schaltjahren gilt: Januar = 5 und Februar = 1

**Nebenbemerkung**
Wo kommen eigentlich die Namen der Wochentage her?

Der Brauch, die Tage nach der Sonne, dem Mond und den fünf nächstgelegenen Himmelskörpern zu benennen, stammt noch aus dem alten Babylonien. Sonntag und Montag erschließen sich sofort, doch der Rest? Die Römer widmeten den Dienstag dem Mars, Mittwoch dem Merkur, Donnerstag dem Jupiter, Freitag der Venus und Samstag dem Saturn – im Deutschen ist all das verloren gegangen, nur in den Sprachen unserer Nachbarn hat sich diese Zuordnung noch erhalten: Im Französischen ist der *Mardi* der „Tag des Mars", der *Mercredi* der „Tag des

Merkur", der *Jeudi* der „Tag des Jupiter" und der *Vendredi* der „Tag der Venus". Die Germanen allerdings haben einige ihrer Wochentage nach nordischen Göttern benannt – aus Mars wurde Tyr, der Beschützer des Thing („Thingstag"), aus Merkur Wotan (die Engländer nennen den Mittwoch noch *Wednesday* „Wotanstag"), aus Jupiter Thor (engl. *Thursday*), der auch als Donar bezeichnet wurde (daher Donnerstag), und aus Venus wurde Freya (Freitag), die im nordischen Götterhimmel eine ähnliche Stellung einnahm. Den armen Saturn (engl. *Saturday*) haben die modernen Deutschen – ebenso wie Wotan – ganz getilgt und durch eine Form von *Sabbat* ersetzt, der ihnen wohl näher am Herzen lag.

Hier meine Monatsziffern, mit ein paar Merkhilfen. Wie man auf diese Zahlen kommt, verrate ich später; zuerst zeige ich Ihnen, wie man damit rechnet. Zunächst müssen Sie nur eine Jahresziffer kennen: Das Jahr 2000 hat die Ziffer 0. Berechnen wir nun anhand dieser Information, auf welchen Wochentag mein Geburtstag (19. März) in jenem Jahr fiel. Da März die Monatsziffer 2 hat und das Jahr 2000 die Ziffer 0, kommen wir nach unserer Formel für den 19. März 2000 auf

$$\text{Wochentag} = 19 + 2 + 0 = 21 \equiv 0 \ (\text{mod } 7).$$

Folglich fiel mein Geburtstag auf einen Sonntag.

**Nebenbemerkung**
Hier eine kurze Erklärung, woher die Monatsziffern kommen. Beachten Sie, dass für Nicht-Schaltjahre die Monatsziffern von Februar und März gleich sind. Das ist nur logisch, weil der Februar in diesen Jahren 28 Tage hat und der 1. März deswegen genau 28 Tage nach dem

1. Februar kommt. Beide Monate beginnen also mit demselben Wochentag. Nun war der 1. März 2000 ein Mittwoch. Wenn wir dem Jahr 2000 die Ziffer 0 geben wollen und Montag die Ziffer 1, dann muss die Monatsziffer für März 2 sein. Da es sich nicht um ein Schaltjahr handelt, muss der Februar ebenfalls die Ziffer 2 haben. Da der März 31 Tage hat, also 3 mehr als 28, verschieben sich die Wochentage im April um 3 weiter, weshalb April die Monatsziffer $2 + 3 = 5$ hat. Addieren wir die 28 + 2 Tage des April zur Monatsziffer 5, bekommen wir für Mai die Ziffer $5 + 2 = 7$, was man zu 0 reduzieren kann, weil wir ja mit mod 7 arbeiten.

Mit dieser Methode lassen sich die Monatsziffern für das gesamte Jahr berechnen.

In Schaltjahren allerdings hat der Februar 29 Tage, weshalb die Wochentage im März um eins weiter sind als im Februar. Deswegen lautet die Monatsziffer für lange Februare $2 - 1 = 1$. Der Januar hat 31 Tage, seine Monatsziffer muss also 3 unter der des Februar liegen. In einem normalen Jahr ist der Monatscode für Januar $2 - 3 = -1 \equiv 6 \pmod 7$, in einem Schaltjahr $1 - 3 = -2 \equiv 5 \pmod 7$.

Wie verschiebt sich Ihr Geburtstag über die Jahre? Normalerweise liegen zwischen zwei Geburtstagen 365 Tage, Ihr nächster Geburtstag verschiebt sich also einen Wochentag nach hinten; $365 \equiv 1 \pmod 7$, da $365 = 52 \times 7 + 1$. Schiebt sich aber ein 29. Februar zwischen zwei Geburtstage (immer angenommen, Sie haben nicht am 29. Februar selbst Geburtstag!), dann rückt Ihr Geburtstag zwei Wochentage nach hinten. Auf unsere Formel übertragen heißt das, dass Jahr für Jahr die Jahresziffer um 1 steigt, nur in Schaltjahren um 2. Hier die Jahresziffern für die Jahre 2000 bis 2031 – doch keine Angst, Sie müssen sie sich nicht merken!

| Jahr | Ziffer | Jahr | Ziffer | Jahr | Ziffer | Jahr | Ziffer |
|------|--------|------|--------|------|--------|------|--------|
| 2000* | 0 | 2008* | 3 | 2016* | 6 | 2024* | 2 |
| 2001 | 1 | 2009 | 4 | 2017 | 0 | 2025 | 3 |
| 2002 | 2 | 2010 | 5 | 2018 | 1 | 2026 | 4 |
| 2003 | 3 | 2011 | 6 | 2019 | 2 | 2027 | 5 |
| 2004* | 5 | 2012* | 1 | 2020* | 4 | 2028* | 0 |
| 2005 | 6 | 2013 | 2 | 2021 | 5 | 2029 | 1 |
| 2006 | 0 | 2014 | 3 | 2022 | 6 | 2030 | 2 |
| 2007 | 1 | 2015 | 4 | 2023 | 0 | 2031 | 3 |

Die Jahresziffern von 2000 bis 2031 (* Schaltjahre)

Beachten Sie, wie die Jahresziffern mit 0, 1, 2, 3 anfangen, dann überspringen wir im Jahr 2004 die 4 und gehen direkt auf 5. Folglich hat 2005 die Jahresziffer 6, und 2006 sollte die Ziffer 7 haben, doch da wir in mod 7 rechnen, vereinfachen wir die Zahl zu 0. Das Jahr 2007 hat dann die Ziffer 1, 2008 (ein Schaltjahr) die Ziffer 3 usw. Aus der Tabelle können wir sofort ermitteln, dass der Pi-Tag 14. März) des Jahres 2025 (das nächste Quadrat einer ganzen Zahl)

$$\text{Wochentag} = 14 + 2 + 3 = 19 \equiv 5 \ (\text{mod } 7) = \text{Freitag}$$

sein wird. Und der 1. Januar 2008? Beachten Sie, dass 2008 ein Schaltjahr ist, der Monatscode für Januar ist also 5 statt 6. Folglich bekommen wir

$$\text{Wochentag} = 1 + 5 + 3 = 9 \equiv 2 \ (\text{mod } 7) = \text{Dienstag}.$$

Lesen Sie die obige Tabelle mal zeilenweise. Von Spalte zu Spalte steigt die Jahreszahl um 8 und die Ziffer steigt um 3 (mod 7). In der ersten Reihe haben wir beispielsweise 0, 3, 6, 2 (wobei 2 das gleiche ist wie 9 (mod 7)). Das liegt daran, dass der abgebildete Kalender über beliebige 8-Jahres-Zeiträume immer zwei Schaltjahre enthält, sodass sich die Daten um 8 + 2 = 10 ≡ 3 (mod 7) verschieben. Es wird noch besser: Zwischen 1901 und 2099 wiederholt sich der Kalender alle 28 Jahre. Warum? Weil wir in 28 Jahren garantiert 7 Schaltjahre erleben, der Kalender verschiebt sich folglich um 28 + 7 = 35 Tage, wodurch der Wochentag unverändert bleibt, weil 35 ein Vielfaches von 7 ist. (Dieser Zusammenhang gilt aber nicht mehr, wenn sich die 28-Jahres-Periode über die Jahre 1900 oder 2100 hinweg erstreckt, weil das keine Schaltjahre sind.) Durch Addition und Subtraktion von Vielfachen von 28 kann man *jedes* Jahr zwischen 1901 und 2099 in ein Jahr zwischen 2000 und 2027 verwandeln. Ein Beispiel: Das Jahr 1983 hat dieselbe Jahresziffer wie 1983 + 28 = 2011. Das Jahr 2061 hat dieselbe Jahresziffer wie 2061 − 56 = 2005.

Egal, wann der Partygast geboren wurde, der Ihnen gegenübersteht – Sie können sein Geburtsjahr auf jeden Fall in eines der Jahre umrechnen, die ich in der Tabelle aufgelistet habe. Und auch diese Jahresziffern lassen sich ziemlich einfach errechnen. Warum etwa sollte das Jahr 2017 die Ziffer 0 haben? Nun, vom Jahr 2000 ausgehend, das die Ziffer 0 hatte, verschiebt sich der Kalender um 17 Tage *plus* 4 Extratage in den Schaltjahren 2004, 2008, 2012 und 2016. Folglich ist die Ziffer des Jahres 2017: 17 + 4 = 21 ≡ 0 (mod 7). Und 2020? Diesmal haben wir 5 Schaltjahr-Sprünge, insgesamt verschiebt sich der Kalender 20 + 5 = 25 mal, und da 25 ≡ 4 (mod 7), hat das Jahr 2020 die Ziffer 4. Ganz allgemein können Sie für jedes Jahr zwischen 2000 und 2027 die Ziffer ganz einfach berechnen wie folgt:

Schritt 1: Nehmen Sie die letzten zwei Ziffern der Jahreszahl. Beispiel: Beim Jahr 2022 lauten die zwei Endziffern 22.

Schritt 2: Teilen Sie die Endziffern durch 4 und ignorieren Sie den Rest. (Hier: 22 ÷ 4 = 5, Rest 2.)

Schritt 3: Addieren Sie die Zahlen aus den ersten beiden Schritten. Hier: 22 + 5 = 27.

Schritt 4: Ziehen Sie das größtmögliche Vielfache von 7 davon ab (das kann 0, 7, 14, 21 oder 28 sein), um die Jahresziffer zu erhalten. (Anders ausgedrückt: Reduzieren Sie die in Schritt 3 erhaltene Zahl mod 7.) Da $27 - 21 = 6$, lautet die Ziffer für das Jahr 2022 6.

Beachten Sie, dass die Methode für alle Jahre zwischen 2000 und 2099 funktioniert; aber die Berechnung im Kopf ist normalerweise einfacher, wenn man zuerst ein Vielfaches von 28 von der Zahl abzieht, sodass man eine Jahreszahl zwischen 2000 und 2027 bekommt. Das Jahr 2040 kann man beispielsweise zuerst zu 2012 machen, dann erhält man in den Schritten 1 bis 4 die Jahresziffer $12 + 3 - 14 = 1$. Doch Sie können auch direkt mit der 2040 arbeiten und kommen auf dieselbe Jahresziffer $40 + 10 - 49 = 1$.

Dieselbe Methode lässt sich auch für andere Jahrtausende anwenden. Die Monatsziffern ändern sich nicht, nur die Jahresziffern müssen leicht angepasst werden. Die Ziffer des Jahres 1900 ist 1. Folglich sind alle Ziffern von 1900 bis 1999 um genau 1 größer als die Ziffern der entsprechenden Jahre 2000 bis 2099. Da 2040 die Ziffer 1 hat, hat 1940 die Ziffer 2. Da 2022 die Ziffer 6 hat, hat 1922 die Ziffer 7 (was gleichbedeutend ist mit 0). Das Jahr 1800 hat die Ziffer 3, 1700 die Ziffer 5 und 1600 die Ziffer 0. (Der Kalender wiederholt sich alle 400 Jahre, da es in 400 Jahren genau $100-3 = 97$ Schaltjahre gibt; in 400 Jahren verschiebt sich der Kalender also um $400 + 97 = 497$ Tage, und alles bleibt beim Alten, weil 497 ein Vielfaches von 7 ist.)

Welcher Wochentag war der 4. Juli 1776 (der amerikanische Unabhängigkeitstag)? Um die Ziffer für das Jahr 2076 zu ermitteln, ziehen wir zuerst 56 ab und berechnen dann die Ziffer für 2020: $20 + 5 - 21 = 4$. Die Jahresziffer für 1776 ist also $4 + 5 = 9 \equiv 2 \pmod 7$. Folglich war der 4. Juli 1776 nach dem Gregorianischen Kalender der

Wochentag = 4 + 5 + 2 = 11 ≡ 4 (mod 7) = Donnerstag.

Vielleicht wollten die Unterzeichner der Unabhängigkeitserklärung schnell noch den Papierkram erledigen, um in ein langes Wochenende gehen zu können.

---

**Nebenbemerkung**

Schließen wir dieses Kapitel mit einer weiteren magischen Eigenschaft der Zahl 9. Wählen Sie eine beliebige Zahl mit unterschiedlichen Ziffern, wobei die Ziffern von links nach rechts immer größer werden. Erlaubt sind etwa 12.345, 2.358, 369 oder 135.789. Multiplizieren Sie diese Zahl mit 9 und bilden Sie die Quersumme. Wir wissen schon, dass die Zahl ein Vielfaches von 9 sein wird, doch überraschenderweise ist die Quersumme immer *exakt* 9. Zum Beispiel:

$$9 \times 12.345 = 11.105 \quad 9 \times 2.358 = 21.222 \quad 9 \times 369 = 3.321$$

Das funktioniert sogar, wenn sich Ziffern wiederholen, solange die Ziffern von links nach rechts ansteigen und die Einerziffer nicht dieselbe ist wie die Zehnerziffer. Beispielsweise

$$9 \times 12.223 = 110.007 \quad 9 \times 33.344.449 = 300.100.041$$

Warum funktioniert das? Schauen wir mal, was passiert, wenn wir 9 mit der Zahl $ABCDE$ multiplizieren, wobei $A \leq B \leq C \leq D < E$. Da mit 9 zu multiplizieren, dasselbe ist wie mit $10 - 1$ zu multiplizieren, bekommen wir de facto die Subtraktionsaufgabe

$$\begin{array}{r} A\ B\ C\ D\ E\ 0 \\ -\ \underline{A\ B\ C\ D\ E} \end{array}$$

Da $B \geq A$ und $C \geq B$ und $D \geq C$ und $E > D$, wird das zu der Subtraktionsaufgabe

$$
\begin{array}{r}
A \quad (B-A)\,(C-B)\,(D-C)\,(E-D) \quad 0 \\
-\phantom{A\,(B-A)\,(C-B)\,(D-C)\,(E-D)}\quad E \\
\hline
A\,(B-A)\,(C-B)\,(D-C)\,(E-D-1)\,(10-E)
\end{array}
$$

Und die Summe der Ziffern unserer Lösung ist

$$
A + (B - A) + (C - B) + (D - C) + (E - D - 1) + (10 - E) = 9
$$

wie gewünscht.                                   ☺

# Kapitel vier

3! − 2! = 4

# Die Magie des Abzählens

## Mathe mit Ausrufezeichen!

Ganz am Anfang dieses Buchs begegneten wir der Aufgabe, alle Zahlen von 1 bis 100 zusammenzuzählen. Wir ermittelten, dass die Summe 5050 betrug, und fanden eine hübsche Formel für die Summe der ersten $n$ Zahlen. Angenommen, uns würde das *Produkt* der Zahlen von 1 bis 100 interessieren. Was käme da raus? Eine echt große Zahl! Falls Sie neugierig sind, es handelt sich um folgende 158-stellige Zahl: 93326215443944152 68169923885626670049071596826438162146859296389952 17599993229915608941463976156518286253697920827223 75825118521091686400000000000000000000000000000000.

Zahlen wie diese sind das Fundament der *abzählenden Kombinatorik*, eines Zweigs der Mathematik. Zahlen wie diese werden uns ermöglichen, zu ermitteln, auf wie viele verschiedene Arten man ein Dutzend Bücher auf einem Bücherregal nebeneinander anordnen kann (annähernd eine halbe *Milliarde*), mit welcher Wahrscheinlichkeit man beim Poker mindestens ein Pärchen auf die Hand bekommt (gar nicht gering) oder im Lotto gewinnt (erbärmlich). Wenn wir die Zahlen von 1 bis $n$ miteinander multiplizieren, schreiben wir das Produkt als $n!$, ausgesprochen „$n$ Fakultät". Anders ausgedrückt:

$$n! = n \times (n - 1) \times (n - 2) \times \ldots \times 3 \times 2 \times 1$$

Ein Beispiel:

$$5! = 5 \times 4 \times 3 \times 2 \times 1 = 120$$

Ich halte das Ausrufezeichen für genau das richtige Symbol, da die Zahl $n!$ sehr schnell wächst und – wie wir sehen werden – viele spannende und überraschende Anwendungen hat. Der Bequemlichkeit halber definieren Mathematiker $0! = 1$, und für negative Zahlen $n$ ist $n!$ nicht definiert.

**Nebenbemerkung**

Von der Definition her finden viele Menschen, $0!$ sollte gleich $0$ sein. Aber lassen Sie mich versuchen, zu erläutern, warum $0! = 1$ Sinn ergibt. Beachten Sie, dass für $n \geq 2$, $n! = n \times (n - 1)!$, folglich

$$(n - 1)! = \frac{n!}{n}$$

Soll dieser Zusammenhang auch für $n = 1$ gelten, erfordert das, dass

$$0! = \frac{1!}{1} = 1$$

Hier können Sie sehen, wie schnell die Werte für $n!$ zunehmen:

$0! = 1$
$1! = 1$
$2! = 2$
$3! = 6$
$4! = 24$
$5! = 120$

$6! = 720$
$7! = 5040$
$8! = 40.320$
$9! = 362.880$
$10! = 3.628.800$
$11! = 39.916.800$
$12! = 479.001.600$
$13! = 6.227.020.800$
$20! = 2,43 \times 10^{18}$
$52! = 8,07 \times 10^{67}$
$100! = 9,33 \times 10^{157}$

Wie groß sind diese Zahlen? Es wurde geschätzt, dass es auf der Welt etwa $10^{22}$ Sandkörner gibt und im ganzen sichtbaren Universum $10^{80}$ Atome. Wenn man einen Satz mit 52 Karten gründlich mischt, gibt es – wie wir sehen werden – 52! Möglichkeiten, wie die einzelnen Karten aufeinanderfolgen. Es besteht also eine sehr große Wahrscheinlichkeit, dass eine bestimmte Reihenfolge, die man gerade gemischt hat, nie zuvor da war und nie wieder auftreten wird – selbst wenn jeder Mensch auf der Erde die nächste Million Jahre jede Minute einen Satz Karten mischen würde!

**Nebenbemerkung**

Am Anfang dieses Kapitels ist Ihnen möglicherweise aufgefallen, dass 100! auf eine Menge Nullen endet. Wo kommen die alle her? Wenn wir die Zahlen von 1 bis 100 miteinander multiplizieren, bekommen wir jedes Mal eine 0, wenn wir 5 mit einem Vielfachen von 2 malnehmen. Unter den Zahlen von 1 bis 100 gibt es 20 Vielfache von 5 und 50 ganze Zahlen, sodass man glauben könnte, wir erhalten 20 Nullen am Ende. Doch die Zahlen 25, 50, 75 und 100 steuern jeweils noch einen weiteren Faktor 5 bei, sodass 100! auf 24 Nullen endet.

Wie in Kapitel 1 gibt es viele reizvolle Muster mit Fakultäten. Hier eines meiner liebsten:

$$1 \cdot 1! = 1 = 2! - 1$$
$$1 \cdot 1! + 2 \cdot 2! = 5 = 3! - 1$$
$$1 \cdot 1! + 2 \cdot 2! + 3 \cdot 3! = 23 = 4! - 1$$
$$1 \cdot 1! + 2 \cdot 2! + 3 \cdot 3! + 4 \cdot 4! = 119 = 5! - 1$$
$$1 \cdot 1! + 2 \cdot 2! + 3 \cdot 3! + 4 \cdot 4! + 5 \cdot 5! = 719 = 6! - 1$$
$$\vdots$$

Ein Zahlenmuster mit Fakultäten

## Das Additions- und das Multiplikationsprinzip

Bei den meisten Abzählproblemen braucht man lediglich zwei Regeln: Das Additions- und das Multiplikationsprinzip. Das Additionsprinzip wird verwendet, um die Gesamtzahl der verfügbaren Optionen zu ermitteln, wenn man aus verschiedenen Unterkategorien wählen darf. Angenommen, Sie haben 3 kurzärmlige Hemden und 5 langärmlige, dann haben Sie unter Ihren Hemden insgesamt 8 Wahlmöglichkeiten. Allgemeiner formuliert: Wenn man zwei Unterkategorien mit $a$ bzw. $b$ Wahlmöglichkeiten hat, gibt es insgesamt $a + b$ verschiedene Objekte (unter der Annahme, dass sich die beiden Unterkategorien nicht überschneiden, also kein Objekt in beide Kategorien fällt.).

**Nebenbemerkung**
Das Additionsprinzip geht davon aus, dass die zwei Objekttypen keine Objekte gemeinsam haben. Kommen allerdings $c$ Objekte in beiden Typen vor, dann würden diese doppelt gezählt werden. Die Zahl der verschiedenen Objekte wäre dann $a + b - c$. Befinden sich in einer Klasse beispielsweise 12 Hundebesitzer, 19 Katzenbesit-

zer und 7 Schüler, die sowohl Hund als auch Katze haben, dann ist die Gesamtzahl der Hunde- oder Katzenbesitzer 12 + 19 − 7 = 24 Oder ein mathematischeres Beispiel: Unter den Zahlen von 1 bis 100 gibt es 50 Vielfache von 2, 33 von 3, und 16 Zahlen, die ein Vielfaches von 2 *und* 3 sind (also ein Vielfaches von 6). Diese Zahlen würden also doppelt gezählt, wenn man einfach die 50 Vielfachen von 2 und die 33 Vielfachen von 3 zusammenzählen würde. Die Anzahl der Zahlen zwischen 1 und 100, die ein Vielfaches von 2 *oder* 3 sind, ist also 50 + 33 − 16 = 67.

Das „oder" wird in der Mathematik nicht als „entweder – oder", sondern als „und – oder" verwendet, d. h. mit Hunde- oder Katzenbesitzer ist gemeint: Alle, die einen Hund oder eine Katze oder beides besitzen. Genauso sind alle Zahlen, die ein Vielfaches von 2 oder 3 sind, alle Zahlen, die ein Vielfaches von 2, ein Vielfaches von 3 oder ein Vielfaches von 2 und 3 (und damit ein Vielfaches von 6) sind. Würden einen nur diejenigen Zahlen interessieren, die entweder ein Vielfaches von 2 oder ein Vielfaches von 3 sind, aber kein Vielfaches von 2 und 3 gleichzeitig, müsste man die 16 Vielfachen von 6 nochmals von den 67 Zahlen von oben abziehen und käme so auf 51 Zahlen.

**Das Multiplikationsprinzip** besagt: Wenn eine Handlung aus zwei Teilen besteht und es $a$ Möglichkeiten gibt, den ersten Teil zu machen und $b$ Möglichkeiten, den zweiten Teil zu machen, lässt sich die gesamte Handlung auf $a \times b$ Arten vollführen. Wenn ich beispielsweise 5 verschiedene Hosen und 8 verschiedene Hemden habe und mir die farbliche Zusammenstellung egal ist (was wohl auf die meisten Mathematiker zutrifft), dann habe ich $5 \times 8 = 40$ verschiedene mögliche Outfits. Wenn ich 10 Krawatten habe und ein Outfit aus Hemd, Hose und Krawatte bestehen soll, kann ich mich schon auf $40 \times 10 = 400$ verschiedene Arten kleiden.

In einem normalen Satz Karten hat jede Karte eine von vier Farben (Kreuz, Pik, Herz oder Karo) und einen von 13 Werten (Ass, 2, 3, 4, 5, 6, 7, 8, 9, 10, Bube, Dame oder König). Folglich ist die Anzahl der Karten in einem Satz, also der Kombinationen aus Farben und Werten, 4 × 13 = 52. Das sieht man auch, wenn man alle Karten in einem Rechteck der Größe 4 x 13 auslegt.

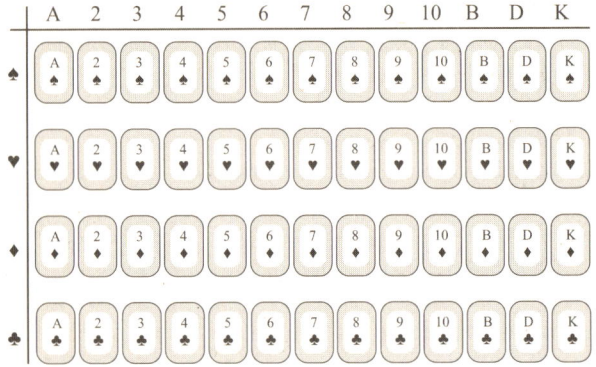

Wenden wir diese Regel mal an, um Postleitzahlen (PLZ) zu zählen. Wie viele fünfstellige PLZ kann es theoretisch geben? Jede Ziffer einer Postleitzahl kann jeden Wert zwischen 0 und 9 annehmen, die kleinste PLZ wäre also 00000, die größte wäre 99999, folglich gibt es 100.000 Möglichkeiten. Das lässt sich aus dem Multiplikationsprinzip aber auch sofort ableiten: Man hat 10 Möglichkeiten für die erste Stelle (0 bis 9), 10 für die zweite, 10 für die dritte, 10 für die vierte und 10 für die fünfte. Entsprechend gibt es theoretisch maximal $10^5 = 100.000$ mögliche PLZ.

Bei PLZ dürfen sich Zahlen natürlich wiederholen. Betrachten wir nun eine Situation, wo Objekte nicht zweimal vorkommen dürfen, etwa wenn man Gegenstände in eine Reihenfolge bringt: 2 Objekte lassen sich nur auf 2 verschiedene Arten in eine Reihenfolge bringen, die Buchstaben A und B lassen sich als AB oder als BA anordnen. Drei Objekte kann man schon auf 6 Arten anordnen: ABC, ACB, BAC, BCA, CAB, CBA. Erkennen Sie bereits, dass sich 4 Objekte auf 24 Arten anordnen lassen werden, ohne alle Möglichkeiten einzeln durchzugehen? Für den ersten Buchstaben gibt es 4 Möglichkeiten (entweder A oder B oder C oder D). Sobald dieser Buchstabe gewählt wurde, bleiben für den nächsten Buchstaben noch 3 Möglichkeiten übrig, dann 2 Möglichkeiten für den nächsten Buchstaben und dann nur noch eine Möglichkeit für den letzten Buchstaben. Insgesamt gibt es $4 \times 3 \times 2 \times 1 = 4! = 24$ Möglichkeiten. *Allgemein lassen sich n verschiedene Objekte auf n! verschiedene Arten anordnen.*

Im nächsten Beispiel wenden wir sowohl das Additions- als auch das Multiplikationsprinzip an. Angenommen, ein Staat gibt zweierlei Nummernschilder heraus. Schilder vom Typ I haben 3 Buchstaben, gefolgt von 3 Ziffern. Nummernschilder vom Typ II haben 2 Buchstaben, gefolgt von 4 Ziffern. Wie viele verschiedene Nummernschilder gibt es? (Es sind alle 26 Buchstaben und alle 10 Ziffern erlaubt; die Verwirrung, die durch die Ähnlichkeit von O und 0 entstehen könnte, ignorieren wir.) Aus dem Multiplikationsprinzip wissen wir, dass es für Nummernschilder des Typs I so viele Möglichkeiten gibt:

$$26 \times 26 \times 26 \times 10 \times 10 \times 10 = 17.576.000$$

Die Zahl der Nummernschilder vom Typ II ist

$$26 \times 26 \times 10 \times 10 \times 10 \times 10 = 6.760.000$$

Da jedes Nummernschild entweder vom Typ I oder vom Typ II ist (nie beides gleichzeitig), ergibt sich die Gesamtzahl der Möglichkeiten nach dem Additionsprinzip aus der Summe der beiden Zahlen: 24.336.000.

Besonders gefällt mir an der abzählenden Kombinatorik, dass man viele Aufgaben auf verschiedenerlei Weisen lösen kann. (Beim Kopfrechnen haben wir das auch schon gesehen.) Die obige Aufgabe lässt sich auch in einem Schritt lösen. Die Zahl möglicher Nummernschilder ist

$$26 \times 26 \times 36 \times 10 \times 10 \times 10 = 24.336.000$$

denn bei den ersten zwei Stellen des Nummernschilds hat man die Auswahl aus 26 Buchstaben, bei den letzten drei Stellen hat man 10 Zahlen zur Auswahl, und bei der dritten Stelle gibt es, da man Zahlen *oder* Buchstaben nehmen darf, 26 + 10 Möglichkeiten.

## Lotterien und Pokerblätter

In diesem Abschnitt setzen wir unsere neu erworbenen Abzähl-Fähigkeiten ein, um die Chancen auf einen Lottogewinn und auf verschiedene Pokerblätter zu errechnen. Aber entspannen wir uns zunächst bei einem Eis. Angenommen, eine Eisdiele bietet 10 Sorten an. Auf wie viele Arten lassen sich drei Kugeln in einer Waffel kombinieren? Bei der Zusammenstellung einer Eiskreation kommt es natürlich auf die Reihenfolge an. Wenn Geschmacksrichtungen auch mehrfach vorkommen dürfen, dann haben wir bei jeder der 3 Kugeln die volle Auswahl aus 10 Sorten, folglich gibt es $10^3 =$ 1000 verschiedene Kreationen. Sollen alle drei Geschmacksrichtungen unterschiedlich sein, gibt es immer noch $10 \times 9 \times 8$ = 720 Möglichkeiten, sein Eis zusammenzustellen (s. Abbildung auf S. 103).

Doch nun zur eigentlichen Frage: Auf wie viele Arten kann man drei *verschiedene* Geschmacksrichtungen in einen Becher tun, wo die Reihenfolge *keine* Rolle spielt? Da die Reihenfolge keine Rolle spielt, gibt es weniger Möglichkeiten. Tatsächlich gibt es nur 1/6 so viele Möglichkeiten. Wie kommt das? 3 beliebige verschiedene Sorten Eis (sagen wir Schokolade, Vanille und Pistazie) lassen sich im Becher nur auf eine Art platzieren (die Reihenfolge ist ja egal), doch aufeinandergestapelt in einer Waffel auf 3! = 6 Arten. Folglich gibt es 6 Mal so viele verschiedene Waffeln wie Becher. Bei 10 Sorten lautet die Zahl der Becher

$$\frac{10 \times 9 \times 8}{3 \times 2 \times 1} = \frac{720}{6} = 120$$

$10 \times 9 \times 8$ könnte man auch als $10!/7!$ schreiben (auch wenn sich der vordere Ausdruck leichter berechnen lässt). Demnach ließe sich die Zahl der Becher als $\frac{10!}{3!7!}$ schreiben. Wir nennen diesen Ausdruck „3 aus 10" oder „10 über 3" und notieren ihn als $\binom{10}{3}$. Sein Wert ist 120. Allgemein ist die Anzahl der Möglichkeiten, $k$ verschiedene Objekte aus einer Gesamtheit von $n$ verschiedenen Objekten zu ziehen, wenn die Reihenfolge keine Rolle spielt

$$\binom{n}{k} = \frac{n!}{k!(n-k)!}$$

Den vorderen Ausdruck spricht man dabei als „$k$ aus $n$" aus. Mathematiker sprechen in solchen Fällen von *Kombination* ohne Zurücklegen/Wiederholen; Zahlen der Form $\binom{n}{k}$ heißen *Binomialkoeffizienten*. Übrigens nennt man Abzählaufgaben, bei denen die Reihenfolge eine Rolle spielt, *Permutationen*. Diese zwei Ausdrücke werden oft durcheinandergeworfen. So nennen wir Zahlenschlösser gerne mal Kombinationsschlösser, obwohl sie doch eigentlich Permutationsschlösser heißen müssten, da hier die Reihenfolge der Zahlen sehr wohl eine Rolle spielt.

Jeder Becher mit 3 Eissorten lässt sich auf $3! = 6$ Arten
in einer Waffel anordnen.

Angenommen, der Eisladen hat 20 Sorten und Sie wollen 5 Kugeln in einem großen Becher (wobei die Reihenfolge keine Rolle spielt). Dann gibt es

$$\binom{20}{5} = \frac{20!}{5!\,15!} = \frac{20 \times 19 \times 18 \times 17 \times 16}{5!} = 15.504$$

Möglichkeiten. Falls Ihr Taschenrechner $\binom{20}{5}$ nicht berechnen kann, können Sie einfach „20 choose 5" in Ihre Suchmaschine eingeben (mit deutschen Ausdrücken funktioniert das nicht zuverlässig), und Sie bekommen als erstes Suchergebnis einen Taschenrechner mit der Lösung.

Manchmal stößt man auch bei Aufgaben, bei denen die Reihenfolge eine Rolle zu spielen scheint, auf Binomialkoeffizienten. Wie viele mögliche Abfolgen (etwa ZKKZZZKKZK oder ZZZZZZZZZZ) gibt es beispielsweise für 10 Münzwürfe? Da es für jeden Wurf zwei Möglichkeiten gibt – Kopf oder Zahl – gibt es nach dem Multiplikationsprinzip $2^{10} = 1024$ Möglichkeiten, die alle mit derselben Wahrscheinlichkeit auftreten. (Das überrascht manche Leute, da die zweite Beispielfolge aus lauter Z unwahrscheinlicher aussieht als die erste. Beide treten jedoch mit derselben Wahrscheinlichkeit von $\frac{1}{1024}$ auf.) Allerdings ist es sehr wohl wahrscheinlicher, bei 10 Münzwürfen 4 Mal Zahl zu bekommen als 10 Mal. Denn es gibt nur eine Möglichkeit, 10 Mal Zahl zu bekommen, folglich liegt die Wahrscheinlichkeit bei $\frac{1}{1024}$.

Auf wie viele Arten können wir bei 10 Würfen 4 Mal Zahl (und folglich 6 Mal Kopf) erhalten? Insgesamt gibt es $\binom{10}{4} = 210$ Arten, wie bei 10 Würfen 4 Mal Zahl herauskommen kann. Wenn eine faire Münze (Kopf und Zahl kommen mit gleicher Wahrscheinlichkeit heraus) 10 Mal geworfen wird, liegt die Wahrscheinlichkeit, dass man genau 4 Mal Zahl bekommt, bei

$$\frac{\binom{10}{4}}{2^{10}} = \frac{210}{1024}$$

also bei etwa 20 Prozent.

## Nebenbemerkung

Jetzt liegt die Frage nahe, wie viele Eisbecher man mit 10 Sorten machen kann, wenn man auch mehrere Kugeln einer Sorte nehmen darf. (Die Lösung lautet nicht $10^3/6$, was nicht einmal eine ganze Zahl ist!) Der direkte Ansatz wäre, 3 Fälle zu betrachten, je nach Anzahl der verschiedenen Sorten im Becher. Offenkundig gibt es nur 10 verschiedene Becher mit nur einer einzigen Eissorte. Von oben wissen wir, dass es $\binom{10}{3} = 120$ Becher mit drei Sorten gibt. Und es gibt $2 \times \binom{10}{2} = 90$ Becher mit zwei Sorten, da wir die zwei Sorten auf $\binom{10}{2}$ Arten wählen können und dann noch auswählen dürfen, welche der zwei Sorten mit zwei Kugeln vertreten ist. Zählt man alle Fälle zusammen, bekommt man $10 + 120 + 90 = 220$ verschiedene Eisbecher.

Die Antwort lässt sich auch auf andere Weise ermitteln, ohne die Aufspaltung in 3 Fälle. Jeder Becher lässt sich durch 3 Sterne und 9 Striche repräsentieren. Wählt man z. B. die Geschmacksrichtungen 1, 2 und 2, ließe sich das so abbilden:

$$* \mid ** \mid \mid \mid \mid \mid \mid \mid \mid$$

Wählt man 2, 2 und 7, sieht das so aus:

$$\mid ** \mid \mid \mid \mid \mid * \mid \mid \mid$$

Und folgendes Muster

$$\mid \mid * \mid \mid * \mid \mid \mid \mid \mid *$$

steht für einen Becher mit den Sorten 3, 5 und 10. Jede Anordnung von 3 Sternen und 9 Strichen steht für einen eigenen Becher. Insgesamt belegen die Sterne und Striche 12 Plätze, auf 3 davon stehen Sterne. Folglich kann man die Striche und Sterne auf $\binom{12}{3} = 220$ Arten anordnen. Allgemein: Die Anzahl der Arten, wie man $k$ aus $n$ Objekten auswählen kann, wenn die Reihenfolge keine Rolle spielt, entspricht der Anzahl der Möglichkeiten, $k$ Sterne und $n - 1$ Striche anzuordnen, was auf $\binom{n+k-1}{k}$ Arten geschehen kann.

```
05 08 13 21 34
MEGA 03
```

Bei vielen Glücksspielen geht es um Kombinationen. Beim deutschen Lotto wählt man beispielsweise 6 verschiedene Zahlen zwischen 1 und 49. Um den Jackpot zu knacken, braucht man außerdem noch die Superzahl, eine Zahl zwischen 0 und 9, die auf jedem Schein aufgedruckt ist. Für die Superzahl gibt es damit 10 Möglichkeiten, die anderen 6 Zahlen können auf $\binom{47}{5}$ Arten gezogen werden. Die Gesamtzahl der Möglichkeiten beträgt also

$$27 \times \binom{47}{5} = 41.416.353$$

Unter all diesen Möglichkeiten ist allerdings nur eine Kombination die Richtige; die Wahrscheinlichkeit, den Jackpot zu gewinnen, beträgt damit 1:139.838.160.

So, jetzt schalten wir um und betrachten uns ein Pokerspiel. Ein typisches Pokerblatt, zum Beispiel beim Five Card Draw

Poker, dem klassischen Spiel, das Sie aus Western-Filmen kennen, besteht aus 5 Karten, die aus einem Satz mit 52 Karten stammen. Die Reihenfolge der 5 Karten spielt keine Rolle. Folglich beträgt die Zahl verschiedener Pokerblätter

$$\binom{52}{5} = \frac{52!}{5!47!} = 2.598.960$$

Im Poker nennt man fünf Karten derselben Farbe, etwa

einen *Flush*. Wie viele davon gibt es? Um die Wahrscheinlichkeit für einen Flush zu bekommen, wählt man erst eine Farbe, wofür es 4 Möglichkeiten gibt. (Ich kann mir das Ganze leichter vorstellen, wenn ich eine konkrete Farbe wähle, zum Beispiel Herz.) Nun, wie viele Möglichkeiten gibt es, 5 Karten dieser Farbe zu bekommen? Aus den 13 Herz-Karten im Spiel können 5 auf $\binom{13}{5}$ gewählt werden. Die Zahl der Flushes ist also

$$4 \times \binom{13}{5} = 5.148$$

Folglich liegt die Chance, direkt einen Flush auf die Hand zu bekommen, bei 5.148/2.598.960, was etwa 1/500 entspricht. Poker-Puristen dürfen von den 5.148 Flushes die 4 × 10 = 40 Blätter abziehen, bei denen es sich um *Straight Flushes* handelt (hier bilden 5 aufeinanderfolgende Karten den Flush). Straight Flushes sind wertvoller als normale Flushes, aber so selten, dass sich an der Wahrscheinlichkeit auf einen normalen Flush kaum etwas ändert.

Eine *Straße* beim Poker besteht aus 5 Karten mit aufeinanderfolgenden Werten, wie A2345 oder 23456 oder 10BDKA oder

Es gibt 10 verschiedene Straßen (von der niedrigsten Karte definiert), und sobald wir den Typ von Straße festgelegt haben (z. B. 34567), kann jede der 5 Karten zu einer beliebigen der 4 Farben gehören. Die Zahl der Straßen beträgt also

$$10 \times 4^5 = 10.240.$$

Straßen kommen also fast doppelt so oft vor wie Flushes; die Chance, eine Straße auf die Hand zu bekommen, liegt bei etwa 1 zu 250. Das ist der Grund, warum ein Flush im Poker mehr wert ist als eine Straße: Er ist schwieriger zu bekommen.

Noch wertvoller ist ein *Full House*, es besteht aus 3 Karten eines Werts und 2 Karten eines anderen Werts. Ein typisches Full House sieht so aus:

Um ein Full House zu konstruieren, müssen wir uns erst einen Wert aussuchen, der 3 Mal vorkommen soll (13 Möglichkeiten) und dann einen Wert, der 2 Mal vorkommt (12 Möglichkeiten). (Sagen wir, wir hätten uns für 3 Damen und 2 Siebenen entschieden.) Jetzt müssen wir Farben wählen. Wir können die

3 Damen auf $\binom{4}{3} = 4$ verschiedene Arten wählen und die 2 Siebenen auf $\binom{4}{3} = 6$ Arten. Die Gesamtzahl von Full Houses beträgt dann

$$13 \times 12 \times 4 \times 6 = 3.744$$

Die Wahrscheinlichkeit, ein Full House auf die Hand zu bekommen, liegt also bei 3.744/2.598.960 oder etwa 1 zu 700.

Vergleichen wir das Full House jetzt mit zwei Paaren. Solche Blätter haben zwei Karten eines Werts, zwei Karten eines anderen Werts und eine Karte mit beliebigem anderem Wert, beispielsweise

Viele Menschen begehen den Fehler, die Anzahl der Pärchen-Möglichkeiten mit $13 \times 12$ zu berechnen, doch dabei wird doppelt gezählt, weil „2 Damen, dann 2 Siebenen" dasselbe ist wie „2 Siebenen, dann 2 Damen". Der korrekte Ansatz besteht darin, die zwei Pärchen simultan zu wählen (Damen und Siebenen), dann einen neuen Wert für die fünfte, irrelevante Karte zu wählen und dann Farben zu wählen. Die Anzahl von Blättern mit zwei Pärchen ist

$$\binom{13}{2} \binom{11}{1} \binom{4}{2} \binom{4}{2} \binom{4}{1} = 123.552$$

Man bekommt also in etwa 5 Prozent der Fälle zwei Pärchen auf die Hand.

Wir werden hier jetzt nicht im Detail alle Pokerblätter durchgehen, aber schauen Sie mal, ob Sie Folgendes nachvollziehen können: Die Zahl der Pokerblätter mit vier Karten des gleichen Werts (*Vierlinge*), etwa A♠A♥A♦A♣8♦, beträgt

$$\binom{13}{1}\binom{12}{1}\binom{4}{4}\binom{4}{1} = 13 \times 12 \times 1 \times 4 = 624$$

Ein Pokerblatt wie *A♠A♥A♦9♣8♦* heißt *Drilling*. Deren Zahl beträgt

$$\binom{13}{1}\binom{12}{2}\binom{4}{3}\binom{4}{1}\binom{4}{1} = 54.912$$

Die Anzahl der Pokerblätter mit genau *einem Paar* wie *A♠A♥J♦9♣8♦* ist

$$\binom{13}{1}\binom{12}{3}\binom{4}{2}4^3 = 1.098.240$$

Genau ein Paar bekommt man also in etwa 42 Prozent aller Fälle ausgeteilt.

**Nebenbemerkung**

Wie viele Blätter sind absoluter Mist, haben also weder Paare, Straße noch Flush? Sie könnten jetzt die oben behandelten Fälle alle zusammenrechnen und von $\binom{52}{5}$ abziehen, aber hier ist die Lösung direkt:

$$\left(\binom{13}{5} - 10\right)(4^5 - 4) = 1.302.540$$

Der erste Term zählt die Arten, wie man beliebige 5 verschiedene Werte bekommen kann (womit verhindert ist, dass man zwei oder mehr Karten desselben Werts bekommt) abzüglich der 10 Möglichkeiten, 5 hintereinanderfolgende Werte wie 34567 zu bekommen. Der nächste Term weist jedem dieser 5 verschiedenen Werte eine Farbe zu: Es gibt für jeden Wert 4 Möglichkeiten, aber davon müssen wir die 4 Fälle abziehen, da alle Karten dieselbe Farbe haben. Man sieht, dass etwa 50,1 Prozent aller Blätter weniger wert sind als ein Paar – was aber auch bedeutet, dass 49,9 Prozent aller Blätter mindestens so viel wert sind wie ein Paar.

Hier eine Frage, die drei interessante Lösungen hat, von denen zwei sogar korrekt sind! Bei wie vielen Blättern mit fünf Karten ist mindestens ein Ass dabei? Eine verlockende, aber falsche Antwort lautet einfach $4 \times \binom{51}{4}$. Der (falsche) Gedanke dahinter ist, dass man ein Ass auf viererlei Weisen bekommen und aus den verbleibenden 51 Karten frei wählen kann. Das Problem bei diesem Ansatz besteht darin, dass manche Blätter doppelt gezählt werden (nämlich die mit mehr als einem Ass). Beispielsweise würde das Blatt $A\spadesuit A\heartsuit J\diamondsuit 9\clubsuit 8\diamondsuit$ gezählt, wenn wir zuerst $A\spadesuit$ wählen und dann die anderen 4 Karten, oder wenn wir $A\heartsuit$ wählen und dann die anderen 4 Karten. Richtig geht man die Aufgabe an, indem man sie in 4 Fälle aufteilt, abhängig von der Zahl der Asse im Blatt. Die Zahl der Fälle, in denen man genau ein Ass bekommt, ist $\binom{4}{1}\binom{48}{4}$ (indem man ein Ass auswählt und dann vier Nicht-Asse). Wenn wir auf diese Weise weitermachen und die Blätter mit zwei, drei oder vier Assen zählen, erhalten wir schließlich für die Anzahl von Blättern mit mindestens einem Ass

$$\binom{4}{1}\binom{48}{4} + \binom{4}{2}\binom{48}{3} + \binom{4}{3}\binom{48}{2} + \binom{4}{4}\binom{48}{1} = 886.656$$

Schneller zur Lösung kommt man aber, wenn man die umgekehrte Aufgabe betrachtet. Die Anzahl der Blätter ohne Ass beträgt einfach $\binom{48}{5}$. Folglich liegt die Zahl der Blätter ohne Ass schlicht bei

$$\binom{52}{5} - \binom{48}{5} = 886.656$$

Auf S. 108 haben wir darauf hingewiesen, dass Pokerblätter nach ihrer Seltenheit bewertet werden. Da es beispielsweise mehr Möglichkeiten gibt, ein einzelnes Paar zu bekommen als, zwei Paare, zählt ein Paar weniger als zwei Paare. Die Reihenfolge der Pokerblätter, von unten nach oben, lautet:

Ein Paar *(One Pair)*
Zwei Paare *(Two Pairs)*
Drilling *(Three of a Kind)*
Straße *(Straight)*
*Flush*
*Full House*
Vierling *(Four of a Kind)*
*Straight Flush*

Das kann man sich mit folgendem Spruch leicht merken: „Eins, zwei, drei, Straight, Flush; zwei-drei, vier, Straight Flush" (wobei „zwei-drei" das Full House ist).

Angenommen, wir spielen Poker mit Jokern. In diesem Fall gibt es 54 Karten, wobei die Joker jeden beliebigen Wert annehmen können, der zum besten Blatt führt. Hat man z. B. A♥, A♦, K♠, 8♦ und einen Joker, macht man den Joker zum Ass und hat drei Asse. Bestimmt man, dass der Joker ein König sein soll, hat man nur zwei Paare, was weniger wert ist.

Zu welcher Karte sollten wir den Joker machen,
um das beste Blatt zu bekommen?

Doch an dieser Stelle wird die Sache interessant. Nach der traditionellen Wertung würde man ein Blatt wie oben zum Drilling machen, nicht zu zwei Paaren. Doch die Folge daraus ist, dass Drillinge jetzt öfter auftreten als zwei Paare. Zwei Paare sind also das seltenere Blatt. Doch wenn wir versuchen, dieses Problem zu lösen, indem wir das Blatt mit den zwei Paaren aufwerten, gibt es plötzlich wieder mehr Blätter mit zwei Paaren als solche mit Drillingen. Der Mathematiker Steve Gadbois zog daraus im Jahr 1996 die überraschende Folgerung, dass es keine konsistente Reihenfolge für die Wertigkeit von Blättern mehr geben kann, wenn man mit Jokern spielt.

## Muster im pascalschen Dreieck

Betrachten Sie das pascalsche Dreieck:

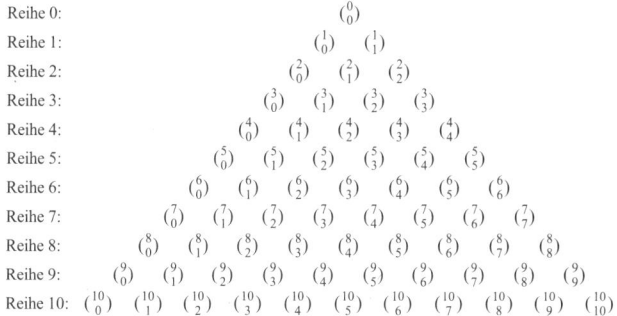

Pascalsches Dreieck mit Symbolen

In Kapitel 1 haben wir gesehen, dass sich interessante Muster ergeben, wenn wir Zahlen in Dreiecken anordnen. Die Zahlen $\binom{n}{k}$, die wir gerade untersucht haben, ergeben ebenfalls hübsche Muster, wenn wir sie wie oben in einem pascalschen Dreieck anordnen. Mithilfe unserer Formel $\binom{n}{k}$, können wir diese Symbole in Zahlen verwandeln und nach Mustern suchen. Eine Erklärung für die meisten Muster liefern wir zwar gleich mit, doch beim ersten Lesen dürfen Sie diese Erläuterungen getrost überspringen. Die oberste Zeile (Zeile 0 genannt) enthält nur einen Term, nämlich $\binom{0}{0} = 1$. (Sie erinnern sich: $0! = 1$.) Jede Zeile beginnt und endet mit 1, da

$$\binom{n}{0} = \frac{n!}{0!\,n!} = 1 = \binom{n}{n}$$

Betrachten Sie nun Zeile 5:

$$\text{Zeile 5:}\quad 1\ \ 5\ \ 10\ \ 10\ \ 5\ \ 1$$

Beachten Sie, dass die zweite Zahl 5 ist. Dies gilt allgemein: Die zweite Zahl jeder Zeile $n$ ist $n$. Das ergibt auch Sinn, weil $\binom{n}{1}$, die Anzahl der Möglichkeiten, ein Objekt aus $n$ Objekten zu wählen, gleich $n$ ist. Beachten Sie außerdem, dass alle Zeilen *symmetrisch* sind: Sie sind von vorn wie von hinten gelesen gleich.

| Reihe 0: | | | | | | 1 | | | | |
|---|---|---|---|---|---|---|---|---|---|---|
| Reihe 1: | | | | | 1 | | 1 | | | | |
| Reihe 2: | | | | | 1 | 2 | 1 | | | | |
| Reihe 3: | | | | 1 | 3 | | 3 | 1 | | | |
| Reihe 4: | | | 1 | 4 | | 6 | | 4 | 1 | | |
| Reihe 5: | | | 1 | 5 | 10 | | 10 | 5 | 1 | | |
| Reihe 6: | | 1 | 6 | 15 | | 20 | | 15 | 6 | 1 | |
| Reihe 7: | 1 | 7 | 21 | 35 | | 35 | 21 | 7 | 1 | |
| Reihe 8: | 1 | 8 | 28 | 56 | 70 | 56 | 28 | 8 | 1 | |
| Reihe 9: | 1 | 9 | 36 | 84 | 126 | 126 | 84 | 36 | 9 | 1 |
| Reihe 10: | 1 | 10 | 45 | 120 | 210 | 252 | 210 | 120 | 45 | 10 | 1 |

Pascalsches Dreieck mit Zahlen

Beispielsweise haben wir in Zeile 5

$$\binom{5}{0} = 1 = \binom{5}{5}$$

$$\binom{5}{1} = 5 = \binom{5}{4}$$

$$\binom{5}{2} = 10 = \binom{5}{3}$$

Allgemein besagt das Muster, dass

$$\binom{n}{k} = \binom{n}{n-k}$$

**Nebenbemerkung**

Diese Symmetriebeziehung lässt sich auf zweierlei Weisen erklären. Aus der Formel können wir algebraisch zeigen, dass

$$\binom{n}{n-k} = \frac{n!}{(n-k)!(n-(n-k))!} = \frac{n!}{(n-k)!k!} = \binom{n}{k}$$

Doch eigentlich braucht man die Formel gar nicht, um zu verstehen, warum das stimmt. Warum sollte beispielsweise $\binom{10}{3} = \binom{10}{7}$? Die Zahl $\binom{10}{3}$ zeigt an, auf wie viele Arten sich 3 Eiskremsorten (aus 10 Sorten insgesamt) in einem Becher kombinieren lassen. Doch das ist genau dasselbe, wie 7 Sorten zu wählen, die man nicht in den Becher packt.

Als Nächstes fällt Ihnen vielleicht das Muster auf, dass – abgesehen von der 1 an Anfang und Ende jeder Zeile – jede Zahl die Summe der zwei darüberliegenden ist. Dieses Muster ist so auffallend, dass es sogar einen eigenen Namen hat: *pascalsche Identität*. Betrachten Sie beispielsweise die Zeilen 9 und 10 des pascalschen Dreiecks.

**Zeile 9:**      1    9   (36)   (84)   126   126   84   36   9   1

**Zeile 10:**     1    10    45   (120)   210   252   210   120   45   10   1

Jede Zahl ist die Summe der zwei darüberliegenden Zahlen.

Warum sollte das so sein? Wenn wir betrachten, dass $120 = 36 + 84$, ist das eine Aussage über die Binomialkoeffizienten

$$\binom{10}{3} = \binom{9}{2} + \binom{9}{3}$$

Um zu erkennen, warum das stimmt, stellen wir die Frage: Wenn ein Eisladen 10 Sorten führt, auf wie viele Arten lassen sich dann 3 Sorten in einem Becher (wo die Reihenfolge keine Rolle spielt) kombinieren? Die eine Antwort darauf lautet – wie gezeigt – $\binom{10}{3}$. Doch man kann diese Frage auch auf andere Art beantworten. Angenommen, eine der möglichen Sorten ist Vanille, wie viele der Becher enthalten dann *keine* Vanille? Das wären $\binom{9}{3}$ , da wir beliebige 3 Kugeln aus den verbleibenden 9 Sorten auswählen dürfen. Und wie viele Becher enthalten Vanille? Wenn Vanille dabei sein muss, dann gibt es nur $\binom{9}{2}$ Arten, die restlichen Sorten im Becher auszuwählen. Folglich ist die Zahl der möglichen Kombinationen $\binom{9}{2} + \binom{9}{3}$. Doch welche Lösung stimmt nun? Da unsere Logik in beiden Fällen korrekt war, stimmen beide Lösungen. Nach derselben Logik (oder Algebra, wenn Ihnen das lieber ist), gilt für jede Zahl $k$ zwischen 0 und $n$, dass

$$\binom{n}{k} = \binom{n-1}{k-1} + \binom{n-1}{k}$$

$\binom{9}{3}$

Sehen wir uns nun an, was passiert, wenn wir alle Zahlen einer Zeile im pascalschen Dreieck addieren.

Das Muster lässt vermuten, dass die Summe aller Zahlen einer Zeile immer eine Potenz von 2 ist. Genauer gesagt, addie-

116

ren sich die Zahlen in Zeile *n* zu $2^n$. Doch warum? Man könnte das Muster auch so beschreiben: Die Zahlen in der obersten Zeile addieren sich zu 1, und danach verdoppelt sich die Summe mit jeder Zeile. Das leiten wir ganz leicht her, indem wir beispielsweise die Zahlen in Zeile 5 nehmen und durch ihre Gegenstücke aus Zeile 4 (siehe pascalsche Identität) ersetzen:

$$1 + 5 + 10 + 10 + 5 + 1$$

$$= 1 + (1 + 4) + (4 + 6) + (6 + 4) + (4 + 1) + 1$$
$$= (1 + 1) + (4 + 4) + (6 + 6) + (4 + 4) + (1 + 1)$$

Und tatsächlich bekommen wir genau das Doppelte der Zeile 4.

| | |
|---:|:---|
| 1 | $= \mathbf{1}$ |
| 1 + 1 | $= \mathbf{2}$ |
| 1 + 2 + 1 | $= \mathbf{4}$ |
| 1 + 3 + 3 + 1 | $= \mathbf{8}$ |
| 1 + 4 + 6 + 4 + 1 | $= \mathbf{16}$ |
| 1 + 5 + 10 + 10 + 5 + 1 | $= \mathbf{32}$ |
| … | |

Im pascalschen Dreieck addieren sich die Zeilen zu Potenzen von 2.

Nach derselben Logik setzt sich das Muster der Verdoppelung unendlich fort.

In Binomialkoeffizienten ausgedrückt, bedeutet diese Identität, dass wir bei Addition der Zahlen in Zeile *n* bekommen:

$$\binom{n}{0} + \binom{n}{1} + \binom{n}{2} + \quad + \binom{n}{n} = 2^n$$

was einigermaßen überraschend ist, weil die individuellen Terme Fakultäten und oft durch viele Zahlen teilbar sind. Und doch hat die Summe am Ende immer nur den einen Primfaktor 2.

Dieses Muster lässt sich auch durch Abzählen erklären. Solche Erklärungen nennen wir *kombinatorische Beweise*. Um die Summe der Zahlen in Zeile 5 zu erklären, gehen wir zu einem Eisladen mit 5 Sorten. (Die Argumentation für Zeile *n* erfolgt analog.) Auf wie viele Arten können wir verschiedene Anzahlen von Kugeln in unseren Becher geben (d. h., die Reihenfolge ist unerheblich), wenn keine Sorte mehrfach vorkommen darf? Wie viele Möglichkeiten gibt es für genau 2 Kugeln? Das haben wir weiter oben schon gesehen: Es gibt $\binom{5}{2} = 10$ Möglichkeiten. Insgesamt gibt es, je nach Anzahl der Kugeln, die man auswählen darf, dem Additionsprinzip zufolge

$$\binom{5}{0} + \binom{5}{1} + \binom{5}{2} + \binom{5}{3} + \binom{5}{4} + \binom{5}{5}$$

Möglichkeiten, was sich zu $1 + 5 + 10 + 10 + 5 + 1$ vereinfachen lässt.

Auf wie viele Arten können wir verschiedene Eissorten
in unserem Becher kombinieren?

Andererseits könnten wir unsere Frage auch mit dem Multiplikationsprinzip beantworten. Anstatt uns zunächst darauf festzulegen, wie viele Kugeln in unserem Becher sein sollen, können wir jede Sorte betrachten und uns entscheiden, ob sie in unseren Becher kommt. Beispielsweise haben wir für Schokolade 2 Möglichkeiten (Ja oder Nein), dann 2 für Vanille (Ja oder Nein) usw. bis zur fünften Sorte. (Beachten Sie, dass wir einen leeren Becher bekommen, wenn wir uns bei allen Sorten für Nein entscheiden. Das ist zulässig.) Folglich können wir unsere Entscheidung auf

$$2 \times 2 \times 2 \times 2 \times 2 = 2^5$$

Arten treffen. Da unsere Logik wieder bei beiden Ansätzen korrekt war, folgt daraus, dass

$$\binom{5}{0} + \binom{5}{1} + \binom{5}{2} + \binom{5}{3} + \binom{5}{4} + \binom{5}{5} = 2^5$$

wie vorhergesagt.

**Nebenbemerkung**

Mit einem ähnlichen kombinatorischen Argument lässt sich zeigen, dass wir eine Gesamtsumme von $2^{n-1}$ bekommen, wenn wir jede zweite Zahl in Zeile $n$ addieren. In ungeraden Zeilen wie Zeile 5 ist das keine Überraschung, weil wir die Zahlen $1 + 10 + 5$ zusammenzählen und die Zahlen $5 + 10 + 1$ überspringen und folglich die Hälfte der ursprünglichen Gesamtsumme von $2^n$ bekommen. Doch auch in geraden Zeilen geht die Rechnung auf, beispielsweise in Zeile 4, wo $1 + 6 + 1 = 4 + 4 = 2^3$. Allgemein gilt für alle Zeilen mit $n \geq 1$

$$\binom{n}{0} + \binom{n}{2} + \binom{n}{4} + \binom{n}{6} + \quad = 2^{n-1}$$

Warum? Die linke Seite zählt die Eisbecher mit gerader Anzahl von Kugeln (mit $n$ verschiedenen Sorten, die alle maximal ein Mal vertreten sein dürfen). Doch wir können einen solchen Becher auch dadurch kombinieren, indem wir frei aus den Sorten 1 bis $n-1$ wählen. Für die erste Sorte haben wir 2 Möglichkeiten (Ja oder Nein), 2 für die zweite Sorte und 2 für die Sorte $(n-1)$. Doch für die letzte Sorte bleibt uns nur eine Möglichkeit, wenn die Anzahl der Kugeln im Becher gerade sein soll. Folglich ist die Zahl der Becher mit gerader Kugel-Anzahl $2^{n-1}$.

Schreiben wir das pascalsche Dreieck als rechtwinkliges Dreieck hin, erkennen wir weitere Muster. In Spalte 0 stehen nur Einsen, in Spalte 1 die positiven ganzen Zahlen 1, 2, 3, 4 usw. Spalte 2 fängt mit 1, 3, 6, 10, 15 an – auch diese Zahlen sollten Ihnen bekannt vorkommen. Es handelt sich um die Dreieckszahlen, die wir in Kapitel 1 kennengelernt haben. Allgemein lassen sich die Zahlen in Spalte 2 auch so ausdrücken:

$$\binom{2}{2}, \binom{3}{2}, \binom{4}{2}, \binom{5}{2}, \binom{6}{2}, \ldots$$

Analog besteht Spalte $k$ aus den Zahlen $\binom{k}{k}, \binom{k+1}{k}, \binom{k+2}{k}$ usw.

Sehen Sie nun, was passiert, wenn Sie die ersten paar (oder vielen) Zahlen einer Spalte addieren. Zählt man beispielsweise die ersten 5 Zahlen der Spalte 2 zusammen, bekommt man $1+3+6+10+15=35$, was genau der Zahl diagonal darunter entspricht. Anders ausgedrückt:

$$\binom{2}{2} + \binom{3}{2} + \binom{4}{2} + \binom{5}{2} + \binom{6}{2} = \binom{7}{3}$$

Man spricht hier von der „*Hockeyschläger-Identität*" *(hockey stick identity),* weil das Muster im pascalschen Dreieck die Form eines Hockeyschlägers beschreibt (eine lange Latte von Zahlen, die dann scharf zu einer letzten Zahl abbiegt). Um zu verstehen, wie die Sache funktioniert, stellen wir uns eine Hockeymannschaft mit 7 Spielern und Trikots mit den Rückennummern 1, 2, 3, 4, 5, 6 und 7 vor. Auf wie viele Arten kann ich drei Spieler für eine Trainingseinheit wählen?

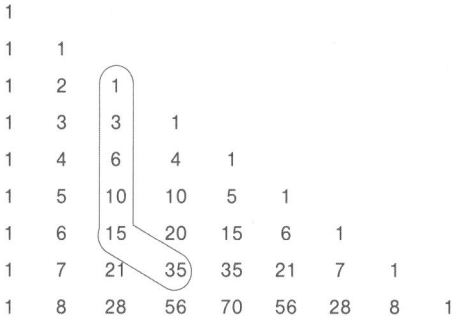

Das Hockeyschläger-Muster im rechtwinkligen pascalschen Dreieck

Da die Reihenfolge keine Rolle spielt, gibt es $\binom{7}{3}$ Möglichkeiten dafür. Versuchen wir nun, dieselbe Frage zu beantworten, indem wir verschiedene Fälle unterscheiden. Bei wie vielen der Möglichkeiten spielt Nummer 7 mit? Oder, anders ausgedrückt: In wie vielen Fällen ist 7 die größte Zahl auf einem Trikot? Da die 7 vorgegeben ist, kann man die restlichen Spieler auf $\binom{6}{2}$ Arten auswählen. Als Nächstes stellen wir die Frage, bei wie vielen Möglichkeiten 6 die größte Zahl auf einem Trikot ist. Spieler 6 ist also festgesetzt, während 7 draußen bleiben muss; folglich gibt es $\binom{5}{2}$ Arten, die zwei restlichen Spieler zu wählen. Analog gibt es $\binom{4}{2}$ Möglichkeiten, dass 5 die größte Zahl ist, $\binom{3}{2}$ Möglichkeiten, dass 4 die größte Zahl ist, und $\binom{2}{2} = 1$ Möglichkeit, dass 3 die größte Zahl ist. Da 3, 4, 5, 6 oder 7 die größte Zahl sein muss, haben wir alle Möglichkeiten berücksichtigt, folglich lassen sich die drei Spieler auf $\binom{2}{2} + \binom{3}{2} + \cdots \binom{6}{2}$ Arten auswählen, wie auf der linken Seite der Gleichung auf S. 120 beschrieben. Verallgemeinernd lässt sich mit diesem Argument zeigen, dass

$$\binom{k}{k} + \binom{k+1}{k} + \quad + \binom{n}{k} = \binom{n+1}{k+1}$$

Wenden wir diese Formel zur Lösung eines wichtigen Problems an, mit dem Sie möglicherweise jedes Jahr während der Weihnachtsfeiertage zu tun bekommen. Dem beliebten Lied *The Twelve Days of Christmas* zufolge bekommt man von seiner wahren Liebe am ersten Weihnachtstag 1 Geschenk (1 Rebhuhn). Am zweiten Tag bekommt man 3 Geschenke (1 Rebhuhn und 2 Turteltauben). Am dritten Tag bekommt man 6 Geschenke (1 Rebhuhn, 2 Turteltauben, 3 französische Hühner) usw. Die Frage lautet, wie viele Geschenke hat man nach dem 12. Tag insgesamt bekommen?

Wie viele Geschenke habe ich nach dem 12. Weihnachtstag von meiner wahren Liebe bekommen?

Am *n*-ten Weihnachtstag bekommt man

$$1 + 2 + 3 + \quad + n = \frac{n(n+1)}{2} = \binom{n+1}{2}$$

(Das folgt aus unserer praktischen Formel für die Zahlen im rechtwinkligen Dreieck oder aus unserer Hockeyschläger-Identität mit $k = 1$.) Am ersten Tag bekommt man also $\binom{2}{2} = 1$ Geschenk, am zweiten Tag $\binom{3}{2} = 3$ Geschenke und so weiter bis zum 12. Tag, an dem man $\binom{13}{2} = \frac{13 \times 12}{2} = 78$ Geschenke bekommt. Wendet man die Hockeyschläger-Identität an, beträgt die Gesamtzahl der Geschenke

$$\binom{2}{2} + \binom{3}{2} + \quad + \binom{13}{2} = \binom{14}{3} = \frac{14 \times 13 \times 12}{3!} = 364$$

Verteilt man diese Geschenke also über das nächste Jahr, bekommt man jeden Tag ein Geschenk (wenn man den eigenen Geburtstag mal auslässt)! Feiern wir dieses Ergebnis mit einem Weihnachtslied, das ich „Der $n$-te Weihnachtstag" nenne.

Am $n$-ten Weihnachtstag schenkte mir meine wahre Liebe
$n$ *Teile* neuartigen Schnickschnack
$n - 1$ Dingsbumse
$n - 2$ und so weiter
...
5 (plus 10) andere Sachen!
Zählt man alle Geschenke
bis einschließlich Tag $n$,
wie viele hat man dann insgesamt?
Genau $\binom{n+2}{3}$

Kommen wir nun zu einem der merkwürdigsten Muster im pascalschen Dreieck. Betrachten Sie das folgende Dreieck, in dem wir alle ungeraden Zahlen eingekringelt haben. Sehen Sie die Dreiecke im Dreieck?

Ungerade Zahlen im pascalschen Dreieck

Betrachten wir uns das auf der nächsten Seite folgende 16-zei-lige Dreieck nun etwas genauer, in dem jede ungerade Zahl durch 1 und jede gerade durch 0 ersetzt wurde. Sehen Sie, dass unter jedem Paar aus Nullen bzw. Einsen eine 0 steht? Dies ist eine Folge des Umstands, dass man eine gerade Zahl erhält, wenn man zwei gerade Zahlen oder zwei ungerade Zahlen ad-diert.

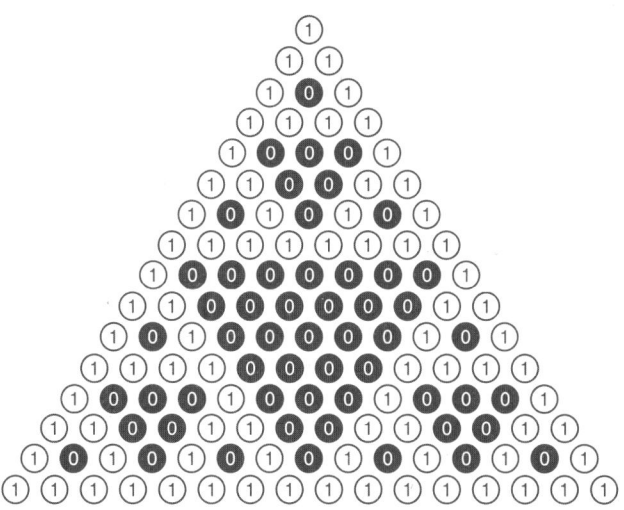

Ein genauerer Blick auf die ungeraden Zahlen

Gehen wir noch mehr ins Detail und betrachten die ersten 256 Zeilen eines solchen Dreiecks. Jetzt haben wir ungerade Zahlen durch schwarze Felder und gerade Zahlen durch weiße ersetzt. Das Ganze sieht jetzt fast genauso aus wie ein *Sierpinski-Dreieck*, ein fraktales Bild. Faszinierend, oder? Und doch nur eines von vielen im pascalschen Dreieck verborgenen Juwelen. Das nächste Juwel: Wie viele ungerade Zahlen befinden sich in jeder Zeile eines pascalschen Dreiecks? Betrachtet man die Zeilen 1 bis 8 (lässt also Zeile 0 weg), kommt man auf 2, 2, 4, 2, 4, 4, 8, 2 usw. Da springt einem kein offenkundiges Muster ins Auge, obwohl die Anzahl immer eine Zweierpotenz zu sein scheint. Und wirklich spielen Zweierpotenzen hier eine wichtige Rolle. Genau zwei (vgl. S. 126) ungerade Zahlen finden wir in den Zeilen 1, 2, 4 und 8 – lauter Zweierpotenzen. Für das allgemeine Muster nutzen wir den Umstand, dass sich

Pascal trifft Sierpinski

jede ganze Zahl größer oder gleich Null auf genau eine Art als Summe *verschiedener* Zweierpotenzen darstellen lässt. Zum Beispiel:

$$
\begin{aligned}
1 &= 1 \\
2 &= 2 \\
3 &= 2 + 1 \\
4 &= 4 \\
5 &= 4 + 1 \\
6 &= 4 + 2 \\
7 &= 4 + 2 + 1 \\
8 &= 8
\end{aligned}
$$

Zwei ungerade Zahlen finden sich im pascalschen Dreieck in den Zeilen 1, 2, 4 und 8 (lauter Zweierpotenzen). Vier ungerade Zahlen haben wir in den Zeilen 3, 5 und 6 (die jeweils eine Summe aus zwei Zweierpotenzen sind), acht ungerade Zahlen haben wir in Zeile 7 (was die Summe von drei Zweierpotenzen ist). Und so lautet die ebenso überraschende wie wunderschöne Regel: Wenn $n$ die Summe von $p$ verschiedenen Zweierpotenzen ist, dann gibt es in Zeile $n$ *genau* $2^p$ ungerade Zahlen.

Wie viele ungerade Zahlen gibt es beispielsweise in Zeile 83? Da 83 = 64 + 16 + 2 + 1, also die Summe aus vier Zweierpotenzen ist, muss die 83. Zeile $2^4$ = 16 ungerade Zahlen enthalten!

**Nebenbemerkung**
Wir werden es hier nicht beweisen, aber nur für den Fall, dass Sie neugierig sind: $\binom{83}{k}$ ist ungerade, wenn

$$k = 64a + 16b + 2c + d$$

wobei $a$, $b$, $c$ und $d$ gleich 0 oder 1 sein können. Dies trifft konkret auf folgende Zahlen zu:

0, 1, 2, 3, 16, 17, 18, 19, 64, 65, 66, 69, 80, 81, 82, 83

Wir beschließen dieses Kapitel mit einem letzten Muster. Wir haben gesehen, was passiert, wenn wir im pascalschen Dreieck innerhalb der Zeilen addieren (Zweierpotenzen) und wenn wir Spalten addieren (Hockeyschläger). Doch was passiert, wenn wir Diagonalen addieren?

# Diagonalsummen

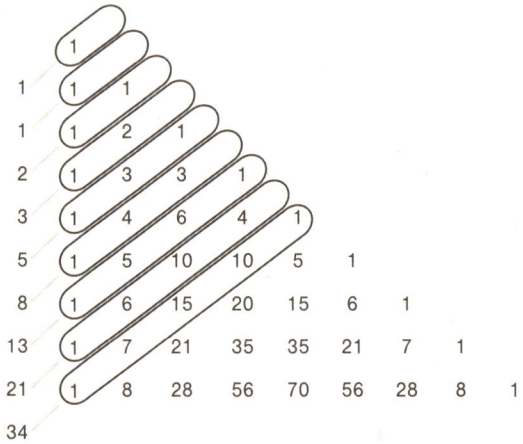

Pascal trifft Fibonacci

Wenn wir – wie abgebildet – die Diagonalen addieren, bekommen wir folgende Summen:

$$1, 1, 2, 3, 5, 8, 13, 21, 34$$

Das sind die fabelhaften Fibonacci-Zahlen, die das Thema unseres nächsten Kapitels sein werden.

# Kapitel fünf

## 1, 1, 2, 3, **5**, 8, 13, 21 …
# Die Magie der Fibonacci-Zahlen

### Die Zahlen der Natur

Staunen Sie über eine der magischsten Zahlenfolgen überhaupt: die Fibonacci-Folge!

$$1, 1, 2, 3, 5, 8, 13, 21, 34, 55, 89, 144, 233, \ldots$$

Die Folge beginnt mit den Zahlen 1 und 1. Die dritte Zahl ist 1 + 1 (die Summe der beiden vorangehenden Zahlen), was 2 ergibt. Die vierte Zahl lautet 1 + 2 = 3, die fünfte 2 + 3 = 5, und auf diese Weise wachsen die Zahlen immer schneller an: 3 + 5 = 8, 5 + 8 = 13, 8 + 13 = 21 usw. Leonardo von Pisa (Sohn des Bonaccio, daher der Zuname Fibonaccio, *fi* für *filius* bzw. *figlio*) veröffentlichte diese Folge 1202 in seinem Buch *Liber Abaci*, was wörtlich übersetzt „Buch des Rechnens" heißt. Darin machte Leonardo die westliche Welt mit den indo-arabischen Zahlen und den Rechenmethoden bekannt, die wir bis heute verwenden.

Eine der vielen Rechenaufgaben des Buchs handelt von unsterblichen Kaninchen. Angenommen, Baby-Kaninchen brauchen einen Monat bis zur Geschlechtsreife, und jedes Paar zeugt danach sofort ein Paar Baby-Kaninchen, jeden Monat, den ganzen Rest ihres unendlichen Lebens. Die Frage ist:

Wenn wir mit einem Baby-Paar anfangen, wie viele Kaninchen gibt es dann zwölf Monate später?

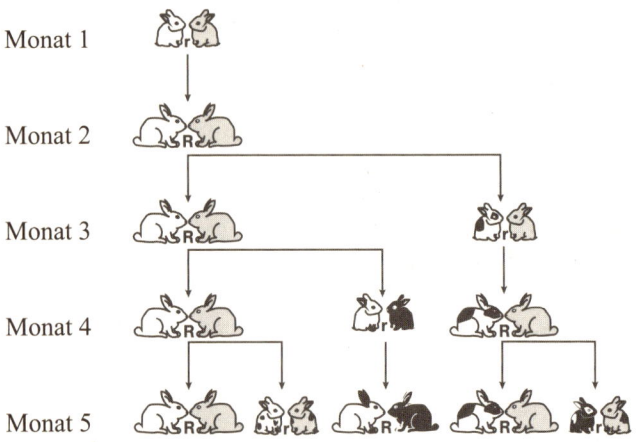

Monat 1

Monat 2

Monat 3

Monat 4

Monat 5

Die Aufgabe lässt sich mit Bildern oder Symbolen illustrieren. Mit „r" (für *rabbit*) kennzeichnen wir ein Paar Baby-Kaninchen, mit „R" geschlechtsreife Kaninchen. Nach jedem Monat werden alle „r" zu „R" und alle „R" zu „R r" (kleine Kaninchen werden also groß, und große werden – immer wieder – Eltern.)

Das Ganze lässt sich auch ohne süße Tierchen ganz nüchtern in einer Tabelle darstellen. Man sieht, dass die Zahl der Kaninchen-Pärchen in den einzelnen Monaten 1, 1, 2, 3, 5 bzw. 8 beträgt.

| Monat Nummer | Population | Zahl der Kaninchen-Pärchen |
|:---:|:---:|:---:|
| 1 | r | 1 |
| 2 | R | 1 |
| 3 | Rr | 2 |
| 4 | Rr R | 3 |
| 5 | Rr R Rr | 5 |
| 6 | Rr R Rr Rr R | 8 |

Überlegen wir mal, ob die Gesamtpopulation im siebten Monat tatsächlich 13 ist, ohne alle Pärchen tatsächlich hinzuschreiben. Wie viele erwachsene Kaninchenpaare gibt es im siebten Monat? Da alle Kaninchen, die im sechsten Monat lebten, im siebten Monat erwachsen sind, gibt es dann acht erwachsene Paare.

Wie viele Babykaninchen-Paare wird es im siebten Monat geben? Diese Zahl muss gleich sein der Zahl erwachsener Kaninchen im sechsten Monat, also 5 – was nicht nur zufällig die Gesamtpopulation im fünften Monat war. Folglich gibt es im siebten Monat insgesamt 8 + 5 = 13 Kaninchen-Paare.

Lassen Sie uns die ersten zwei Fibonacci-Zahlen $F_1 = 1$ und $F_2 = 1$ nennen und die nächste Fibonacci-Zahl als die Summe der zwei vorhergehenden Zahlen definieren, so dass für $n \geq 3$

$$F_n = F_{n-1} + F_{n-2}$$

Dann ist $F_3 = 2$, $F_4 = 3$, $F_5 = 5$, $F_6 = 8$ usw., siehe die folgende Aufstellung:

| $n$ | 1 | 2 | 3 | 4 | 5 | 6 | 7 | 8 | 9 | 10 | 11 | 12 | 13 |
|---|---|---|---|---|---|---|---|---|---|---|---|---|---|
| $F_n$ | 1 | 2 | 2 | 3 | 5 | 8 | 13 | 21 | 34 | 55 | 89 | 144 | 233 |

Die ersten 13 Fibonacci-Zahlen

Die Lösung zu Fibonaccis Kaninchen-Aufgabe lautet demnach $F_{13}$ = 233 Kaninchen-Paare (bestehend aus $F_{12}$ = 144 erwachsenen Paaren und $F_{11}$ = 89 Baby-Paaren).

Fibonacci-Zahlen tauchen in der Natur erstaunlich häufig auf. So ist die Anzahl von Blütenblättern oft eine Fibonacci-Zahl, auch die Anzahlen der Spiralen auf Sonnenblumen, Ananasfrüchten und Pinienzapfen sind oft Fibonacci-Zahlen. Doch am meisten faszinieren mich an Fibonacci-Zahlen die hübschen Muster, die sich in ihnen zeigen. Betrachten wir zum Beispiel, was passiert, wenn wir die ersten Fibonacci-Zahlen addieren:

$$
\begin{aligned}
1 &= 1 &&= 2 - 1 \\
1 + 1 &= 2 &&= 3 - 1 \\
1 + 1 + 2 &= 4 &&= 5 - 1 \\
1 + 1 + 2 + 3 &= 7 &&= 8 - 1 \\
1 + 1 + 2 + 3 + 5 &= 12 &&= 13 - 1 \\
1 + 1 + 2 + 3 + 5 + 8 &= 20 &&= 21 - 1 \\
1 + 1 + 2 + 3 + 5 + 8 + 13 &= 33 &&= 34 - 1 \\
&\vdots
\end{aligned}
$$

Die Zahlen auf der rechten Seite der Gleichung sind zwar (bis auf die 2) keine Fibonacci-Zahlen, aber beinahe. Tatsächlich fehlt bei jeder genau 1 zur nächsten Fibonacci-Zahl. Betrachten wir uns mal die Logik hinter diesem Muster. Betrachten Sie die letzte Gleichung und schauen Sie, was passiert, wenn wir jede Fibonacci-Zahl durch die Differenz der zwei nächsten Fibonacci-Zahlen ersetzen, also

$$
\begin{aligned}
&1 + 1 + 2 + 3 + 5 + 8 + 13 \\
&= (2 - 1) + (3 - 2) + (5 - 3) + (8 - 5) + \\
&\quad (13 - 8) + (21 - 13) + (34 - 21) = 34 - 1
\end{aligned}
$$

Sehen Sie, wie sich die 2 in (2 − 1) und die −2 in (3 − 2) aufheben? Ebenso geschieht es der 3 in (3 − 2) und der −3 in (5 − 3).

Am Ende heben alle Zahlen einander auf, abgesehen vom größten Term, 34, und der $-1$ vom Anfang.

Allgemein zeigt das, dass sich die Summe der ersten $n$ Fibonacci-Zahlen nach der einfachen Formel

$$F_1 + F_2 + F_3 + \cdots + F_n = F_{n+2} - 1$$

berechnen lässt. Hier eine ähnliche Fragestellung mit einer ähnlich eleganten Lösung. Was bekommt man, wenn man die ersten $n$ Fibonacci-Zahlen mit gerader Position addiert, also die 2., 4., 6. usw.? Anders ausgedrückt: Können Sie die folgende Summe vereinfachen?

$$F_2 + F_4 + F_6 + \cdots + F_{2n}$$

Betrachten wir zunächst die ersten paar Zahlen:

$$
\begin{aligned}
1 &= 1 \\
1 + 3 &= 4 \\
1 + 3 + 8 &= 12 \\
1 + 3 + 8 + 21 &= 33 \\
&\vdots
\end{aligned}
$$

Moment mal! Diese Zahlen kommen uns vertraut vor. Und tatsächlich sind sie auch in unserer vorigen Addition vorgekommen. Sie sind um 1 (vgl. S. 132 + S. 134) kleiner als Fibonacci-Zahlen. Tatsächlich können wir diese Zahlen in unsere aktuelle Aufgabe überführen, indem wir den Umstand ausnützen, dass jede Fibonacci-Zahl die Summe der zwei vorhergehenden ist. Wir ersetzen einfach nach dem ersten Term jede Fibonacci-Zahl auf gerader Position durch die vorhergehenden zwei Fibonacci-Zahlen.

$$
\begin{aligned}
& 1 & + & \quad 3 & + & \quad 8 & + & \quad 21 \\
= & 1 & + & (1 + 2) & + & (3 + 5) & + & (8 + 13) \\
= & 34 - 1 &&&&&&
\end{aligned}
$$

Die letzte Zeile erhalten wir aus dem Umstand, dass die Summe der ersten 7 Fibonacci-Zahlen um 1 kleiner ist als die 9. Fibonacci-Zahl.

Allgemein nutzen wir die Tatsache, dass $F_2 = F_1 = 1$ und ersetzen jede folgende Fibonacci-Zahl durch die Summe der zwei vorhergehenden. Dadurch reduziert sich unsere Summe auf die ersten $2n - 1$ Fibonacci-Zahlen.

$$
\begin{aligned}
& F_2 &+& F_4 &+& F_6 &+ \cdots + & F_{2n} \\
=\ & F_1 &+& (F_2 + F_3) &+& (F_4 + F_5) &+ \cdots + & (F_{2n-2} + F_{2n-1}) \\
=\ & F_{2n+1} &-& 1
\end{aligned}
$$

Und wie sieht es mit der Summe der ersten Fibonacci-Zahlen auf ungeraden Positionen aus?

$$
\begin{aligned}
1 &= 1 \\
1 + 2 &= 3 \\
1 + 2 + 5 &= 8 \\
1 + 2 + 5 + 13 &= 21 \\
&\vdots
\end{aligned}
$$

Hier ist das Muster sogar noch deutlicher: Die Summe der ersten $n$ Fibonacci-Zahlen mit ungerader Positionsnummer ist einfach die nächste Fibonacci-Zahl. Wir wenden wieder den Trick von oben an und bekommen

$$
\begin{aligned}
& F_1 &+ F_3 &+ F_5 &+ \cdots + & F_{2n-1} \\
=\ & 1 &+ (F_1 + F_2) &+ (F_3 + F_4) &+ \cdots + & (F_{2n-3} + F_{2n-2}) \\
=\ & 1 &+ & (F_{2n} - 1) \\
=\ & F_{2n}
\end{aligned}
$$

**Nebenbemerkung**
Wir hätten noch schneller zur Lösung gelangen können. Dafür hätten wir nur anwenden müssen, was wir bereits gezeigt haben. Wenn wir die ersten $n$ Fibonacci-Zahlen

mit gerader Positionsnummer von den ersten $2n$ Fibonacci-Zahlen abziehen, bleiben uns die ersten $n$ Fibonacci-Zahlen mit ungerader Positionsnummer:

$$
\begin{aligned}
& F_1 + F_3 + F_5 + \cdots + F_{2n-1} \\
= \quad & (F_1 + F_2 + \cdots + F_{2n-1}) - (F_2 + F_4 + \cdots + F_{2n-2}) \\
= \quad & (F_{2n+1} - 1) - (F_{2n-1} - 1) \\
= \quad & F_{2n}
\end{aligned}
$$

## Auf Fibonacci zählen

Bisher haben wir nur an der Oberfläche der wunderschönen Zahlenmuster gekratzt, die sich in der Fibonacci-Folge finden. Vielleicht haben Sie sich schon gefragt, ob Fibonacci-Zahlen nur zum Zählen von Karnickeln gut sind. Aber nein, bei vielen Abzählproblemen sind die Lösungen Fibonacci-Zahlen. Im Jahr 1150 (dem Jahr, bevor Leonardo von Pisa über Kaninchen schrieb) fragte der indische Poet Hemachandra, wie viele Kadenzen der Länge $n$ möglich sind, wenn sie aus kurzen Silben der Länge 1 oder aus langen Silben der Länge 2 bestehen dürfen. Formulieren wir diese Fragestellung hier mathematisch, dann wird gleich manches klar:

Frage: Wie viele Anordnungen von Einsen und Zweien addieren sich zur Zahl $n$?

Antwort: Nennen wir die Lösung $f_n$ und betrachten wir $f_n$ für kleine Werte von $n$.

| n | Abfolgen von Einsen und Zweien, die sich zu $n$ addieren | $f_n$ |
|---|---|---|
| 1 | 1 | 1 |
| 2 | 11, 2 | 2 |
| 3 | 111, 12, 21 | 3 |
| 4 | 1111, 112, 121, 211, 22 | 5 |
| 5 | 11111, 1112, 1121, 1211, 122, 2111, 212, 221 | 8 |
| … | … | … |

Es gibt nur eine Abfolge, die sich zu 1 addiert, für 2 gibt es schon 2 Abfolgen (1 + 1 und 2), für 3 gibt es 3 Abfolgen (1 + 1 + 1, 1 + 2, 2 + 1). Beachten Sie, dass wir für unsere Summen nur die Werte 1 und 2 verwenden dürfen. Auch spielt die Reihenfolge der Addition eine Rolle. 1 + 2 ist also etwas anderes als 2 + 1. 4 kann man auf 5 Arten bekommen (1 + 1 + 1 + 1, 1 + 1 + 2, 1 + 2 + 1, 2 + 1 + 1, 2 + 2). Nach unserer Tabelle sieht es so aus, als würden wir lauter Fibonacci-Zahlen bekommen, und dem ist tatsächlich so. Betrachten wir also einmal, warum es $f_5 = 8$ Arten gibt, zur Zahl 5 zu gelangen. Jede Summe muss mit 1 oder 2 beginnen. Wie viele von ihnen beginnen mit 1? Nun, nach der 1 brauchen wir eine Folge von Einsen und Zweien, die sich zu 4 summieren, und wir wissen, dass es $f_4 = 5$ davon gibt. Und wie viele Summen, die 5 ergeben, beginnen mit der Zahl 2? Nach der anfänglichen 2 müssen sich die weiteren Terme zu 3 summieren, und dafür gibt es $f_3 = 3$ Möglichkeiten. Folglich beträgt die Gesamt zahl der Folgen, die sich zu 5 addieren, 5 + 3, was 8 ergibt. Nach derselben Logik beträgt die Zahl der Folgen, die sich zu 6 addieren, 13, da $f_5 = 8$ Folgen mit 1 beginnen und $f_4 = 5$ mit 2 beginnen. Allgemein gibt es $f_n$ Folgen, die sich zu $n$ summieren. Von diesen beginnen $f_{n-1}$ mit 1 und $f_{n-2}$ mit 2. Folglich gilt

$$f_n = f_{n-1} + f_{n-2}$$

Die Zahlenreihe *fn* beginnt also wie die Fibonacci-Folge, und die folgenden Zahlen wachsen genau wie Fibonacci-Zahlen an. Folglich entspricht sie genau der Fibonacci-Folge, allerdings mit einer kleinen *Verschiebung*. Beachten Sie, dass $f_1 = 1 = F_2$, $f_2 = 2 = F_3, f_3 = 3 = F_4$ usw. (Bequemlichkeitshalber definieren wir $f_0 = F_1 = 1$ und $f_{-1} = F_0 = 0$.) Allgemein gilt für $n \geq 1$

$$f_n = F_{n+1}$$

Sobald wir wissen, was die Fibonacci-Zahlen zählen, können wir mit diesem Wissen viele hübsche Muster der Fibonacci-Folge beweisen. Erinnern Sie sich an das Muster vom Ende des Kapitels 4 (s. S. 128), als wir die Diagonalen des pascalschen Dreiecks summierten.

Diagonalsummen

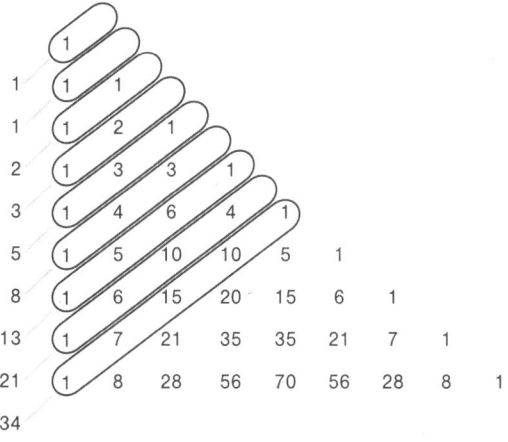

Beispielsweise bekamen wir bei der Addition der achten Diagonale

$$1 + 7 + 15 + 10 + 1 = 34 = F_9$$

In Binomialkoeffizienten ausgedrückt, besagt das:

$$\binom{8}{0} + \binom{7}{1} + \binom{6}{2} + \binom{5}{3} + \binom{4}{4} = F_9$$

Versuchen wir, dieses Muster zu verstehen, indem wir eine einfache Abzähl-Aufgabe auf zweierlei Weise beantworten.

*Frage*: Wie viele Abfolgen von Einsen und Zweien ergeben in der Summe 8?

Antwort 1: Per Definition gibt es $f_8 = F_9$ dieser Abfolgen.

Antwort 2: Teilen wir das Problem in 5 Fälle auf, in Abhängigkeit von der Anzahl verwendeter Zweien. Wie viele Lösungen verwenden keine Zweien? Es gibt nur eine Art, so auf 8 zu kommen, nämlich mit 11111111 – und es ist kein Zufall, dass $\binom{8}{0} = 1$.

Wie viele Möglichkeiten verwenden genau eine 2? Mit genau einer 2 gelangt man auf 7 Wegen zur Summe 8: 2111111, 1211111, 1121111, 1112111, 1111211, 1111121, 1111112. Folgen dieser Art haben 7 Zahlen, und es gibt $\binom{7}{1} = 7$ Möglichkeiten, die 2 unterzubringen.

In wie vielen Lösungen kommen genau 2 Zweien vor? Ein typisches Beispiel dafür wäre 221111. Ich erspare uns hier die restlichen 14 Möglichkeiten; bitte beachten Sie, dass jede Folge 2 Zweien und 4 Einsen enthält und demnach 6 Summanden hat. Es gibt $\binom{6}{2} = 15$ Möglichkeiten, die Position der 2 Zweien zu wählen. Analog hat jede Folge mit genau 3 Zweien 2 Einsen und damit 5 Summanden; solche Folgen lassen sich auf $\binom{5}{3} = 10$ Arten erstellen. Eine Folge mit 4 Zweien schließlich kann man nur auf $\binom{4}{4} = 1$ Art erstellen, nämlich so: 2222.

Da die Antworten 1 und 2 beide stimmen, haben wir den behaupteten Zusammenhang hiermit bewiesen. Nach derselben Logik lässt sich zeigen, dass die Summe der $n$-ten Diagonale eines pascalschen Dreiecks immer eine Fibonacci-Zahl sein muss. Noch genauer: Für alle $n \geq 0$ bekommen wir als

Summe der $n$-ten Diagonale (bis wir nach etwa $n/2$ Termen aus dem Dreieck fallen)

$$\binom{n}{0} + \binom{n-1}{1} + \binom{n-2}{2} + \binom{n-3}{3} + \quad = f_n = F_{n+1}$$

Anschaulicher wird das Ganze vielleicht, wenn wir es uns als Fliesen-Problem vorstellen. Beispielsweise zählt $f_4 = 5$ die Möglichkeiten, wie man eine Bahn der Länge 4 mit quadratischen Fliesen des Formats 1 x 1 und doppelt so langen Fliesen des Formats 2 x 1 auslegen kann. Die Summe $1 + 1 + 2$ steht dann für die Fliesenfolge Quadrat-Quadrat-Doppelfliese.

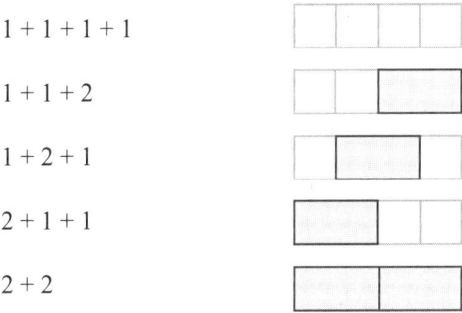

Eine Bahn der Länge 4 lässt sich auf 5 Arten
mit quadratischen und doppelt breiten Fliesen auslegen;
eine Veranschaulichung von $f_4 = 5$.

Mit Fliesen lässt sich auch ein weiteres bemerkenswertes Muster der Fibonacci-Zahlen veranschaulichen. Schauen wir mal, was passiert, wenn wir die Fibonacci-Zahlen quadrieren.

| $n$ | 0 | 1 | 2 | 3 | 4 | 5 | 6 | 7 | 8 | 9 | 10 |
|-----|---|---|---|---|---|---|---|---|---|---|----|
| $f_n$ | 1 | 1 | 2 | 3 | 5 | 8 | 13 | 21 | 34 | 55 | 89 |
| $f_n^{\,2}$ | 1 | 1 | 4 | 9 | 25 | 64 | 169 | 441 | 1156 | 3025 | 7921 |

Die Quadrate der Fibonacci-Zahlen
von $f_0$ bis $f_{10}$

Nun überrascht es uns nicht weiter, dass man Fibonacci-Zahlen bekommt, wenn man aufeinanderfolgende Fibonacci-Zahlen addiert. (So ist die Folge schließlich definiert.) Doch dass sich bei den Quadraten auch etwas Interessantes ergibt, kommt unerwartet. Sehen Sie mal, was passiert, wenn man aufeinanderfolgende Quadrate addiert:

$$
\begin{aligned}
f_0^2 + f_1^2 &= 1^2 + 1^2 = 2 = f_2 \\
f_1^2 + f_2^2 &= 1^2 + 2^2 = 5 = f_4 \\
f_2^2 + f_3^2 &= 2^2 + 3^2 = 13 = f_6 \\
f_3^2 + f_4^2 &= 3^2 + 5^2 = 34 = f_8 \\
f_4^2 + f_5^2 &= 5^2 + 8^2 = 89 = f_{10} \\
&\vdots
\end{aligned}
$$

Versuchen wir, dieses Muster mittels Kombinatorik zu erklären. Die letzte Gleichung besagt, dass

$$
f_4^2 + f_5^2 = f_{10}
$$

Warum sollte das so sein? Betrachten wir dazu eine einfache Abzähl-Aufgabe.

*Frage*: Auf wie viele Arten kann man einen Streifen der Länge 10 mit Quadraten und doppelt so langen (vgl. S. 139 + 141) Fliesen auslegen?

Antwort 1: Per Definition gibt es $f_{10}$ Möglichkeiten. Hier beispielhaft eine Möglichkeit $2 + 1 + 1 + 2 + 1 + 2 + 1$.

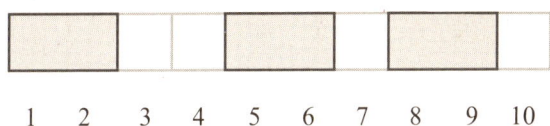

|   |   |   |   |   |   |   |   |   |   |
|---|---|---|---|---|---|---|---|---|---|
| 1 | 2 | 3 | 4 | 5 | 6 | 7 | 8 | 9 | 10 |

Sagen wir jetzt, das Fliesenmuster sei bei den Zellen 2, 3, 4, 6, 7, 9 und 10 *brechbar*. (Was nur besagen soll, dass man das Muster überall brechen kann, außer in der Mitte einer doppelt langen Fliese. Das Muster ist also an den Zellen 1, 5 und 8 *unbrechbar*.)

Antwort 2: Unterscheiden wir für die Lösung zwei Fälle: Muster, die bei Zelle 5 *brechbar* sind und Muster, die es nicht sind.

Auf wie viele Arten können wir ein 10 Einheiten langes Muster legen, das bei Zelle 5 brechbar ist? Dieses Muster lässt sich in zwei Hälften teilen, von denen sich die linke Hälfte auf $f_5 = 8$ Arten und die rechte Hälfte sich ebenfalls auf $f_5 = 8$ Arten fliesen lässt. Nach dem Multiplikationsprinzip aus Kapitel 4 lässt sich eine solche Summe auf $f_5^2 = 8^2$ Arten legen, wie unten gezeigt.

| $f_5$ Arten | $f_5$ Arten | $f_5^2$ Arten |
|---|---|---|
| 1  2  3  4  5 | 6  7  8  9  10 | |

Es gibt $f_5^2$ Arten, eine Bahn der Länge 10 so zu fliesen, dass die Reihe an Zelle 5 brechbar ist.

Wie viele Bahnen der Länge 10 sind an Zelle 5 *nicht* brechbar? Solche Muster müssen notwendigerweise eine doppelt lange Fliese über den Zellen 5 und 6 haben, wie unten illustriert. Jetzt können die linke und die rechte Hälfte jeweils auf $f_4 = 5$ Arten gefliest werden, es gibt also $f_4^2 = 5^2$ unbrechbare Muster. Führt man diese zwei Fälle jetzt zusammen, folgt daraus, dass $f_{10} = f_5^2 + f_4^2$, wie gewünscht.

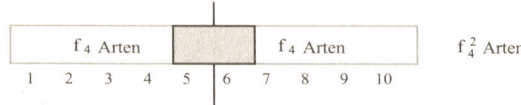

| f $_4$ Arten | | f $_4$ Arten | f $_4^2$ Arten |

| 1 | 2 | 3 | 4 | 5 | 6 | 7 | 8 | 9 | 10 |

Es gibt $f_4^2$ Arten, eine Bahn der Länge 10 so zu fliesen,
dass die Reihe an Zelle 5 nicht brechbar ist.

Allgemein führt uns die Betrachtung, ob sich ein Fliesenmuster der Länge $2n$ in der Mitte brechen lässt, zu dem schönen Muster

$$f_{2n} = f_n^2 + f_{n-1}^2$$

**Nebenbemerkung**

Nun liegt die Versuchung natürlich nahe, obigen Zusammenhang auf ähnliche Fälle zu übertragen. Beispielsweise könnten wir die Zahl der Möglichkeiten betrachten, Bahnen der Länge $m + n$ zu verlegen. Wie viele dieser Muster sind an der Stelle $m$ *brechbar*? Die linke Seite lässt sich auf $f_m$ Arten fliesen, die rechte auf $f_n$ Arten, es gibt also $f_m f_n$ verschiedene Muster. Wie viele sind an Stelle $m$ nicht brechbar? Solche Muster müssen eine doppelt lange Fliese über den Stellen $m$ und $m + 1$ haben, der Rest der Bahn kann auf $f_{m-1} f_{n-1}$ Arten gefliest sein. Insgesamt erhalten wir folgende nützliche Identität:
Für $m, n \geq 0$ gilt

$$f_{m+n} = f_m f_n + f_{m-1} f_{n-1}$$

Zeit für ein neues Muster. Sehen wir mal, was passiert, wenn wir alle quadrierten Fibonacci-Zahlen addieren.

$$1^2 + 1^2 = 2 = 1 \times 2$$
$$1^2 + 1^2 + 2^2 = 6 = 2 \times 3$$
$$1^2 + 1^2 + 2^2 + 3^2 = 15 = 3 \times 5$$
$$1^2 + 1^2 + 2^2 + 3^2 + 5^2 = 40 = 5 \times 8$$
$$1^2 + 1^2 + 2^2 + 3^2 + 5^2 + 8^2 = 104 = 8 \times 13$$
$$\vdots$$

Wow, das ist so cool! Die Summe der Quadrate der Fibonacci-Zahlen ist das Produkt der letzten quadrierten Fibonacci-Zahl und der Fibonacci-Zahl, die als nächstes darauf folgen würde! Doch warum sollte sich die Summe der Quadrate von 1, 1, 2, 3, 5 und 8 zu 8 × 13 addieren? Dies lässt sich auf geometrische Weise veranschaulichen, indem man sechs Quadrate mit den Seitenlängen 1, 1, 2, 3, 5 und 8 nimmt und wie in der Zeichnung gezeigt arrangiert.

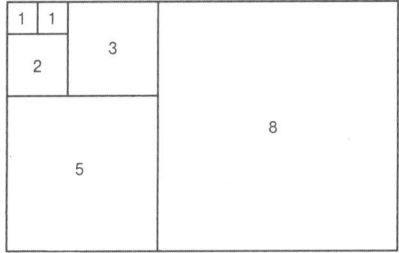

Beginnen Sie mit dem Einer-Quadrat und setzen Sie das zweite daneben. Dadurch entsteht ein Rechteck der Fläche 1 x 2. Unter dieses Rechteck setzen Sie das 2 x 2-Quadrat und erhalten ein Rechteck des Ausmaßes 3 x 2. Jetzt legen Sie das 3 x 3-Quadrat an die lange Seite des Rechtecks und erhalten ein Rechteck des Ausmaßes 3 x 5. Dann legen Sie das 5 x 5-Quadrat darunter und erhalten ein Rechteck des Ausmaßes 8 x 5. Zum Schluss legen Sie das 8 x 8-Quadrat an und erhalten ein riesiges Rechteck des Ausmaßes 8 x 13. Wir stehen nun vor einer ganz einfachen Aufgabe.

**Frage:** Was ist die Fläche dieses Rechtecks?

**Antwort 1:** Einerseits ergibt sie sich aus der Summe der kleineren Quadrate, sie muss also $1^2 + 1^2 + 2^2 + 3^2 + 5^2 + 8^2$ betragen.

**Antwort 2:** Andererseits haben wir ein großes Rechteck mit Höhe 8 und Breite 8 + 5 = 13, folglich muss die Fläche 8 × 13 sein.

Da beide Antworten stimmen, müssen auch die Flächen identisch sein. Wir haben also bewiesen, was wir oben behauptet haben. Wenn Sie sich noch einmal betrachten, wie das Rechteck konstruiert wurde, werden Sie sehen, dass es alle Beziehungen erklärt, die wir in diesem Muster gefunden haben (wie z. B. $1^2 + 1^2 + 2^2 + 3^2 + 5^2 = 5 \times 8$). Nach derselben Logik lassen sich auch Dreiecke der Ausmaße 13 × 21, 21 × 34 usw. bilden, das Muster setzt sich also unendlich fort. Die allgemeine Formel lautet

$$1^2 + 1^2 + 2^2 + 3^2 + 5^2 + 8^2 + \cdots + F_n^2 = F_n F_{n+1}$$

Betrachten wir nun, was passiert, wenn wir Fibonacci-Nachbarn miteinander multiplizieren. Die Nachbarn von 5 beispielsweise sind 3 und 8, und ihr Produkt ist 3 × 8 = 24, um 1 (vgl. S. 145) weniger als $5^2$. Die Nachbarn von 8 sind 5 und 13, ihr Produkt ist 5 × 13 = 65, nur um 1 (und vorher) mehr als $8^2$. Wenn wir nun die untenstehende Tabelle betrachten, drängt sich der Schluss auf, dass das Produkt der Fibonacci-Nachbarn immer nur 1 vom Quadrat der Fibonacci-Zahl selbst entfernt ist. Anders ausgedrückt:

$$F_n^2 - F_{n-1} F_{n+1} = \pm 1$$

| $n$ | 1 | 2 | 3 | 4 | 5 | 6 | 7 | 8 | 9 | 10 | 11 |
|---|---|---|---|---|---|---|---|---|---|---|---|
| $F_n$ | 1 | 1 | 2 | 3 | 5 | 8 | 13 | 21 | 34 | 55 | 89 |
| $F_n^2$ | 1 | 1 | 4 | 9 | 25 | 64 | 169 | 441 | 1156 | 3025 | 7921 |
| $F_{n-1}F_{n+1}$ | 0 | 2 | 3 | 10 | 24 | 65 | 168 | 442 | 1155 | 3026 | 7920 |
| $F_n^2 - F_{n-1}$ $F_{n+1}$ | 1 | -1 | 1 | -1 | 1 | -1 | 1 | -1 | 1 | -1 | 1 |

Das Produkt der Nachbarn einer Fibonacci-Zahl
ist immer 1 vom Quadrat der Fibonacci-Zahl entfernt.

Mithilfe einer Beweistechnik namens „Induktion", die wir im nächsten Kapitel kennen lernen werden, lässt sich zeigen, dass für $n \geq 1$

$$F_n^2 - F_{n-1}F_{n+1} = (-1)^{n+1}$$

Betrachten wir jetzt entferntere Nachbarn. Nehmen wir beispielsweise die Fibonacci-Zahl $F5 = 5$. Wir haben gesehen, dass das Produkt ihrer unmittelbaren Nachbarn, $3 \times 8 = 24$, nur 1 entfernt ist von $5^2$. Doch dasselbe passiert, wenn wir die Fibonacci-Zahlen miteinander multiplizieren, die zwei Positionen von 5 entfernt sind: $2 \times 13 = 26$, was wieder nur um 1 von $5^2$ abweicht. Und wie steht es mit den Nachbarn, die jeweils 3, 4 oder 5 Positionen entfernt liegen? Ihre Produkte sind $1 \times 21 = 21$, $1 \times 34 = 34$ und $0 \times 55 = 0$. Wie weit sind diese Zahlen von 25 entfernt? Sie liegen 4, 9 und 25 von 25 weg – lauter Quadrate ganzer Zahlen. Aber nicht *irgendwelcher* Zahlen – sondern die Quadrate von Fibonacci-Zahlen! Beim Betrachten der auf S. 146 folgenden Tabelle wird das noch deutlicher. Das allgemeine Muster ist:

$$F_n^2 - F_{n-r}F_{n+r} = \pm F_r^2$$

| $n$ | 1 | 2 | 3 | 4 | 5 | 6 | 7 | 8 | 9 | 10 | |
|---|---|---|---|---|---|---|---|---|---|---|---|
| $F_n$ | 1 | 1 | 2 | 3 | 5 | 8 | 13 | 21 | 34 | 55 | |
| $F_n^2$ | 1 | 1 | 4 | 9 | **25** | 64 | 169 | 441 | 1156 | 3025 | $\dfrac{F_n^2 - F_{n-r}}{F_{n+r}}$ |
| $F_{n-1}F_{n+1}$ | 0 | 2 | 3 | 10 | **24** | 65 | 168 | 442 | 1155 | 3026 | $\pm 1$ |
| $F_{n-2}F_{n+2}$ | | 0 | 5 | 8 | **26** | 63 | 170 | 440 | 1157 | 3024 | $\pm 1$ |
| $F_{n-3}F_{n+3}$ | | | 0 | 13 | **21** | 68 | 165 | 445 | 1152 | 3029 | $\pm 4$ |
| $F_{n-4}F_{n+4}$ | | | | 0 | **34** | 55 | 178 | 432 | 165 | 3016 | $\pm 9$ |
| $F_{n-5}F_{n+5}$ | | | | | **0** | 89 | 144 | 466 | 1131 | 3050 | $\pm 25$ |
| ... | | | | | ... | | | | | | ... |

Das Produkt entfernter Nachbarn von Fibonacci-Zahlen ist immer nah dem Quadrat der Zahl selbst. Die Differenz zwischen den beiden Werten ist immer das Quadrat einer Fibonacci-Zahl.

## Weitere Fibonacci-Muster

Im pascalschen Dreieck formen die geraden und die ungeraden Zahlen – wie gezeigt – ein erstaunlich komplexes Muster. Bei Fibonacci-Zahlen ist die Situation viel einfacher. Welche Fibonacci-Zahlen sind gerade?

1, 1, 2, 3, 5, 8, 13, 21, 34, 55, 89, 144 ...

Die geraden Zahlen sind $F_3 = 2$, $F_6 = 8$, $F_9 = 34$, $F_{12} = 144$ usw. (In diesem Abschnitt wechseln wir zurück zu den Fibonacci-Zahlen mit Großbuchstaben, da sie hübschere Muster bilden.) Die geraden Zahlen erscheinen an den Positionen 3, 6, 9, 12, was vermuten lässt, dass sie genau bei jedem dritten Term auftauchen. Das können wir beweisen, indem wir die Abfolge am Anfang des Musters betrachten:

ungerade, ungerade, gerade

die sich danach zwangsläufig wiederholt:

ungerade, ungerade, gerade, ungerade, ungerade, gerade, ungerade, ungerade, gerade ...

Denn nach jeder Abfolge „ungerade, ungerade, gerade" muss
die nächste Abfolge beginnen mit „ungerade + gerade = ungerade", danach „gerade + ungerade = ungerade", gefolgt von
„ungerade + ungerade = gerade" – das Muster setzt sich also
unendlich fort.

In der Sprache der Modulorechnung aus Kapitel 3 ist jede
gerade Zahl kongruent zu 0 (mod 2) und jede ungerade Zahl
kongruent zu 1 (mod 2) und $1 + 1 \equiv 0$ (mod 2). Folglich sieht
die mod 2-Version der Fibonacci-Zahlen so aus:

$$1, 1, 0, 1, 1, 0, 1, 1, 0, 1, 1, 0 \ldots$$

Wie sieht es mit Vielfachen von 3 aus? Die ersten Vielfachen
von 3 sind $F_4 = 3$, $F_8 = 21$, $F_{12} = 144$ – es liegt also die Vermutung nahe, dass jede vierte Fibonacci-Zahl ein Vielfaches von
3 ist. Das überprüfen wir, indem wir die Fibonacci-Zahlen auf
0, 1 oder 2 reduzieren und mit mod 3 rechnen, wo

$$1 + 2 \equiv 0 \text{ und } 2 + 2 \equiv 1 \text{ (mod 3)}$$

Die mod 3-Version der Fibonacci-Zahlen geht so:

$$1, 1, 2, 0, 2, 2, 1, 0, 1, 1, 2, 0, 2, 2, 1, 0, \qquad 1, 1 \ldots$$

Nach acht Termen gelangen wir wieder an den Anfang mit 1
und 1, das Muster wiederholt sich also in Blöcken der Länge 8,
mit einer 0 alle vier Positionen. Jede vierte Fibonacci-Zahl ist
also ein Vielfaches von 3 und umgekehrt. Rechnet man mit
mod 5 oder 8 oder 13, stellt sich heraus:

*Jede fünfte Fibonacci-Zahl ist ein Vielfaches von 5.*
*Jede sechste Fibonacci-Zahl ist ein Vielfaches von 8.*
*Jede siebte Fibonacci-Zahl ist ein Vielfaches von 13.*

Und das Muster setzt sich fort.

Wie sieht es mit *aufeinanderfolgenden* Fibonacci-Zahlen aus? Haben die irgendetwas gemeinsam? Interessanterweise können wir zeigen, dass sie in gewissem Sinn *nichts* gemeinsam haben. Wir sagen, dass Paare von aufeinanderfolgenden Fibonacci-Zahlen

$(1, 1), (1, 2), (2, 3), (3, 5), (5, 8), (8, 13), (13, 21), (21, 34), ...$

*relativ prim* zueinander sind – es gibt also keine Zahl größer 1, durch die sich beide Zahlen glatt teilen lassen. Betrachten wir beispielsweise das letzte Paar, sehen wir, dass 21 durch 1, 3, 7 und 21 teilbar ist, 34 aber durch 1, 2, 17 und 34. Folglich haben 21 und 34 außer 1 keinen gemeinsamen Teiler. Wie können wir sicher sein, dass sich dieses Muster unendlich fortsetzt? Woher wissen wir, dass das nächste Paar (34, 55) relativ prim zueinander sein muss? Das können wir beweisen, ohne die Teiler von 55 ermitteln zu müssen. Nehmen wir für die Beweisführung umgekehrt an, es gebe eine Zahl $d > 1$, die ein Teiler von 34 und auch von 55 ist. Doch dann müsste sie auch ein Teiler ihrer Differenz $55 - 34 = 21$ sein (denn wenn 55 und 34 Vielfache von $d$ sind, dann muss ihre Differenz auch eines sein). Dies ist aber unmöglich, da wir bereits wissen, dass es keine Zahl $d > 1$ gibt, durch die sich sowohl 21 als auch 34 glatt teilen lassen. Da sich diese Argumentation unendlich fortsetzen lässt, wissen wir, dass alle aufeinanderfolgenden Paare von Fibonacci-Zahlen relativ prim zueinander sein *müssen*.

Und jetzt kommen wir zu meinem liebsten Fibonacci-Fakt! Doch zunächst eine kurze Erklärung: Der *größte gemeinsame Teiler* von zwei Zahlen ist die größte Zahl, durch die sich beide Zahlen glatt teilen lassen. Beispielsweise ist der größte gemeinsame Teiler von 20 und 90 die 10, Notation ggT(20, 90) = 10.

Was glauben Sie ist der größte gemeinsame Teiler der 20. Fibonacci-Zahl und der 90. Fibonacci-Zahl? Die Antwort ist reine Poesie: 55 – wieder eine Fibonacci-Zahl, und zwar die zehnte! Formal ausgedrückt

$$\mathrm{ggT}(F_{20}, F_{90}) = F_{10}$$

Und allgemein gilt für die ganzen Zahlen $m$ und $n$,

$$\mathrm{ggT}(F_m, F_n) = F_{\mathrm{ggT}(m,n)}$$

Mit anderen Worten: „Das ggT der Fs ist das F des ggT"! Wir werden diese wunderschöne Tatsache hier nicht beweisen, aber ich konnte mir nicht verkneifen, sie Ihnen hier zu präsentieren.

Manchmal können Muster täuschen. Ein Beispiel: Welche Fibonacci-Zahlen sind Primzahlen? (Wie wir im nächsten Kapitel erläutern werden, ist eine Primzahl eine Zahl größer 1, die sich nur durch 1 und sich selbst glatt teilen lässt.) Zahlen größer 1, die nicht prim sind, heißen *zusammengesetzte* Zahlen, weil sie sich aus einem Produkt kleinerer Zahlen zusammensetzen lassen. Die ersten Primzahlen lauten

$$2, 3, 5, 7, 11, 13, 17, 19 \ldots$$

Betrachten Sie nun die Fibonacci-Zahlen an Prim-Positionen:

$$F_2 = 1, F_3 = 2, F_5 = 5, F_7 = 13, F_{11} = 89, F_{13} = 233, F_{17} = 1.597$$

Die Zahlen 2, 5, 13, 89, 233 und 1.597 sind prim. Das Muster legt den Schluss nahe, dass wenn $p > 2$ prim ist, dann auch $Fp$ prim ist. Doch schon bei der nächsten Fibonacci-Zahl auf einer Prim-Position, $F_{19} = 4.181$, geht das Muster kaputt, da $4.181 = 37 \times 113$. Allerdings stimmt es tatsächlich, dass jede prime Fibonacci-Zahl größer als 3 an einer Prim-Position auftritt. Das folgt aus unserem früheren Muster. $F_{14}$ muss zusammengesetzt sein, weil jede 7. Fibonacci-Zahl ein Vielfaches von $F_7 = 13$ ist (und wirklich: $F_{14} = 377 = 13 \times 29$).

Tatsächlich kommen prime Fibonacci-Zahlen sehr selten vor. Bei Drucklegung dieses Buchs gab es nur 33 bestätigte Fälle, von denen die größte Zahl $F_8 1839$ ist. In der Mathematik ist die Frage noch offen, ob es unendlich viele prime Fibonacci-Zahlen gibt oder nicht. Prima ist auf jeden Fall folgender Zaubertrick mit Fibonacci-Zahlen:

| Zeile 1: | 3 |
|---|---|
| Zeile 2: | 7 |
| Zeile 3: | 10 |
| Zeile 4: | 17 |
| Zeile 5: | 27 |
| Zeile 6: | 44 |
| Zeile 7: | 71 |
| Zeile 8: | 115 |
| Zeile 9: | 186 |
| Zeile 10: | 301 |

Ein Fibonacci-Zaubertrick: Beginnen Sie mit beliebigen positiven Zahlen in Zeile 1 und 2. Füllen Sie den Rest der Tabelle auf Fibonacci-Art aus (3 + 7 = 10, 7 + 10 = 17 usw.), dann teilen Sie Zeile 10 durch Zeile 9. Das Ergebnis beginnt garantiert mit 1,61.

Schreiben Sie in die ersten beiden Zeilen der Tabelle beliebige Zahlen zwischen 1 und 10. Zählen Sie die Zahlen zusammen und schreiben Sie das Ergebnis in Zeile 3. Addieren Sie jetzt die Zahlen in Zeile 2 und 3 und schreiben Sie das Ergebnis in Zeile 4. Füllen Sie die Tabelle weiter nach Fibonacci-Art aus (Zeile 3 + Zeile 4 = Zeile 5, Zeile 4 + Zeile 5 = Zeile 6 usw.), bis Zeile 10. Teilen Sie nun die Zahl in Zeile 10 durch die Zahl in Zeile 9 und lesen Sie die ersten drei Stellen vor, samt Komma. In unserem Beispiel bekommen wir $301/186 = 1{,}618279...$, die ersten drei Stellen lauten also 1,61. Ob Sie es glauben oder nicht: Egal, mit welchen positiven Zahlen man in den Zeilen 1 und 2 beginnt (es müssen nicht mal ganze Zahlen sein, und sie dürfen auch größer sein als 10), kommt bei der Division von Zeile 10 durch Zeile 9 immer 1,61 heraus.

Um zu verstehen, warum dieser Trick funktioniert, setzen wir für die Zahlen in Zeile 1 und 2 jetzt $x$ und $y$ ein. Dann ist Zeile 3 nach den Fibonacci-Regeln $x + y$, Zeile 4 ist $y + (x + y) = x + 2y$ usw., siehe die folgende Tabelle.

| Zeile 1: | $x$ |
|---|---|
| Zeile 2: | $y$ |
| Zeile 3: | $x + y$ |
| Zeile 4: | $x + 2y$ |
| Zeile 5: | $2x + 3y$ |
| Zeile 6: | $3x + 5y$ |
| Zeile 7: | $5x + 8y$ |
| Zeile 8: | $8x + 13y$ |
| Zeile 9: | $13x + 21y$ |
| Zeile 10: | $21x + 34y$ |

Für unseren Zaubertrick interessiert uns das Verhältnis der Zeilen 10 zu 9:

$$\frac{\text{Zeile } 10}{\text{Zeile } 9} = \frac{21x + 34y}{13x + 21y}$$

Doch warum sollte dieser Bruch immer einen Wert von 1,61...
haben? Für die Antwort zählen wir die Brüche *falsch* zusammen. Angenommen, Sie haben zwei Brüche *a/b* und *c/d*, wobei
*b* und *d* positiv sind. Was passiert, wenn man jeweils die Zähler
und die Nenner addiert? Ob Sie es glauben oder nicht: Die resultierende Zahl wird vom Wert immer zwischen den beiden
Ausgangsbrüchen liegen. Für alle Brüche *a/b* < *c/d*, mit *b* und
*d* größer 0 gilt

$$\frac{a}{b} < \frac{a+c}{b+d} < \frac{c}{d}$$

Beginnen wir beispielsweise mit den Brüchen 1/3 und 1/2. Die
resultierende Zahl ist 2/5 und liegt tatsächlich dazwischen: 1/3
< 2/5 < 1/2.

**Nebenbemerkung**
Warum liegt das Ergebnis zwischen den Ausgangsbrü-
chen? Wenn wir von den Brüchen $\frac{a}{b} < \frac{c}{d}$ mit *b* und *d*
größer 0 ausgehen, dann muss gelten *ad* < *bc*. Addiert
man auf beiden Seiten *ab*, bekommt man *ab* + *ad* < *ab* +
*bc* oder – gleichbedeutend – *a/b* < *a+c/b+d*, was impli-
ziert $\frac{a}{b} < \frac{a+c}{b+d}$. Analog lässt sich zeigen, dass $\frac{a+c}{b+d} < \frac{c}{d}$.

Beachten Sie nun, dass für *x, y* > 0 gilt:

$$\frac{21x}{13x} = \frac{21}{13} = 1{,}615\ ...$$

$$\frac{34y}{21y} = \frac{34}{21} = 1{,}619\ ...$$

Das Ergebnis muss also dazwischen liegen. Anders formuliert

$$1{,}615\ ...\ . = \frac{21}{13} = \frac{21x}{13x} < \frac{21x + 34y}{13x + 21y} < \frac{34y}{21y} = \frac{34}{21} = 1{,}619\ ...$$

Folglich muss das Verhältnis von Zeile 10 zu Zeile 9 mit 1,61...
beginnen, wie wir prophezeit hatten!

Was bedeutet die Zahl 1,61? Würde man die obige Tabelle immer weiter verlängern, würde sich das Verhältnis der beiden
letzten Zeilen immer mehr dem Goldenen Schnitt annähern:

$$g = \frac{1 + \sqrt{5}}{2} = 1,61803...$$

(Mathematiker verwenden für diese Zahl meist den griechischen
Buchstaben $\varphi$, ausgesprochen „phi", wie in „Fi-bonacci".)

Doch aus der Definition der Fibonacci-Zahlen, $F_{n+1} = F_n + F_{n-1}$, folgt:

$$\frac{F_{n+1}}{F_n} = \frac{F_n + F_{n-1}}{F_n} = 1 + \frac{F_{n-1}}{F_n}$$

Je größer $n$ wird, desto weiter nähert sich die linke Seite $r$ und die rechte Seite $1 + \frac{1}{r}$ an. Folglich ist

$$r = 1 + \frac{1}{r}$$

Multiplizieren wir beide Seiten der Gleichung mit $r$, erhalten wir

$$r^2 = r + 1$$

Anders ausgedrückt: $r^2 - r - 1 = 0$. Und aus der Lösungsformel für quadratische Gleichungen wissen wir, dass die einzige positive Lösung lautet: $r = \frac{1 + \sqrt{5}}{2}$, und das ist $g$.

Eine hochinteressante Formel für die $n$-te Fibonacci-Zahl, *Formel von Binet* genannt, arbeitet mit $g$. Ihr zufolge gilt

$$F_n = \frac{1}{\sqrt{5}} \left[ \left( \frac{1 + \sqrt{5}}{2} \right)^n - \left( \frac{1 - \sqrt{5}}{2} \right)^n \right]$$

Ich finde es verblüffend und amüsant, dass diese Formel mit all ihren $\sqrt{5}$-Termen am Ende ganze Zahlen ausspuckt! Wir können die Formel von Binet ein wenig vereinfachen, da

$$\frac{1 - \sqrt{5}}{2} = -0{,}61803...$$

zwischen $-1$ und $0$ liegt und sich immer stärker an $0$ annähert, je höhere Potenzen wir verwenden. Tatsächlich lässt sich zeigen, dass man für alle $n \geq 0$ $F_n$ berechnen kann, indem man $g^n/\sqrt{5}$ rechnet und auf die nächste ganze Zahl rundet. Schnappen Sie sich Ihren Taschenrechner und probieren Sie's aus! Nimmt man für $g$ den Näherungswert 1,618 und erhebt das zur 10. Potenz, erhält man 122,966..., was verdächtig nahe an 123 liegt. Diese Zahl teilt man dann durch $\sqrt{5} \approx 2,236$ und erhält 54,992. Nach Rundung ergibt sich, dass $F_{10} = 55$, was wir bereits wussten. Nehmen wir $g^{20}$, bekommen wir 15126,99993, und wenn wir das durch $\sqrt{5}$ teilen, erhalten wir 6765,00003 oder $F_{20} = 6765$. Ermitteln wir mit dem Taschenrechner $g^{100}/\sqrt{5}$, erfahren wir, dass $F_{100}$ etwa $3,54 \times 10^{20}$ ist.

Bei den Berechnungen, die wir gerade angestellt haben, fiel auf, dass $g^{10}$ und $g^{20}$ praktisch ganze Zahlen waren. Was geschieht hier? Betrachten Sie die *Lucas-Folge* (französisch ausgesprochen: „Lü-kah")

$$1, 3, 4, 7, 11, 18, 29, 47, 76, 123, 199, 322, 521 \ldots$$

die nach dem französischen Mathematiker Edouard Lucas (1842–1891) benannt ist. Lucas entdeckte viele schöne Eigenschaften dieser Zahlenfolge und der Fibonacci-Zahlen, darunter auch die bereits erwähnte Eigenschaft mit dem größten gemeinsamen Teiler. Tatsächlich war Lucas der Erste, der die Folge 1, 1, 2, 3, 5, 8... *Fibonacci-Folge* nannte. Die Lucas-Zahlen erfüllen ihre eigene (vereinfachte) Version der Formel von Binet, nämlich

$$L_n = \left( \frac{1 + \sqrt{5}}{2} \right)^n + \left( \frac{1 - \sqrt{5}}{2} \right)^n$$

Anders formuliert ist für $n \geq 1$, $Ln$ die am nächsten bei $g^n$ gelegene ganze Zahl (Das passt auch zum bisher Gesagten, da $g^{10} \approx 123 = L10$.) Aus der folgenden Tabelle können wir weitere Verbindungen zwischen Fibonacci- und Lucas-Zahlen ablesen.

| $n$ | 1 | 2 | 3 | 4 | 5 | 6 | 7 | 8 | 9 | 10 |
|---|---|---|---|---|---|---|---|---|---|---|
| $F_n$ | 1 | 1 | 2 | 3 | 5 | 8 | 13 | 21 | 34 | 55 |
| $L_n$ | 1 | 3 | 4 | 7 | 11 | 18 | 29 | 47 | 76 | 123 |
| $F_{n-1} + F_{n+1}$ | 3 | 4 | 7 | 11 | 18 | 29 | 47 | 76 | 123 | |
| $L_{n-1} + L_{n+1}$ | 5 | 10 | 15 | 25 | 40 | 65 | 105 | 170 | 275 | |
| $F_n L_n$ | | 1 | 3 | 8 | 21 | 55 | 144 | 377 | 987 | 2584 6765 |

Fibonacci-Zahlen, Lucas-Zahlen und einige ihrer Interaktionen

Einige der Muster springen sofort ins Auge. Wenn wir beispielsweise Fibonacci-Nachbarn zusammenzählen, erhalten wir Lucas-Zahlen:

$$F_{n-1} + F_{n+1} = L_n$$

Und wenn wir Lucas-Nachbarn addieren, erhalten wir das Fünffache der entsprechenden Fibonacci-Zahl:

$$L_{n-1} + L_{n+1} = 5F_n$$

Multiplizieren wir zusammengehörige Fibonacci- und Lucas-Zahlen, erhalten wir wieder eine Fibonacci-Zahl:

$$F_n L_n = F_{2n}$$

**Nebenbemerkung**
Lassen Sie uns diesen letzten Zusammenhang mithilfe der Formeln von Binet und ein wenig Algebra beweisen. Dafür nutzen wir den Umstand, dass $(x - y)(x + y) = x^2 - y^2$. Definiert man $h = (1-\sqrt{5})/2$, lassen sich die Formeln von Binet für Fibonacci- und Lucas-Zahlen so darstellen:

$$F_n = \frac{1}{\sqrt{5}}(g^n - h^n) \text{ und } L_n = g^n + h^n$$

Multiplizieren wir diese Ausdrücke miteinander, erhalten wir:

$$F_n L_n = \frac{1}{\sqrt{5}}(g^n - h^n)(g^n + h^n) = \frac{1}{\sqrt{5}}\left(g^{2n} - h^{2n}\right) = F_{2n}$$

Woher kommt nun der Ausdruck „Goldener Schnitt"? Von dem goldenen Rechteck unten, hierbei ist das Verhältnis der langen zur kurzen Seite genau gleich $g$ = 1,61803...

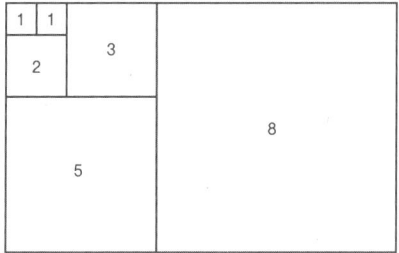

Das goldene Rechteck bildet ein kleineres Rechteck
mit ebenfalls goldenen Proportionen.

Wenn wir der kurzen Seite die Länge 1 geben und ein Quadrat der Kantenlänge 1 vom Rechteck wegnehmen, hat das verbleibende Rechteck die Dimensionen 1 x ($g$ − 1), und das Verhältnis der langen Seite zur kurzen beträgt:

$$\frac{1}{g-1} = \frac{1}{0,61803...} = 1,61803... = g$$

Das kleinere Rechteck hat also dieselben Proportionen wie das Original-Rechteck. Übrigens ist $g$ die einzige Zahl mit dieser hübschen Eigenschaft, da aus der Gleichung $1/g -1 = g$ folgt, dass $g^2 - g - 1 = 0$, was nach der Lösungsformel für quadratische Gleichungen nur von einer positiven Zahl erfüllt wird: $(1 +\sqrt{5})/2 = g$.

Aufgrund dieser Eigenschaft gilt das goldene Rechteck manchen als das ästhetisch ansprechendste Rechteck, und viele Künstler, Architekten und Fotografen haben den Goldenen Schnitt in ihrer Arbeit bewusst eingesetzt. Luca Pacioli, ein langjähriger Freund und Mitarbeiter Leonardo da Vincis, nannte ihn „göttliche Teilung".

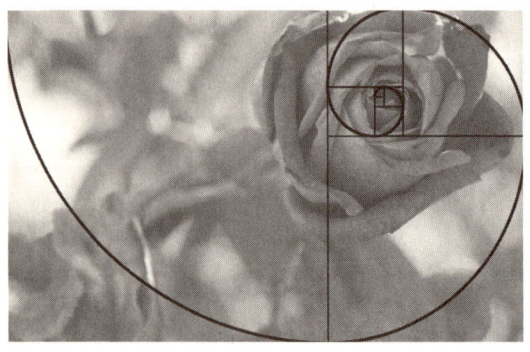

Die Fibonacci-Zahlen und der Goldene Schnitt haben Künstler, Architekten und Fotografen inspiriert.

Da der Goldene Schnitt so viele wunderbare mathematische Eigenschaften hat, glauben manche Leute ihn sogar an Stellen zu erkennen, wo er nicht vorhanden ist. So behauptet der Autor Dan Brown in seinem Thriller *Sakrileg*, dass die Zahl 1,618 überall in Erscheinung trete und der menschliche Körper quasi ein Testament dieser Zahl sei. Angeblich soll etwa das Verhältnis von Körpergröße zur Höhe des Bauchnabels bei allen Menschen 1,618 sein. Ich selbst habe das jetzt nicht nachgemessen, aber dem Fachartikel „Misconceptions About the Golden Ratio" zufolge, den George Markowski im *College Mathematics Journal* veröffentlicht hat, stimmt diese Aussage schlicht nicht. Doch manche Menschen nehmen in jedem Fall, wo eine Zahl nahe bei 1,6 liegt, sofort an, dass ein Goldener Schnitt dahinterstecke.

Viele der Zahlenmuster, die sich aus der Fibonacci-Folge ergeben, sind für mich Poesie in Bewegung. Hier ein Beispiel, wo Fibonacci-Zahlen tatsächlich in der Poesie vorkommen. Die meisten Limericks haben folgende metrische Form:

| Limerick | Di | Dum | Silben |
|---|---|---|---|
| di-dum di-di-dum di-di-dum | 5 | 3 | 8 |
| di-dum di-di-dum di-di-dum | 5 | 3 | 8 |
| di-dum di-di-dum | 3 | 2 | 5 |
| di-dum di-di-dum | 3 | 2 | 5 |
| di-dum di-di-dum di-di-dum | 5 | 3 | 8 |
| **Summe** | **21** | **13** | **34** |

Die Poesie der Fibonacci-Zahlen

Zählt man die Silben pro Zeile, sieht man überall Fibonacci-Zahlen! Davon inspiriert beschloss ich, einen eigenen Fibonacci-Limerick zu schreiben:

*I think Fibonacci is fun.*
*It starts with a 1 und a 1.*
*Then 2, 3, 5, 8.*
*But don't stop there, mate.*
*The fun has just barely begun!*

Ich find', Fibonacci macht Spaß.
Es geht mit 1 und 1 los,
Dann 2, 3, 5, 8.
Doch hör dort nicht auf, (Kumpel,)
Der Spaß geht gerade erst los!

# Kapitel sechs

$1 + 2 + 3 = 1 \times 2 \times 3 = 6$

# Die Magie der Beweise

## Der Wert von Beweisen

An der Mathematik gefällt mir besonders gut, dass man Dinge beweisen kann, und zwar absolut sicher, ohne den Schatten eines Zweifels. Darin unterscheidet sich die Mathematik von allen anderen Naturwissenschaften, wo wir bestimmte Gesetze hinnehmen, weil sie der Welt da draußen entsprechen. Aber diese Gesetze müssen angepasst oder gar verworfen werden, wenn Hinweise auftauchen, die gegen sie sprechen. In der Mathematik hingegen bleibt eine Tatsache für immer wahr, wenn sie einmal bewiesen wurde. Beispielsweise hat Euklid vor über zweitausend Jahren bewiesen, dass es unendlich viele Primzahlen gibt – und es gibt absolut nichts, was die Wahrheit dieser Aussage jemals widerlegen könnte. Wie der große Mathematiker G. H. Hardy einmal sagte: „Ein Mathematiker kreiert Muster – wie ein Maler oder Dichter. Wenn seine Muster dauerhafter sind, liegt das daran, dass sie aus Ideen gefertigt sind." Meiner Ansicht nach erwirbt man sich am leichtesten akademische Unsterblichkeit, indem man den ersten Beweis für ein mathematisches Theorem vorlegt. Doch die Mathematik kann nicht nur Dinge mit absoluter Gewissheit beweisen, sondern auch beweisen, dass manche Dinge *unmöglich* sind. Manchmal sagen die Leute: „Man kann ein Negativum nicht beweisen", womit wohl gemeint ist, dass man nicht beweisen kann, dass es keine lila Kühe gibt. Schließlich könnte irgendwann einmal eine auftauchen. Aber in der Mathematik kann man Negatives sehr wohl beweisen. Beispielsweise werden Sie nie, egal, wie sehr Sie sich auch abmühen, zwei gerade Zahlen finden, die sich zu einer ungeraden Zahl addieren. Ebenso wenig werden Sie die größte Primzahl aufspüren. Beweise können bei der ersten (und zweiten und dritten) Begegnung etwas abschreckend wirken, und man muss sie erst zu schätzen lernen. Aber wenn Sie erst mal den Bogen raus haben, kann es durchaus Spaß machen, Beweise zu lesen oder gar selbst zu schreiben. Ein guter Beweis ist wie ein pointiert erzählter Witz oder eine unterhaltsame Geschichte – er vermittelt ein Gefühl der Befriedigung.

Ich erinnere mich noch, wie ich als Kind zum ersten Mal bewies, dass etwas unmöglich ist. Damals liebte ich Spiele und Rätsel. Eines Tages stellte mir ein Freund eine interessante Aufgabe. Er zeigte mir ein leeres Schachbrett mit 8 auf 8 Feldern und holte 32 normale Dominosteine hervor, die doppelt so lang wie breit waren. Er fragte: „Schaffst du es, alle Felder des Schachbretts mit den Dominosteinen zu bedecken?" „Klar", antwortete ich. „Man muss nur 4 Dominosteine nebeneinander in eine Reihe legen."

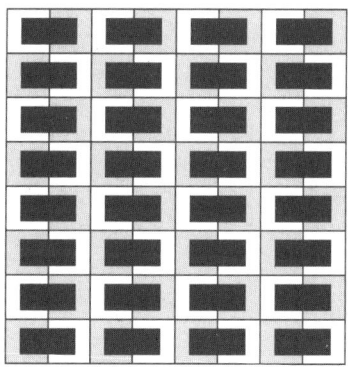

Ein normales Schachbrett mit Dominosteinen bedecken

„Sehr gut", lobte er. „Und jetzt nehme ich die zwei Ecken oben links und unten rechts weg. Kannst du die verbleibenden 62 Felder mit 31 Dominosteinen bedecken?" Er legte je eine Münze in die beiden Ecken, sodass sie belegt waren.

Kann man das Schachbrett mit Dominosteinen belegen,
wenn zwei gegenüberliegende Ecken entfernt werden?

„Vielleicht", sagte ich. Doch wie sehr ich mich auch bemühte, ich schaffte es nicht. Allmählich schwante mir, dass die Aufgabe unmöglich zu lösen war. „Du glaubst, es ist unmöglich? Aber kannst du es auch *beweisen*?" fragte mein Freund. Doch wie konnte ich beweisen, dass es unmöglich war, ohne vorher Zillionen Möglichkeiten erfolglos durchzugehen? Dann riet er mir: „Schau dir die Farben auf dem Schachbrett an."

Die Farben? Was hatten die damit zu tun? Doch dann sah ich es: Da die zwei belegten Ecken beide weiß waren, bestand der Rest aus 32 schwarzen und nur 30 weißen Feldern. Da jeder Dominostein aber notwendigerweise ein weißes und ein schwarzes Feld bedeckt, kann man mit 31 Dominosteinen unmöglich das Brett bedecken. Cool!

## Nebenbemerkung

Wenn Ihnen der obige Beweis gefallen hat, werden Sie den hier auch mögen. Im Videospiel *Tetris* gibt es sieben Arten von Teilen, die manchmal mit den Kürzeln I, J, L, O, Z, T und S bezeichnet werden.

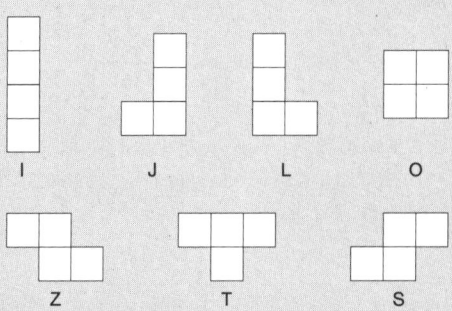

Lassen sich diese 7 Teile zu einem Rechteck
der Größe 4 x 7 zusammensetzen?

Jedes Teil besteht aus genau 4 Quadraten, es liegt also nahe, sich zu fragen, ob sie sich so anordnen lassen, dass sie ein Rechteck der Größe 4 x 7 bilden, wobei es erlaubt ist, die Stücke zu drehen. Wie sich herausstellt, ist das unmöglich. Aber wie beweist man, dass es unmöglich ist? Färben Sie die Felder des Rechtecks wie abgebildet abwechselnd weiß und schwarz.

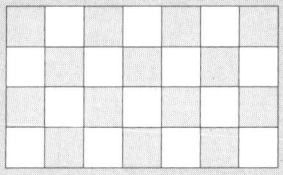

Sehen Sie, dass jedes Stück (außer dem T-Stück) notwendigerweise zwei weiße und zwei schwarze Felder bedeckt, egal, wie es liegt? Das T-Stück hingegen bedeckt drei Quadrate einer Farbe und nur eines der anderen. Folglich bedecken die 6 anderen Stücke, egal, wo sie liegen, 12 weiße und 12 schwarze Felder, womit für das T-Stück 2 weiße und 2 schwarze Felder übrig bleiben, die es aber (s.o.) unmöglich bedecken kann.

Wenn wir nun eine mathematische Aussage haben, die wir für wahr halten, wie beweisen wir sie? Normalerweise beschreiben wir als Erstes die mathematischen Objekte, mit denen wir arbeiten, zum Beispiel die *ganzen* Zahlen

$$... , -2, -1, 0, 1, 2, 3, ...$$

zu denen alle natürlichen Zahlen samt der Null und alle negativen ganzen Zahlen gehören. Wenn wir unsere Objekte beschrieben haben, stellen wir Annahmen zu ihnen auf, die wir für offenkundig richtig halten, etwa: „Die Summe oder das Produkt zweier ganzer Zahlen ist wiederum eine ganze Zahl". (Im folgenden Kapitel über Geometrie treffen wir Annahmen wie: „Für beliebige zwei Punkte gibt es eine Gerade, die durch beide Punkte führt". Diese offenkundig richtigen Aussagen nennen wir *Axiome*. Von diesen Axiomen ausgehend, gelangen wir mit ein bisschen Logik und Algebra zu weiteren wahren Aussagen (*Theoreme* genannt), die oft alles andere als offenkundig sind. In diesem Kapitel stelle ich Ihnen das Handwerkszeug für den Beweis mathematischer Aussagen vor.

Beginnen wir mit dem Beweis einiger leicht zu glaubender Theoreme. Wenn wir zum ersten Mal Aussagen wie: „Die Summe zweier gerader Zahlen ist gerade" oder: „Das Produkt zweier ungerader Zahlen ist ungerade" hören, überprüfen wir das normalerweise im Kopf anhand von ein paar Beispielen. Das Gehirn kommt danach zu dem Schluss, dass die Aussage wahr ist oder Sinn ergibt. Vielleicht denken Sie sogar, dass die Aussage so offenkundig wahr ist, dass wir sie zum Axiom erheben könnten. Aber das müssen wir gar nicht, denn wir können mithilfe der Axiome, die wir schon haben, beweisen, dass die Aussage stimmt. Doch vorher brauchen wir noch eine Begriffsklärung.

Eine *gerade Zahl* ist ein Vielfaches von 2. Algebraisch ausgedrückt: $n$ ist gerade, wenn $n = 2k$ wobei $k$ eine ganze Zahl ist. Ist 0 eine gerade Zahl? Ja, denn $0 = 2 \times 0$. Jetzt sind wir bereit für den Beweis, dass die Summe zweier gerader Zahlen gerade ist.

**Theorem:** Wenn $m$ und $n$ gerade Zahlen sind, dann ist $m + n$ eine gerade Zahl.

Das ist ein Beispiel eines „Wenn-Dann"-Theorems. Um eine solche Aussage zu beweisen, nehmen wir den Wenn-Teil üblicherweise als gegeben hin und versuchen dann mit einer Mischung aus Logik und Algebra zu zeigen, dass der Dann-Teil aus unseren Annahmen folgt. Hier nehmen wir an, dass $m$ und $n$ gerade sind und wollen zeigen, dass $m + n$ ebenfalls gerade ist.

**Beweis:** $m$ und $n$ seien gerade Zahlen. Dann gilt $m = 2j$ und $n = 2k$, wobei $j$ und $k$ ganze Zahlen sind. Daraus folgt

$$m + n = 2j + 2k = 2(j + k)$$

Da $j + k$ eine ganze Zahl ist, ist $m + n$ auch ein Vielfaches von 2, folglich muss $m + n$ gerade sein.

Beachten Sie, dass der Beweis auf dem Axiom beruhte, dass die Summe zweier ganzer Zahlen (hier $j + k$) ebenfalls eine ganze Zahl sein muss. Beim Beweis komplizierterer Aussagen stützt man sich in der Regel öfter auf vorher bewiesene Theoreme als auf grundlegende Axiome. Ans Ende eines Beweises machen Mathematiker gerne Zeichen wie ■ oder □, oder sie schreiben q. e. d. rechts hinter die letzte Zeile des Beweises. Q. e. d. ist die Abkürzung des lateinischen Ausdrucks *quod erat demonstrandum*, übersetzt: „was zu beweisen war". Wenn ich einen Beweis für besonders elegant halte, mache ich dahinter gern ein Smiley wie ☺.

Nach dem Beweis eines Wenn-Dann-Theorems fragen sich Mathematiker unwillkürlich, ob die *umgekehrte* Aussage (mit vertauschten „wenn" und „dann") ebenfalls stimmt. Hier wäre die umgekehrte Aussage „Wenn $m + n$ eine gerade Zahl ist, dann müssen $m$ und $n$ gerade Zahlen sein." Man sieht sofort, dass diese Aussage falsch ist; man braucht einfach nur ein *Gegenbeispiel*. In diesem Fall ist das Gegenbeispiel buchstäblich so einfach wie

$$1 + 1 = 2$$

Denn es zeigt, dass man auch eine gerade Zahl herausbekommen kann, auch wenn beide Terme der Summe ungerade sind.

Unser nächstes Theorem behandelt *ungerade Zahlen*. Eine ungerade Zahl ist eine Zahl, die kein Vielfaches von 2 ist. Folglich bleibt immer ein Rest 1, wenn man eine ungerade Zahl durch 2 teilt. Algebraisch ausgedrückt ist $n$ ungerade, wenn $n = 2k + 1$, wobei $k$ eine ganze Zahl ist. Damit können wir schon mit einfacher Algebra beweisen, dass das Produkt ungerader Zahlen ungerade ist.

**Theorem:** Wenn $m$ und $n$ ungerade sind, dann ist $mn$ ungerade.

**Beweis:** Angenommen, $m$ und $n$ seien ungerade. Dann gilt $m = 2j + 1$ und $n = 2k + 1$, wobei $j$ und $k$ ganze Zahlen sind. Multiplizieren wir das aus, bekommen wir

$$mn = (2j + 1)(2k + 1) = 4jk + 2j + 2k + 1 = 2(2jk + j + k) + 1$$

und da $2jk + j + k$ *eine ganze Zahl ist*, hat $mn$ die Form „das Doppelte einer ganzen Zahl + 1". Folglich ist $mn$ ungerade. □

Wie steht es mit der Umkehrung: „Wenn $mn$ ungerade ist, dann sind $m$ und $n$ ungerade"? Diese Aussage stimmt ebenfalls, was wir durch einen *Widerspruchsbeweis* belegen können. Beim Widerspruchsbeweis zeigen wir, dass es in einen nicht aufzulösenden Widerspruch führt, wenn man vom Gegenteil dessen ausgeht, was man beweisen will.

**Theorem:** Wenn $mn$ ungerade ist, dann sind $m$ und $n$ ungerade.

**Beweis:** Nehmen wir umgekehrt an, dass $m$ oder $n$ (oder beide) gerade sind. Es spielt keine Rolle, welche Zahl gerade ist, sagen wir also einfach, dass $m$ gerade ist und deshalb $m = 2j$, wobei $j$ eine ganze Zahl ist. Dann ist das Produkt $mn = 2jn$ ebenfalls gerade, was unserer ursprünglichen Annahme widerspricht, dass $mn$ ungerade ist. □

Wenn eine Aussage und ihre Umkehrung stimmen, schreiben Mathematiker gern gdw.: „genau dann, wenn". Wir haben gerade folgendes Theorem bewiesen:

**Theorem:** $m$ und $n$ sind genau dann ungerade, wenn $mn$ ungerade ist.

## Rationale und irrationale Zahlen

Die soeben dargestellten Theoreme waren vielleicht nicht besonders überraschend, und ihre Beweise waren einfach. Der Spaß fängt richtig an, wenn wir weniger intuitive Theoreme beweisen. Bisher hatten wir es vorwiegend mit ganzen Zahlen zu tun, doch nun ist es an der Zeit, uns zu rationalen Zahlen hochzuarbeiten. *Rationale Zahlen sind solche, die sich als Bruch darstellen lassen.* Genauer: Wir bezeichnen $r$ als rational, wenn $r = a/b$, wobei $a$ und $b$ ganze Zahlen sind (mit $b \neq 0$). Zu den rationalen Zahlen gehören beispielsweise $23/58$, $-22/7$, und 42 (was $42/1$ entspricht). Zahlen, die nicht rational sind, nennt man *irrational*. (Vielleicht haben Sie schon gehört, dass die Zahl $\pi = 3{,}14159...$ irrational ist; mehr dazu in Kapitel 8).

Für das nächste Theorem könnte es hilfreich sein, sich noch einmal in Erinnerung zu rufen, wie man Brüche addiert. Am leichtesten ist das, wenn sie einen gemeinsamen Nenner haben, etwa:

$$\frac{1}{5} + \frac{2}{5} = \frac{3}{5}, \quad \frac{3}{4} + \frac{1}{4} = \frac{4}{4} = 1, \quad \frac{5}{8} + \frac{7}{8} = \frac{12}{8} = 1{.}5$$

Ansonsten erweitern wir Brüche so, dass sie einen gemeinsamen Nenner haben, z. B.:

$$\frac{1}{3} + \frac{1}{6} = \frac{2}{6} + \frac{1}{6} = \frac{3}{6} = \frac{1}{2} \qquad \frac{2}{7} + \frac{3}{5} = \frac{10}{35} + \frac{21}{35} = \frac{31}{35}$$

Allgemein addieren wir zwei Brüche $a/b$ und $c/d$, indem wir sie gleichnamig machen, wie folgt:

$$\frac{a}{b} + \frac{c}{d} = \frac{ad}{bd} + \frac{bc}{bd} = \frac{ad + bc}{bd}$$

Wir sind jetzt so weit, dass wir eine einfache Behauptung über rationale Zahlen beweisen können.

**Theorem:** Der Mittelwert aus zwei rationalen Zahlen ist ebenfalls rational.

**Beweis:** $x$ und $y$ seien rationale Zahlen. Dann gibt es ganze Zahlen $a$, $b$, $c$, $d$ für die gilt: $x = a/b$ und $y = c/d$. Beachten Sie, dass $x$ und $y$ den Mittelwert

$$\frac{x + y}{2} = \frac{a/b + c/d}{2} = \frac{ad + bc}{2bd}$$

haben und dass der Mittelwert ein Bruch ist, bei dem Zähler und Nenner ganze Zahlen sind. Folglich ist der Mittelwert von $x$ und $y$ rational.

Denken wir mal darüber nach, was dieses Theorem bedeutet: Nämlich dass es für zwei rationale Zahlen, auch wenn sie ganz, ganz nahe beieinanderliegen, immer eine weitere rationale Zahl gibt, die zwischen den beiden Zahlen liegt. Jetzt könnte man daraus schließen, dass alle Zahlen rational sind (was z. B. die alten Griechen eine Zeit lang glaubten). Doch erstaunlicherweise ist das nicht der Fall. Betrachten wir die Zahl $\sqrt{2}$, die in Dezimalschreibweise so beginnt: 1,4142... Es gibt nun viele Arten, sich $\sqrt{2}$ mit Brüchen anzunähern, beispielsweise ist $\sqrt{2}$ etwa 10/7 oder 1414/1000, aber keiner dieser Brüche ergibt quadriert genau 2. Haben wir nicht gründlich genug gesucht? Nein, eine solche Suche ist zum Scheitern verurteilt, wie wir gleich beweisen werden. Der Beweis geschieht per Widerspruch, wie meistens bei Theoremen über irrationale Zahlen. Für den Beweis nützen wir den Umstand, dass sich jeder Bruch so lange kürzen lässt, bis Zähler und Nenner keinen größeren gemeinsamen Teiler mehr haben als 1.

**Theorem:** $\sqrt{2}$ ist irrational.

**Beweis:** Nehmen wir im Gegenteil an, dass $\sqrt{2}$ rational sei. Dann muss es positive Zahlen $a$ und $b$ geben, für die gilt:

$$\sqrt{2} = a/b$$

wobei $a/b$ schon maximal gekürzt ist. Quadriert man beide Seiten der Gleichung, erhält man

$$2 = a^2/b^2$$

oder gleichbedeutend

$$a^2 = 2b^2$$

Das impliziert aber, dass $a^2$ eine gerade Zahl ist. Doch wenn $a^2$ gerade ist, dann muss $a$ auch gerade sein (weiter oben haben wir gezeigt, dass wenn $a$ ungerade ist, auch $a$ mal $a$ ungerade sein muss). Folglich gilt: $a = 2k$ für eine ganze Zahl $k$.

Setzen wir das in der obigen Gleichung ein, erhalten wir

$$(2k)^2 = 2b^2$$

Folglich heißt es

$$4k^2 = 2b^2$$

was bedeutet, dass

$$b^2 = 2k^2$$

Demnach ist $b^2$ eine gerade Zahl. Und da $b^2$ gerade ist, muss $b$ ebenfalls gerade sein. Aber Moment mal! Wir haben gerade gezeigt, dass sowohl $a$ als auch $b$ gerade sind, doch das widerspricht unserer Annahme, dass der Bruch $a/b$ schon maximal gekürzt war. Demnach führt die Annahme, dass $\sqrt{2}$ rational ist, in einen Widerspruch. Folglich ist $\sqrt{2}$ irrational.  ☺

Ich liebe diesen Beweis (wie das Smiley zeigt), da er mittels purer Logik ein sehr überraschendes Ergebnis herleitet. Wie wir in Kapitel 12 sehen werden, sind irrationale Zahlen alles andere als selten. In einem ganz realen Sinn sind alle realen Zahlen irrational, auch wenn wir im täglichen Leben meistens mit rationalen Zahlen zu tun haben.

Hier kommt ein spaßiges Korollar aus dem obenstehenden Theorem. (Ein *Korollar* ist ein Theorem, das sich als Folge eines früheren Theorems ergibt.) Es macht sich das Potenzgesetz zunutze, das besagt, dass für alle positiven Zahlen $a$, $b$, $c$ gilt:

$$(a^b)^c = a^{bc}$$

Das Potenzgesetz besagt beispielsweise, dass $(5^3)^2 = 5^6$, was auch Sinn ergibt, weil

$$(5^3)^2 = (5 \times 5 \times 5) \times (5 \times 5 \times 5) = 5^6$$

**Korollar:** Es gibt irrationale Zahlen $a$ und $b$, für die gilt: $a^b$ ist rational.

Es ist ziemlich cool, dass wir dieses Theorem sofort beweisen können, obwohl wir nur eine irrationale Zahl kennen, nämlich $\sqrt{2}$. Wir nennen den folgenden Beweis einen *Existenzbeweis*, weil er zeigt, *dass* es solche Werte $a$ und $b$ gibt, auch wenn wir diese Werte nicht kennen.

**Beweis:** Wir wissen, dass $\sqrt{2}$ irrational ist. Betrachten wir also die Zahl $\sqrt{2}^{\sqrt{2}}$. Ist das eine rationale Zahl? Wenn die Antwort positiv ausfällt, haben wir den Beweis erbracht – für die Werte $a = \sqrt{2}$ und $b = \sqrt{2}$. Fällt die Antwort negativ aus, haben wir eine neue Zahl zum Herumspielen, nämlich $\sqrt{2}^{\sqrt{2}}$. Wenn wir also $a = \sqrt{2}^{\sqrt{2}}$ nehmen und für $b = \sqrt{2}$, dann bekommen wir über das Potenzgesetz

$$a^b = \left( \sqrt{2}^{\sqrt{2}} \right)^{\sqrt{2}} = \sqrt{2}^{\sqrt{2} \times \sqrt{2}} = \sqrt{2}^2 = 2$$

was rational ist. Egal, ob $\sqrt{2}^{\sqrt{2}}$ rational ist oder nicht, gibt es Werte $a$ und $b$, für die $a^b$ rational ist.  ☺

Existenzbeweise wie der obige sind oft klug, aber manchmal ein wenig unbefriedigend, weil man nicht all die Informationen bekommt, die man vielleicht sucht. (Nur für den Fall, dass es Sie interessiert: $\sqrt{2}^{\sqrt{2}}$ ist irrational, aber das führt über das Thema unseres Kapitels hinaus.)

Da sind *konstruktive Beweise* schon befriedigender, die einem genau zeigen, wie man die gewünschte Information erhält. Beispielsweise lässt sich zeigen, dass jede rationale Zahl $a/b$ entweder endlich sein oder in einer Periode enden muss (da bei der schriftlichen Division $b$ irgendwann einmal eine Zahl teilen muss, die es bereits zuvor geteilt hat). Doch stimmt die umgekehrte Aussage ebenfalls? Jede Dezimalzahl mit endlich vielen Stellen muss eine rationale Zahl sein, zum Beispiel $0,12358 = 12.358/100.000$. Aber was ist mit sich unendlich wiederholenden Perioden? Muss die Zahl $0,123123123...$ notwendigerweise eine rationale Zahl sein? Die Antwort lautet Ja, und hier zeige ich eine clevere Methode zum Aufspüren dieser rationalen Zahl. Geben wir unserer mysteriösen Zahl einen Namen, z. B. $w$ (wie in Walzer), sodass

$$w = 0,123123123\,...$$

Multipliziert man beide Seiten mit 1000, erhalten wir

$$1000w = 123,123123123\,...$$

Subtrahieren wir die erste Gleichung von der zweiten, erhalten wir

$$999w = 123$$

und folglich ergibt sich

$$w = \frac{123}{999} = \frac{41}{333}$$

Versuchen wir das mit einer anderen Zahl, die auf eine Periode endet, aber nicht sofort mit ihr beginnt. Welcher Bruch entspricht dem Dezimalausdruck 0,83333... ? Hier haben wir

$$x = 0,83333...$$

und

$$100x = 83,3333...$$

und

$$10x = 8,3333...$$

Wenn wir $10x$ von $100x$ abziehen, kürzt sich alles hinter dem Komma weg und es bleibt

$$90x = (83,3333...) - (8,3333...) = 75$$

Folglich heißt es

$$x = \frac{75}{90} = \frac{5}{6}$$

Mit dieser Methode können wir konstruktiv beweisen, dass eine Zahl genau dann rational ist, wenn sie eine endliche Zahl von Nachkommastellen hat oder wenn die Zahl in einer Periode endet. Hat eine Zahl unendlich viele Stellen hinter dem Komma, die sich aber nicht endlos wiederholen, wie

$$v = 0,123456789101112131415...$$

dann ist diese Zahl irrational.

# Beweise durch Induktion

Lassen Sie uns jetzt wieder Theoreme über ganze Zahlen beweisen. In Kapitel 1 haben wir gesehen, dass

$$
\begin{aligned}
1 &= 1 \\
1 + 3 &= 4 \\
1 + 3 + 5 &= 9 \\
1 + 3 + 5 + 7 &= 16
\end{aligned}
$$

und vermutet sowie später bewiesen, dass die Summe der ersten $n$ ungeraden Zahlen gleich $n^2$ ist. Dies gelang uns über einen klugen *kombinatorischen Beweis*, bei dem wir die Felder auf einem Schachbrett auf zweierlei Weisen zählten. Aber versuchen wir einen anderen Ansatz, für den es nicht so viel Klugheit braucht. Angenommen, ich verrate Ihnen, dass die Summe der ersten 10 ungeraden Zahlen $1 + 3 + \cdots + 19$ genau $10^2 = 100$ ergibt. Wenn Sie mir das einfach mal glauben, folgt daraus automatisch, dass wir nach Addition der 11. ungeraden Zahl, 21, auf 121 kommen, was $11^2$ ist. Anders ausgedrückt: Wenn die Aussage für die ersten 10 Terme stimmt, folgt daraus automatisch, dass sie auch für die ersten 11 Terme gilt. Diese Idee steckt hinter der *vollständigen Induktion*. Dabei zeigen wir, dass eine Aussage $n$ am Anfang stimmt (typischerweise die Aussage bei $n = 1$), und dann zeigen wir, dass wenn das Theorem bei $n = k$ stimmt, automatisch auch bei $n = k + 1$ weiter gelten muss. Daraus folgt dann zwingend, dass die Aussage für alle Werte von $n$ zutrifft. Die vollständige Induktion ähnelt dem Besteigen einer Leiter: Wir zeigen, dass man auf die Leiter steigen kann und dass man, wenn man bereits einen Schritt getan hat, immer auch den nächsten machen kann. Daraus folgt sofort, dass man auf jede beliebige Sprosse der Leiter gelangen kann.

Bei der Summe der ersten $n$ Zahlen ging es uns etwa darum, zu zeigen, dass für alle $n \geq 1$,

$$
1 + 3 + 5 + \cdots + (2n - 1) = n^2
$$

Wir sehen, dass die Summe der ersten ungeraden Zahl, 1, tatsächlich $1^2$ ist, die Aussage stimmt also gewiss für $n = 1$. Als Nächstes erkennen wir, dass *wenn* die Summe der ersten $k$ ungeraden Zahlen $k^2$ ist, also

$$1 + 3 + 5 + \cdots + (2k - 1) = k^2$$

wir durch Addition der nächsten ungeraden Zahl $(2k + 1)$

$$1 + 3 + 5 + \cdots + (2k - 1) + (2k + 1) = k^2 + (2k + 1)$$
$$= (k + 1)^2$$

erhalten. Anders ausgedrückt: Wenn die Summe der ersten $k$ ungeraden Zahlen $k^2$ ist, dann ist die Summe der ersten $k + 1$ ungeraden Zahlen notwendigerweise $(k + 1)^2$. Da das Theorem für $n = 1$ stimmt, muss es für alle anderen Werte von $n$ auch gelten. □

Induktion ist ein mächtiges Werkzeug. Ganz am Anfang des Buchs haben wir die Summe der ersten $n$ Zahlen betrachtet und mit verschiedenen Methoden gezeigt, dass

$$1 + 2 + 3 + \ldots + n = \frac{n(n + 1)}{2}$$

Diese Aussage stimmt natürlich für $n = 1$ (da $1 = 1(2)/2$). Und wenn wir annehmen, dass die Aussage auch für eine Zahl $k$ gilt:

$$1 + 2 + 3 + \ldots + k = \frac{k(k + 1)}{2}$$

dann ergibt sich durch die Hinzunahme der $(k + 1)$-sten Zahl

$$1 + 2 + 3 + \ldots + k + (k + 1) = \frac{k(k + 1)}{2} + (k + 1)$$
$$= (k + 1)\left(\frac{k}{2} + 1\right)$$
$$= \frac{(k + 1)(k + 2)}{2}$$

Das ist unsere Formel, nur dass $n$ durch $k+1$ ersetzt wurde. Wenn die Formel also für $n = k$ (wobei $k$ jede beliebige positive Zahl sein kann) stimmt, dann gilt sie auch für $n = k + 1$. Sie stimmt also für alle positiven Werte von $n$. □

Wir werden in diesem Kapitel weitere Beispiele für Beweise durch vollständige Induktion kennenlernen. Als kleine Merkhilfe hier ein Lied der „Mathemusiker" Dane Camp und Larry Lesser. Gesungen wird es zur Melodie *Blowin' in the Wind* von Bob Dylan.

*How can you tell that a statement is true*
*For every value of n?*
*Well there's just no way you can try them all.*
*Why you could just barely begin!*
*Is there a tool that can help us resolve*
*This infinite quand'ry we're in?*

*The answer, my friend, is knowin' induction.*
*The answer is knowin' induction!*
*First you must find an initial case*
*For which the statement is true,*
*Then you must show if it's true for k*
*Then k + 1 must work too!*
*Then all statements fall just like dominos do.*
*Tell me how did we score such a coup?*

*The answer, my friend, is knowin' induction.*
*The answer is knowin' induction!*
*If I told you n times, I told you n + 1,*
*The answer is knowin' induction!*

Wer weiß schon, ob 'ne Aussage stimmt
für alle Werte von $n$?
Alles probieren, dauert unendlich lang,
warum sollten wir uns da müh'n?
Gibt es ein Werkzeug, das uns dabei hilft,
aus diesem Loch zu entfliehn?

Die Antwort, mein Freund, liegt in der Induktion.
Die Antwort liegt in der Induktion.
Zuerst braucht man einen Anfangsfall,
für den die Aussage stimmt,
dann zeigt man: stimmt sie für $k$,
dann stimmt sie auch für $k + 1$.
Dann fallen die Fälle wie Dominos
Sag, wie gelang dieser Coup?

Die Antwort, mein Freund, liegt in der Induktion.
Die Antwort liegt in der Induktion.
Hab's dir $n$ mal gesagt und $n + 1$ mal,
Die Antwort liegt in der Induktion.

### Nebenbemerkung

In Kapitel 5 haben wir einige Beziehungen zwischen Fibonacci-Zahlen entdeckt. Sehen wir, ob wir einige davon über vollständige Induktion beweisen können.

**Theorem:** Für $n \geq 1$ gilt

$$F_1 + F_2 + \cdots + F_n = F_{n+2} - 1$$

**Beweis (via Induktion):** Wenn $n = 1$, heißt das $F_1 = F_3 - 1$, was dasselbe bedeutet wie $1 = 2 - 1$, was offenkundig stimmt. Nehmen wir nun an, das Theorem stimmt für $n = k$. Das heißt

$$F_1 + F_2 + \cdots + F_k = F_{k+2} - 1$$

Wenn wir nun auf beiden Seiten die nächste Fibonacci-Zahl $F_{k+1}$ addieren, bekommen wir

$$\begin{aligned} F_1 + F_2 + \cdots + F_k + F_{k+1} &= F_{k+1} + F_{k+2} - 1 \\ &= F_{k+3} - 1 \qquad \square \end{aligned}$$

176

wie gewünscht. Der Beweis für die Summe der Quadrate
von Fibonacci-Zahlen ist ebenso einfach.

**Theorem:** Für $n \geq 1$ gilt:

$$F_1^2 + F_2^2 + \cdots + F_n^2 = F_n F_{n+1}$$

**Beweis (via Induktion):** Wenn $n = 1$, heißt das $F_1^2 = F_1 F_2$, was stimmt, weil $F_2 = F_1 = 1$. Angenommen, das
Theorem stimmt bei $n = k$, dann haben wir

$$F_1^2 + F_2^2 + \cdots + F_k^2 = F_k F_{k+1}$$

Addiert man auf beiden Seiten $F{k+1}^2$, erhalten wir

$$
\begin{aligned}
F_1^2 + F_2^2 + \cdots + F_k^2 + F_{k+1}^2 &= F_k F_{k+1} + F_{k+1}^2 \\
&= F_{k+1} \left( F_k + F_{k+1} \right) \\
&= F_{k+1} F_{k+2} \qquad \square
\end{aligned}
$$

In Kapitel 1 haben wir gelernt, dass „die Summe der Kubikzahlen das Quadrat der Summe" ist, also

$$
\begin{aligned}
1^3 &= 1^2 \\
1^3 + 2^3 &= (1 + 2)^2 \\
1^3 + 2^3 + 3^3 &= (1 + 2 + 3)^2 \\
1^3 + 2^3 + 3^3 + 4^3 &= (1 + 2 + 3 + 4)^2
\end{aligned}
$$

Aber wir waren noch nicht so weit, das auch beweisen zu können. Jetzt können wir das recht flott, über vollständige Induktion. Das allgemeine Muster besagt, dass für $n \geq 1$,

$$1^3 + 2^3 + 3^3 + \cdots + n^3 = (1 + 2 + 3 + \cdots + n)^2$$

und da wir bereits wissen, dass $1 + 2 + \cdots + n = \frac{n(n+1)}{2}$, beweisen wir das äquivalente Theorem.

**Theorem:** Für $n \geq 1$ gilt

$$1^3 + 2^3 + 3^3 + \ldots + n^3 = \frac{n^2(n+1)^2}{4}$$

**Beweis (via Induktion):** Für $n = 1$ stimmt das Theorem, da $1^3 = 1^2(2^2)/4$. Also gilt, wenn das Theorem für $n = k$ stimmt, so dass

$$1^3 + 2^3 + 3^3 + \ldots + k^3 = \frac{k^2(k+1)^2}{4}$$

Dann addieren wir $(k+1)^3$ auf beiden Seiten und erhalten

$$
\begin{aligned}
1^3 + 2^3 + 3^3 + \ldots + k^3 + (k+1)^3 &= \frac{k^2(k+1)^2}{4} + (k+1)^3 \\
&= (k+1)^2 \left( \frac{k^2}{4} + (k+1) \right) \\
&= (k+1)^2 \left( \frac{k^2 + 4(k+1)}{4} \right) \\
&= \frac{(k+1)^2(k+2)^2}{4}
\end{aligned}
$$

wie gewünscht. □

**Nebenbemerkung**

Es folgt ein geometrischer Beweis desselben Satzes.

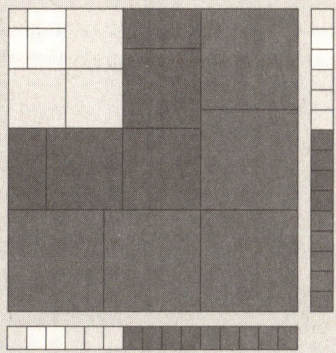

Berechnen wir die Fläche der abgebildeten Figur auf zweierlei Weisen: Einerseits ist die Figur ein Quadrat mit Seitenlänge $1 + 2 + 3 + 4 + 5$, folglich beträgt seine Fläche $(1 + 2 + 3 + 4 + 5)^2$.

Andererseits sieht es so aus: Wenn wir in der Ecke oben links anfangen und uns diagonal nach unten bewegen, sehen wir ein 1 x 1-Quadrat, dann zwei 2 x 2-Quadrate (wobei ein Quadrat in zwei Hälften geteilt ist), dann drei 3 x 3-Quadrate, dann vier 4 x 4-Quadrate (mit einem Quadrat, das in zwei Hälften geteilt ist) und schließlich fünf 5 x 5-Quadrate. Folglich entspricht die Fläche

$$(1 \times 1^2) + (2 \times 2^2) + (3 \times 3^2) + (4 \times 4^2) + (5 \times 5^2)$$
$$= 1^3 + 2^3 + 3^3 + 4^3 + 5^3$$

Da beide Flächen gleich sein müssen, folgt daraus

$$1^3 + 2^3 + 3^3 + 4^3 + 5^3 = (1 + 2 + 3 + 4 + 5)^2$$

Die gleiche Art Zeichnung kann man für das Quadrat der Seitenlängen 1 + 2 + ... + $n$ machen und zeigen, dass

$$1^3 + 2^3 + 3^3 + ... + n^3 = (1 + 2 + 3 + ... + n)^2 \quad \text{☺}$$

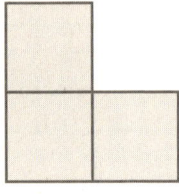

Beweise durch vollständige Induktion funktionieren nicht nur bei Summen. Induktion ist oft nützlich, wenn sich die Lösung zu einem größeren Problem (der Größe $k + 1$) in Form eines kleineren Problems (der Größe $k$) darstellen lässt. Hier mein Lieblings-Induktionsbeweis, bei dem die Schachbrett-Domino-Aufgabe vom Anfang des Kapitels noch einmal durchscheint. Doch anstatt zu beweisen, dass etwas unmöglich ist, zeigen wir jetzt, dass etwas immer möglich ist. Diesmal belegen wir das Brett nicht mit Dominosteinen, sondern mit *Trominosteinen*, kleinen L-förmigen Fliesen, die drei Quadrate bedecken.

Da 64 kein Vielfaches von 3 ist, können wir unmöglich ein Schachbrett allein mit Trominosteinen vollständig bedecken. Doch wenn man ein 1 × 1-Quadrat auf das Brett legt, dann geht zumindest die Anzahl der Felder auf. Wir behaupten, dass es tatsächlich geht – und zwar unabhängig davon, wohin man das Quadrat legt. Diese Aussage stimmt übrigens nicht nur für normale 8 × 8-Schachbretter, sondern auch für Bretter der Größen 2 × 2, 4 × 4, 16 × 16 usw.

**Theorem:** Für alle $n \geq 1$ kann ein Schachbrett der Größe $2^n \times 2^n$ mit nicht-überlappenden Trominosteinen und einem 1 × 1-Quadrat belegt werden, unabhängig von der Position des Quadrats auf dem Brett.

**Beweis (über vollständige Induktion):** Das Theorem gilt bei $n = 1$, da jedes 2 × 2-Brett mit einem einzelnen Trominostein und dem Quadrat ausgefüllt werden kann. Nehmen wir nun an, das Theorem gilt auch bei $n = k$, also für Bretter der Größe $2^k \times 2^k$. Unser Ziel ist es zu beweisen, dass es, dann auch für Bretter der Größe $2^{k+1} \times 2^{k+1}$ gilt. Setzen Sie das 1 × 1-Quadrat irgendwo auf das Brett und unterteilen Sie das Brett – wie gezeigt – in vier Quadranten.

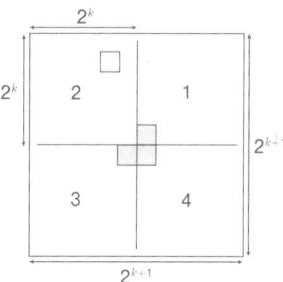

Jetzt hat der Quadrant mit dem Quadrat die Größe $2^k \times 2^k$. Also kann es mit Trominos belegt werden (wegen unserer Annahme, dass das Theorem gilt, wenn $n = k$). Als Nächstes legen wir ein Tromino in die Mitte des Bretts, wo sich die anderen drei Quadranten treffen. Diese Quadranten haben die Größe $2^k \times 2^k$; ein Feld ist jetzt allerdings belegt, folglich können auch sie mit nicht-überlappenden Trominos genau ausgefüllt werden. Dadurch entsteht das gewünschte Fliesenmuster auf dem gesamten Brett der Größe $2^{k+1} \times 2^{k+1}$. ☺

Die letzte Identität, die wir in diesem Abschnitt beweisen, hat viele nützliche Anwendungen. Wir werden sie (unter anderem) über vollständige Induktion beweisen. Die Ausgangsfrage lautet: Was erhält man, wenn man die ersten $n$ Potenzen von 2 summiert, beginnend mit $2^0 = 1$? Hier die ersten Zweierpotenzen:

$$1, 2, 4, 8, 16, 32, 64, 128, 256, 512, 1024 \ldots$$

Beim Summieren dieser Zahlen sehen wir:

$$\begin{aligned}
1 &= 1 \\
1 + 2 &= 3 \\
1 + 2 + 4 &= 7 \\
1 + 2 + 4 + 8 &= 15 \\
1 + 2 + 4 + 8 + 16 &= 31
\end{aligned}$$

Sehen Sie das Muster? Jede Summe ist um 1 kleiner als die nächsthöhere Zweierpotenz. Die allgemeine Formel lautet:

**Theorem:** Für $n \geq 1$ gilt

$$1 + 2 + 4 + 8 + \ldots + 2^{n-1} = 2^n - 1$$

**Beweis (über vollständige Induktion):** Wie oben bereits vermerkt, gilt das Theorem für $n = 1$ (sowie für 2, 3, 4 und 5). Unter der Annahme, dass das Theorem bei $n = k$ gilt, können wir sagen, dass

$$1 + 2 + 4 + 8 + \ldots + 2^{k-1} = 2^k - 1$$

Wenn wir die nächste Zweierpotenz, $2^k$, auf beiden Seiten addieren, erhalten wir

$$
\begin{aligned}
1 + 2 + 4 + 8 + \ldots + 2^{k-1} + 2^k &= (2^k - 1) + 2^k \\
&= 2 \times 2^k - 1 \\
&= 2^{k+1} - 1 \qquad \square
\end{aligned}
$$

In den Kapiteln 4 und 5 haben wir viele Zusammenhänge dadurch bewiesen, dass wir Abzählaufgaben auf zweierlei Arten lösten. Nun könnte man sagen, der folgende Beweis zählt am allermeisten!

**Frage:** Auf wie viele Arten kann eine Hockeymannschaft mit $n$ Spielern (und den Trikotnummern 1 bis $n$) eine Delegation für eine Konferenz auswählen, wenn mindestens ein Spieler hingehen muss?

**Antwort 1:** Für jeden Spieler gibt es nur zwei Alternativen, hingehen oder nicht. Die Lösung scheint also zu lauten $2^n$, doch wir müssen 1 abziehen, um den Fall auszuschließen, bei dem sich alle Spieler entschließen, nicht hinzugehen. Folglich gibt es $2^n - 1$ Möglichkeiten.

**Antwort 2:** Betrachten wir die höchste Trikotnummer, die zur Konferenz geht. Es gibt nur 1 Delegation, bei der 1 die höchste Trikotnummer ist. Es gibt 2 Delegationen, bei denen die höchste Trikotnummer 2 ist (da Spieler 2 entweder allein oder mit Spieler 1 geht). Es gibt 4 Delegationen, bei denen 3 die höchste Trikotnummer ist (Spieler 3 muss hingehen, Spieler 1 und 2 haben jeweils zwei Wahlmöglichkeiten). Macht man auf diese Weise weiter, erhält man $2^{n-1}$ Delegationen, bei denen Spieler $n$ die höchste Trikotnummer hat, weil dieser Spieler hingehen muss und die Spieler 1 bis $n-1$ jeweils 2 Möglichkeiten haben (hingehen oder nicht). Insgesamt gibt es also $1 + 2 + 4 + \cdots + 2^{n-1}$ Möglichkeiten.

Da die Antworten 1 und 2 beide korrekt sind, müssen sie gleich sein. Folglich gilt $1 + 2 + 4 + \ldots + 2^{n-1} = 2^n - 1$.  □

Noch einfacher lässt sich das mit reiner Algebra beweisen. Das Vorgehen erinnert an die Methode, eine sich wiederholende Nachkommafolge als Bruch zu schreiben.

**(Algebraischer) Beweis:**

$$\text{Angenommen, } S = 1 + 2 + 4 + 8 + \ldots + 2^{n-1}$$

Multipliziert man beide Seiten mit 2, erhält man

$$2S = 2 + 4 + 8 + \ldots + 2^{n-1} + 2^n$$

Subtrahiert man die erste Gleichung von der zweiten, kürzt sich fast alles raus, außer dem ersten Term, der 1, von $S$ und dem letzten von $2S$, nämlich dem $2^n$. Folglich gilt

$$S = 2S - S = 2^n - 1 \quad □$$

Das soeben bewiesene Theorem ist von entscheidender Wichtigkeit für die binäre Darstellung von Zahlen, mit der Computer arbeiten. Die Idee hinter dem Binärsystem lautet, dass jede Zahl eindeutig als Summe verschiedener Zweierpotenzen darstellbar ist. Zum Beispiel:

$$83 = 64 + 16 + 2 + 1$$

Wir schreiben Zahlen im Binärsystem, indem wir jede Zweierpotenz als 1 und jede *fehlende* Zweierpotenz als 0 notieren. In unserem Beispiel wäre das 83 = (1 · 64) + (0 · 32) + (1 · 16) + (0 · 8) + (0 · 4) + (1 · 2) + (1 · 1). Folglich ist 83 in Binärschreibweise

$$83 = (1010011)2$$

Doch woher wissen wir, dass sich jede positive Zahl auf diese Weise darstellen lässt? Angenommen, es wäre uns gelungen, alle Zahlen von 1 bis 99 auf eindeutige Weise in Zweierpotenzen darzustellen. Woher wissen wir, dass wir auch 100 eindeutig darstellen können? Beginnen wir mit der höchsten Zweierpotenz in 100, der 64. Muss 64 dabei sein? Klar, denn selbst wenn wir 1, 2, 4, 8, 16 und 32 alle verwenden, ergibt das in der Summe nur 63, es fehlt also noch was auf 100.) Sobald wir die 64 gewählt haben, brauchen wir Zweierpotenzen, um die fehlenden 36 zu bekommen. Da wir aber 36 unserer Annahme zufolge auf eindeutige Weise in Zweierpotenzen ausdrücken können, bekommen wir eine eindeutige Darstellung von 100. (Wie stellen wir 36 dar? Derselben Logik folgend, verwenden wir die größte Zweierpotenz, die hineinpasst, und machen wie gehabt weiter. Also gilt 36 = 32 + 4, folglich ist 100 = 64 + 32 + 4, in Digitalschreibweise (1100100)2). Verallgemeinert man diese Logik (mittels einer Beweismethode namens *allgemeine Induktion*), kann man zeigen, dass jeder positiven Zahl eine eindeutige Binärzahl zugewiesen wird.

## Primzahlen

Im letzten Abschnitt haben wir gezeigt, dass sich jede positive ganze Zahl auf einzigartige Weise als Summe von Zweierpotenzen darstellen lässt. In gewissem Sinn könnte man sagen, dass Zweierpotenzen die Bausteine der positiven ganzen Zahlen sind, wenn man addiert. In diesem Abschnitt werde ich zeigen, dass die Primzahlen bei der Multiplikation eine ähnliche Rolle spielen: Jede positive ganze Zahl lässt sich auf einzigartige

Weise als *Produkt* von Primzahlen darstellen. Doch anders als Zweierpotenzen, die sich leicht errechnen lassen und nur wenige mathematische Überraschungen bergen, sind Primzahlen viel schwerer fassbar, und es gibt noch immer viele Dinge, die wir nicht von ihnen wissen.

Eine Primzahl ist eine positive ganze Zahl mit exakt zwei positiven Teilern, der 1 und sich selbst. Hier die ersten Primzahlen:

2, 3, 5, 7, 11, 13, 17, 19, 23, 29, 31, 37, 41, 43, 47, 53...

Die Zahl 1 gilt nicht als Primzahl, weil sie nur einen Teiler hat, nämlich die 1. (Es gibt noch einen wichtigeren Grund, warum die 1 nicht als prim gilt; mehr dazu gleich.) Beachten Sie, dass die 2 die einzige *gerade* Primzahl ist.

Eine positive ganze Zahl mit drei oder mehr Teilern heißt *zusammengesetzt*, weil sie sich in kleinere Faktoren zerlegen lässt. Die ersten zusammengesetzten Zahlen lauten:

4, 6, 8, 9, 10, 12, 14, 15, 16, 18, 20, 21, 22, 24, 25, 26, 27, 28, 30 ...

Die Zahl 4 zum Beispiel hat genau drei Teiler: 1, 2 und 4. Die Zahl 6 hat vier Teiler: 1, 2, 3 und 6. Beachten Sie, dass die Zahl 1 auch keine zusammengesetzte Zahl ist. Mathematiker nennen die Zahl 1 eine *Einheit*, mit der Eigenschaft, dass sie ein Teiler jeder ganzen Zahl ist.

Jede zusammengesetzte Zahl lässt sich als Produkt von Primzahlen schreiben. Zerlegen wir 120 in Primzahlen. Wir könnten beginnen, indem wir schreiben $120 = 6 \times 20$. Allerdings sind 6 und 20 noch zusammengesetzte Zahlen, die sich wiederum in Primfaktoren zerlegen lassen, nämlich $6 = 2 \times 3$ und $20 = 2 \times 2 \times 5$. Folglich

$$120 = 2 \times 2 \times 2 \times 3 \times 5 = 2^3 \, 3^1 \, 5^1$$

Interessanterweise kommen wir letztlich immer auf die gleichen Primfaktoren, egal, wie wir unsere Zahl anfangs faktorisieren. Das folgt aus dem *Fundamentalsatz der Arithmetik*, demzufolge sich jede positive ganze Zahl größer 1 eindeutig in Primfaktoren zerlegen lässt.

Gälte die 1 als Primzahl, würde dieser Fundamentalsatz nicht gelten – und das ist der *wahre* Grund, warum sie nicht zu den Primzahlen gerechnet wird. Die Zahl 12 ließe sich sonst nämlich zu 2 × 2 × 3 zerlegen, ebenso aber zu 1 × 1 × 2 × 2 × 3, und dann wäre die Faktorisierung in Primzahlen nicht länger eindeutig.

Sobald man die Primfaktoren einer Zahl kennt, weiß man eine Menge über diese Zahl. Als Kind mochte ich die 9 am liebsten, aber als ich älter wurde, wurden auch meine Lieblingszahlen immer größer und später auch komplexer (zum Beispiel $\pi = 3{,}14159...$, $\varphi = 1{,}618...$, $e = 2{,}71828...$ sowie $i$, für die es keine Dezimalschreibweise gibt, und die wir in Kapitel 10 ausführlicher behandeln werden). Eine Zeit lang, bevor ich mit irrationalen Zahlen zu experimentieren begann, war 2520 meine Lieblingszahl, die kleinste Zahl, die durch alle Zahlen von 1 bis 10 teilbar ist. Sie hat die Primfaktorzerlegung

$$2520 = 2^3 \, 3^2 \, 5^1 \, 7^1$$

An der Primfaktorzerlegung einer Zahl sieht man sofort, wie viele positive Teiler eine Zahl hat. Beispielsweise muss jeder Teiler von 2520 die Form $2^a 3^b 5^c 7^d$ erfüllen, wobei $a$ 0, 1, 2 oder 3 sein kann (4 Möglichkeiten), $b$ 0, 1 oder 2 (3 Möglichkeiten), $c$ 0 oder 1 (2 Möglichkeiten) und $d$ 0 oder 1 (2 Möglichkeiten). Nach dem Multiplikationsprinzip hat 2520 also 4 × 3 × 2 × 2 = 48 positive Teiler.

**Nebenbemerkung**
Für den Beweis des Fundamentalsatzes der Arithmetik machen wir uns folgende Tatsache über Primzahlen zu-

nutze: (Sie finden sie im ersten Kapitel jedes Lehrbuchs zur Zahlentheorie.) Wenn $p$ eine Primzahl ist und $p$ ein Produkt von zwei oder mehr Zahlen teilt, dann muss $p$ ein Teiler von mindestens einem Term des Produkts sein. Zum Beispiel ist

$$999.999 = 333 \times 3003$$

ein Vielfaches von 11, also muss 11 ein Teiler von 333 und / oder 3003 sein. (Tatsächlich gilt $3003 = 11 \times 273$.) Diese Tatsache gilt bei zusammengesetzten Zahlen nicht immer. Zum Beispiel gilt: $60 = 6 \times 10$, außerdem ist es ein Vielfaches von 4, obwohl 4 weder ein Teiler von 6 noch von 10 ist. Um die Eindeutigkeit der Faktorisierung zu beweisen, geht man vom Gegenteil aus, nämlich einer Zahl, die sich auf mehr als eine Art in Primfaktoren zerlegen lässt. Angenommen, $N$ sei die kleinste Zahl mit zwei verschiedenen Primfaktorzerlegungen, also

$$p_1 p_2 \dots p_r = N = q_1 q_2 \dots q_s$$

wobei alle $p_i$- und $q_j$-Terme prim sind. Da $N$ bestimmt ein Vielfaches der Primzahl $p1$ ist, muss $p1$ auch ein Teiler eines der $q_j$-Terme sein. Nehmen wir der Einfachheit halber an, $p1$ sei ein Teiler von $q1$. Doch da $q1$ prim ist, muss gelten $q1 = p1$. Teilen wir die gesamte obere Gleichung durch $p1$, erhalten wir

$$p_2 \quad p_r = \frac{N}{p_1} = q_2 \quad q_s$$

Doch nun hat die Zahl $N/p1$ zwei verschiedene Primfaktorzerlegungen, was unserer Annahme widerspricht, dass $N$ die kleinste Zahl ist, für die das gilt. $\qquad\square$

## Nebenbemerkung

Es gibt übrigens Zahlensysteme, in denen sich nicht alles auf eindeutige Weise zerlegen lässt. Auf dem Mars etwa, wo alle Marsianer 2 Köpfe haben, verwendet man ausschließlich gerade Zahlen:

2, 4, 6, 8, 10, 12, 14, 16, 18, 20, 22, 24, 26, 28, 30 ...

Im marsianischen Zahlensystem zählen Zahlen wie 6 oder 10 zu den Primzahlen, da sie nicht mehr in kleinere gerade Zahlen zerlegt werden können. In diesem System wechseln sich Primzahlen und zusammengesetzte Zahlen einfach ab. Jedes Vielfache von 4 ist zusammengesetzt (da $4k = 2 \times 2k$), und alle anderen geraden Zahlen (wie 6, 10, 14, 18 usw.) sind prim, weil sie nicht in kleinere Zahlen faktorisiert werden können. Doch betrachten Sie nun die Zahl 180:

$$6 \times 30 = 180 = 10 \times 18$$

Im marsianischen Zahlensystem lässt sich die Zahl 180 auf zweierlei Weisen in Primzahlen zerlegen, auf diesem Planeten ist die Primzahlzerlegung also nicht eindeutig.

Sehr ...                              ... interessant!

Unter den Zahlen von 1 bis 100 gibt es genau 25 Primzahlen. Unter den folgenden hundert Zahlen gibt es 21, und 16 im nächsten Hunderter-Block. Je größere Zahlen wir betrachten, desto rarer machen sich die Primzahlen (aber nicht systematisch – zum Beispiel gibt es zwischen 300 und 400 16 Primzahlen, zwischen 400 und 500 aber 17). Zwischen 1.000.000 und 1.000.100 gibt es nur 6 Primzahlen. Der Umstand, dass Primzahlen immer seltener auftauchen, scheint nur allzu logisch, weil es ja immer mehr kleinere Zahlen gibt, durch die eine Zahl potenziell teilbar ist.

Wir können beweisen, dass es Abfolgen von 100 Zahlen ohne Primzahl dazwischen gibt. Es gibt sogar primlose Abfolgen von 1000 oder 1 Million oder beliebig vielen Zahlen. Lassen Sie mich versuchen, Sie von dieser Tatsache zu überzeugen, indem ich Ihnen sofort eine Reihe von 99 aufeinanderfolgenden zusammengesetzten Zahlen nenne (auch wenn das nicht die kleinsten Zahlen sind, bei denen das vorkommt). Betrachten Sie die 99 aufeinanderfolgenden Zahlen

$$100! + 2, \; 100! + 3, \; 100! + 4, \; \dots \; , \; 100! + 100$$

Da $100! = 100 \times 99 \times 98 \times \dots \times 3 \times 2 \times 1$, muss die Zahl durch alle Zahlen von 2 bis 100 teilbar sein. Betrachten Sie nun eine Zahl wie $100! + 53$. Da 53 ein Teiler von $100!$ ist, muss es auch einer von $100! + 53$ sein. Nach derselben Logik gilt für alle Werte $2 \leq k \leq 100$, dass $100! + k$ ein Vielfaches von $k$ und folglich eine zusammengesetzte Zahl ist.

**Nebenbemerkung**
Beachten Sie, dass unsere Betrachtung nichts darüber aussagt, ob $100! + 1$ prim ist – doch auch das können wir überprüfen. Es gibt ein wunderschönes Theorem, den *Satz von Wilson*, wonach $n$ genau dann eine Primzahl ist, wenn $(n - 1)! + 1$ ein Vielfaches von $n$ ist. Probieren Sie es mal für ein paar kleine Zahlen aus: $1! + 1 = 2$ ist ein Vielfaches von 2; $2! + 1 = 3$ ist ein Vielfaches von 3, $3! + 1 = 7$ ist *kein*

Vielfaches von 4; 4! + 1 = 25 ist ein Vielfaches von 5; 5! + 1 = 121 ist *kein* Vielfaches von 6; 6! + 1 = 721 ist ein Vielfaches von 7 usw. Da 101 prim ist, folgt aus dem Satz von Wilson, dass 100! + 1 ein Vielfaches von 101 ist und folglich eine zusammengesetzte Zahl. Also sind die Zahlen 100! bis einschließlich 100! + 100 allesamt zusammengesetzte Zahlen, insgesamt 101 hintereinander.

Angesichts des Umstands, dass Primzahlen immer seltener werden, je weiter die Zahlen anwachsen, fragt man sich natürlich schon, ob die Primzahlen irgendwann einmal enden. Euklid behauptete schon vor mehr als 2000 Jahren, dass das nie passieren würde. Doch vertrauen Sie nicht seinen Worten, sondern erfreuen Sie sich an seinem Beweis.

**Theorem:** Es gibt unendlich viele Primzahlen.

**Beweis:** Angenommen, es gäbe tatsächlich nur endlich viele Primzahlen. Folglich müsste es eine größte Primzahl geben, die wir $P$ nennen wollen. Betrachten Sie nun die Zahl $P! + 1$. Da $P!$ durch alle Zahlen zwischen 2 und $P$ teilbar ist, kann keine dieser Zahlen $P! + 1$ teilen. Folglich müsste $P! + 1$ einen Primfaktor haben, der größer ist als $P$ – das aber steht im Widerspruch zu unserer Annahme, dass $P$ die größte Primzahl ist.

Wir werden die größte Primzahl also nie finden. Trotzdem suchen Mathematiker und Computerwissenschaftler nach immer größeren Primzahlen. Während ich diesen Text schrieb, hatte die größte bekannte Primzahl 17,425,170 Stellen. Ausgeschrieben würde diese Zahl fast 100 Bücher wie dieses füllen. Und doch lässt sich die Zahl in einer Zeile hinschreiben:

$$2^{57,885,161} - 1$$

Die Zahl hat deswegen eine so prägnante Form, weil es besonders effiziente Methoden dafür gibt, festzustellen, ob Zahlen der Form $2^n - 1$ oder $2^n + 1$ prim sind.

**Nebenbemerkung**

Der große Mathematiker Pierre de Fermat hat bewiesen: Wenn $p$ eine ungerade Primzahl ist, dann muss $2^{p-1} - 1$ ein Vielfaches von $p$ sein. Überprüfen Sie das anhand der ersten ungeraden Primzahlen. Für die Primzahlen 3, 5, 7, 11 sehen wir: $2^2 - 1 = 3$ ist ein Vielfaches von 3; $2^4 - 1 = 15$ ist ein Vielfaches von 5; $2^6 - 1 = 63$ ist ein Vielfaches von 7 und $2^{10} - 1 = 1023$ ist ein Vielfaches von 11. Bei zusammengesetzten Zahlen ist es klar, dass für gerade $n$ der Wert $2^{n-1} - 1$ ungerade sein muss, also kein Vielfaches von $n$ sein kann. Überprüft man die ersten ungeraden zusammengesetzten Zahlen, 9, 15 und 21, sieht man, dass $2^8 - 1 = 255$ kein Vielfaches von 9 ist, $2^{14} - 1 = 16.383$ kein Vielfaches von 15 und $2^{20}$ kein Vielfaches von 21 (und noch nicht mal ein Vielfaches von 3). Dem kleinen fermatschen Satz zufolge gilt: Wenn eine große Zahl $N$ die Eigenschaft hat, dass $2^{N-1} - 1$ kein Vielfaches von $N$ ist, dann können wir hundertprozentig sicher sein, dass $N$ nicht prim ist, *selbst wenn wir Faktoren von N nicht kennen*! Das Umgekehrte gilt aber nicht. Es gibt sehr wohl zusammengesetzte Zahlen (*Pseudoprimzahlen* genannt), die sich wie Primzahlen benehmen. Das kleinste Beispiel ist $341 = 11 \times 31$, mit der Eigenschaft, dass $2^{340} - 1$ ein Vielfaches von 341 ist. Obwohl Pseudoprimzahlen nachgewiesenermaßen relativ selten sind, gibt es unendlich viele von ihnen. Doch es gibt Tests, mit denen man ihnen auf die Spur kommt.

Primzahlen finden auf vielen Gebieten Anwendung, vor allem in den Computerwissenschaften. Primzahlen machen den Kern fast jeder Verschlüsselungstechnik aus, auch beim Public-

Key-Verschlüsselungsverfahren, das sichere Finanztransaktionen im Internet ermöglicht. Viele dieser Algorithmen arbeiten mit dem Umstand, dass es relativ schnelle Methoden gibt, um festzustellen, ob eine Zahl prim ist oder nicht, dass aber keine schnellen Methoden bekannt sind, um große Zahlen zu faktorisieren. Würde ich beispielsweise zwei zufällige 1000-stellige Primzahlen miteinander multiplizieren und Ihnen das 2000-stellige Ergebnis zukommen lassen, ist es extrem unwahrscheinlich, dass Sie selbst oder ein Computer daraus wieder die ursprünglichen Primzahlen ermitteln könnte. Das ist die Grundlage des RSA-Verfahrens der Public-Key-Verschlüsselung.

Primzahlen faszinieren die Menschen schon seit Tausenden Jahren. Die alten Griechen nannten Zahlen *perfekt*, wenn die Summe aller ihrer Teiler (außer der Zahl selbst) wieder die Zahl ergab. Die Zahl 6 ist zum Beispiel perfekt, weil sie sich durch 1, 2 und 3 glatt teilen lässt, und sich diese Zahlen wiederum zu 6 addieren. Die nächste perfekte Zahl lautet 28, mit den Teilern 1, 2, 4, 7 und 14, Summe 28. Die nächsten beiden perfekten Zahlen sind 496 und 8128. Gibt es hier irgendein Muster? Sehen wir uns ihre Primzahlzerlegungen an:

$$6 = 2 \times 3$$
$$28 = 4 \times 7$$
$$496 = 16 \times 31$$
$$8128 = 64 \times 127$$

Sehen Sie das Muster? Die erste Zahl ist eine Zweierpotenz. Die zweite Zahl ist um 1 kleiner als die doppelt so große Zweierpotenz – und eine Primzahl. (Deswegen tauchen hier in der Liste $8 \times 15$ oder $32 \times 63$ nicht auf, weil 15 und 63 nicht prim sind.) Wir können das Muster in folgendem Theorem zusammenfassen:

**Theorem:** Wenn $2^n - 1$ prim ist, dann ist $2^{n-1} \times (2^n - 1)$ perfekt.

**Beweis:** $p = 2^n - 1$ sei eine Primzahl. Unser Ziel ist es, zu zeigen, dass $2^{n-1}p$ perfekt ist. Welche Teiler hat $2^{n-1}p$? Die Teiler, die nicht den Faktor $p$ verwenden, sind schlicht 1, 2, 4, 8, ... , $2^{n-1}$, was in der Summe $2^n - 1 = p$ ergibt. Alle anderen Teiler (ohne Berücksichtigung von $2^{n-1}p$) verwenden den Faktor $p$, sodass wir bei Addition der Teiler $p(1 + 2 + 4 + 8 + ... + 2^{n-2}) = p(2^{n-1} - 1)$ erhalten. Folglich ist die Gesamtsumme aller Teiler

$$p + p(2^{n-1} - 1) = p(1 + (2^{n-1} - 1)) = 2^{n-1}p$$

wie gewünscht. □

Der große Mathematiker Leonhard Euler (1707–1783) bewies, dass jede gerade perfekte Zahl diesem Schema entspricht. Als ich dieses Buch schrieb, gab es 48 bekannte perfekte Zahlen, und sie alle entsprechen diesem Muster. Gibt es auch ungerade perfekte Zahlen? Das kann im Moment niemand beantworten. Gezeigt wurde, dass eine ungerade perfekte Zahl, falls sie denn existiert, mehr als 300 Stellen haben müsste. Aber niemand hat bisher bewiesen, dass es solche Zahlen nicht geben *kann*.

Es gibt viele ungelöste Rätsel über Primzahlen, die sich ganz einfach formulieren lassen. Wir haben bereits gezeigt, dass nicht bekannt ist, ob es unendlich viele prime Fibonacci-Zahlen gibt. (Allerdings wurde bewiesen, dass es nur zwei echte Quadratzahlen (1 und 144) unter den Fibonacci-Zahlen gibt und zwei echte Kubikzahlen (1 und 8).) Eine weitere ungelöste Frage ist die *Goldbachsche Vermutung*, die da lautet: *Jede gerade Zahl größer 2 ist die Summe zweier Primzahlen.* Auch diese Vermutung ließ sich bisher nicht beweisen. Was gezeigt wurde: Wenn es wirklich ein Gegenbeispiel gibt, muss es mindestens 19 Stellen haben. (Kürzlich wurde bei einer ähnlichen Problemstellung ein Durchbruch erzielt. Im Jahr 2012 zeigte Terrence Tao, dass jede ungerade Zahl größer 1 die Summe von maximal fünf Primzahlen ist. *Primzahlzwillinge* sind zwei Primzahlen, die nur um 2 auseinanderliegen. Die ersten Primzahlzwillinge sind 3 und 5, 5 und 7, 11 und 13, 17 und 19, 29 und 31 usw. Erkennen Sie, warum 3, 5 und 7 die einzigen „Primzahldrillinge" sind? Und obwohl bewiesen wurde (als Spezialfall eines Theorems, das wir Peter Dirichlet verdanken), dass es unendlich viele Primzahlen gibt, die auf 1 (bzw. 3 bzw. 7 bzw. 9) enden, bleibt die Frage offen, ob es unendlich viele Primzahlzwillinge gibt.

Beschließen wir dieses Kapitel mit einem Beweis, der zwar ein wenig hinkt. aber vielleicht können Sie der Aussage trotzdem zustimmen.

**Behauptung:** Alle positiven ganzen Zahlen sind interessant!

**Beweis:** Sie werden mir zustimmen, dass die ersten positiven ganzen Zahlen alle sehr interessant sind. 1 ist die erste Zahl, 2 die erste gerade Zahl, 3 die erste ungerade Primzahl, vier die einzige Zahl, die man V-I-E-R schreibt usw. Nehmen wir nun umgekehrt an, nicht alle Zahlen seien interessant. Dann müsste es eine erste Zahl geben, nennen wir sie $N$, die nicht interessant wäre. Aber das würde $N$ interessant machen! Folglich gibt es keine langweiligen Zahlen! ☺

# Kapitel sieben

# Die Magie der Geometrie

## Einige Geometrie-Überraschungen

Beginnen wir mit einer Geometrie-Aufgabe, die man auch als Zaubertrick vorführen könnte. Folgen Sie auf einem eigenen Blatt Papier folgenden Anweisungen.

Schritt 1: Zeichnen Sie eine Figur mit vier Seiten, deren Seiten sich nicht überschneiden dürfen. (Diese Figur nennt man *Viereck*.) Benennen Sie die vier Ecken im Uhrzeigersinn A, B, C und D. (Einige Beispiele finden Sie folgend abgebildet.)

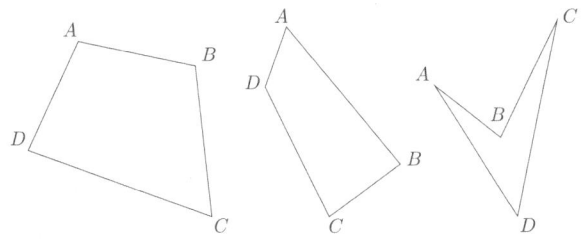

Drei beliebige Vierecke

Schritt 2: Kennzeichnen Sie die Mittelpunkte der Seiten AB, BC, CD und DA mit E, F, G bzw. H.

Schritt 3: Verbinden Sie diese Mittelpunkte, sodass das Viereck *EFGH* entsteht, wie in den folgenden Beispielen.

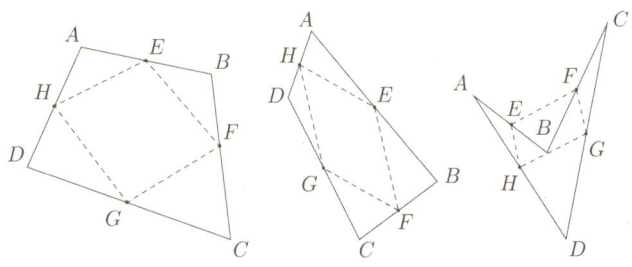

Durch die Verbindung der Mittelpunkte eines Vierecks
entsteht immer ein Parallelogramm.

Ob Sie es glauben oder nicht, *EFGH* wird garantiert immer ein Parallelogramm sein. Anders ausgedrückt: $\overline{EF}$ *ist* parallel zu $\overline{GH}$; $\overline{FG}$ ist parallel zu $\overline{HE}$. $\overline{EF}$ und $\overline{GH}$ sind auch gleich lang, und $\overline{FG}$ und $\overline{HE}$ sind ebenfalls gleich lang. Das wird in der obigen Abbildung illustriert, doch probieren Sie es ruhig an ein paar Dreiecken selbst aus.

Die Geometrie steckt voller solcher Überraschungen. Man geht von einfachen Annahmen aus, macht ein paar simple logische Schritte – und gelangt oft zu hübschen Ergebnissen. Testen wir doch Ihre Intuition in Sachen Geometrie mit einem kurzen Quiz. Einige der Fragen haben intuitiv einleuchtende Antworten; andere Antworten werden Sie überraschen, selbst nachdem Sie die dazugehörige Geometrie gelernt haben.

**Frage 1:** Ein Bauer will einen rechtwinkligen Zaun mit einem Umfang von 52 Fuß (gut 15 Meter) errichten. Welche Form sollte das Rechteck haben, damit seine Fläche maximiert wird?

A) Die Form eines Quadrats (13 Fuß bzw. ca. 3,9 m bzw. Seitenlänge).

B) Nach den Proportionen des goldenen Schnitts (Verhältnis der Seitenlängen 1,618 zu 1; hier ca. 16 Fuß bzw. ca. 4,8 m auf 10 Fuß bzw. ca. 3 m).

C) Das Rechteck so breit wie möglich machen (nahe an 26 Fuß bzw. ca. 7,9 m auf 0 Fuß).

D) Die Fläche ist immer gleich.

**Frage 2:** Betrachten Sie die parallelen Geraden in der Zeichnung unten, mit X und Y auf der unteren Geraden. Wir suchen nach einem dritten Punkt auf der oberen Geraden, bei dem das Dreieck, das X, Y und dieser Punkt bilden, den kleinsten Umfang hat. Wo liegt dieser Punkt?

A) Punkt A (senkrecht über dem Mittelpunkt zwischen X und Y).

B) Punkt B (sodass das Dreieck XYB rechtwinklig ist).

D) Egal. Alle Dreiecke haben denselben Umfang.

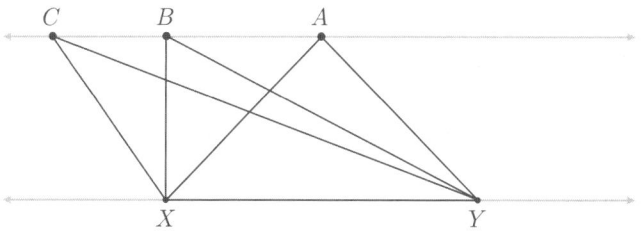

Welcher Punkt auf der oberen Linie führt zum Dreieck mit dem geringsten Umfang? Der größten Fläche?

**Frage 3:** Wie wählt man den obersten Punkt in der obigen Abbildung, sodass das entstehende Dreieck XYP die maximale Fläche bekommt?

A) Punkt A.

B) Punkt B.

C) So weit von X und Y entfernt wie möglich.

D) Egal. Alle Dreiecke haben dieselbe Fläche.

**Frage 4:** Der Abstand zwischen den Torpfosten eines Football-Felds beträgt 360 Fuß (knapp 110 m). Ein Seil mit der Länge 360 Fuß soll straff zwischen den zwei Torpfosten gespannt werden, sodass sich das Seil nicht weiter dehnen kann. Dann wird noch ein Fuß Seil (30,48 cm) dazugegeben. Wie hoch kann das Seil jetzt in der Mitte des Felds hochgehoben werden?

A) Weniger als einen Zoll (2,5 cm).

B) Gerade hoch genug, dass man darunter durchkrabbeln kann.

C) Gerade hoch genug, dass man darunter durchgehen kann.

D) Hoch genug, dass man einen Laster darunter durchfahren kann.

Ein Seil der Länge 361 Fuß wird zwischen Torpfosten gespannt, die 360 Fuß voneinander entfernt stehen. Wie hoch können wir das Seil in der Mitte des Felds anheben?

Hier die Lösungen zu den Fragen, wobei die ersten zwei Lösungen meiner Ansicht nach unmittelbar einleuchten, die beiden anderen aber für viele überraschend sein werden. Weitere Erläuterungen finden Sie weiter unten.

1. A. Bei gegebenem Umfang wird die Fläche eines Rechtecks maximiert, wenn alle seine Seiten gleich lang sind. Die optimale Form ist demnach ein Quadrat.

2. A. Wählt man A, den Punkt über dem Mittelpunkt zwischen X und Y, entsteht das Dreieck mit dem kleinsten Umfang.

3. D. Alle Dreiecke haben dieselbe Fläche.

4. D. In der Mitte des Feldes kann man das Seil mehr als 13 Fuß (4 m) in die Luft heben – da passen die meisten Laster durch.

Die erste Lösung ergibt sich aus einfacher Algebra. Ein Rechteck mit den Seitenlängen $b$ (für Basis) und $h$ (wie Höhe) hat den *Umfang* $2b + 2h$, was die Summe der Längen aller vier

198

Seiten ist. Die *Fläche* bemisst, was in das Rechteck passt und entspricht dem Produkt $b{\times}h$. (Zu Flächen später mehr, s. S. 220) Da der Umfang 52 Fuß (knapp 16 m) betragen soll, haben wir $2b + 2h = 52$, oder gleichbedeutend

$$b + h = 26$$

Und da $h = 26 - b$, ist die Fläche $bh$, die wir zu maximieren versuchen,

$$b(26 - b) = 26b - b^2$$

Bei welchem Wert von $b$ wird diese Fläche maximal? Mit der Infinitesimalrechnung geht das ganz einfach; ich stelle sie Ihnen in Kapitel 11 vor. Wir können $b$ aber auch mittels der Technik der quadratischen Ergänzung finden, mit der ich Sie in Kapitel 2 bekannt gemacht habe. Beachten Sie, dass

$$26b - b^2 = 169 - (b^2 - 26b + 169) = 169 - (b - 13)^2$$

die Fläche unseres Rechtecks ist, wenn die Basis $b$ gewählt wird. Mit $b = 13$ hat unser Rechteck die Fläche $169 - 0^2 = 169$. Mit $b \neq 13$, beträgt unsere Fläche

$$169 - (\text{etwas, das nicht gleich 0 ist})^2$$

Da wir eine positive Zahl von 169 abziehen, muss dieser Wert immer unter 169 liegen. Folglich wird die Fläche des Rechtecks maximiert, wenn $b = 13$ und $h = 26 - b = 13$. Wirklich verblüffend an der Geometrie ist, dass es völlig unerheblich ist, dass der Bauer einen Zaun von 52 Fuß Länge hat. Anhand derselben Methode lässt sich zeigen, dass die Fläche eines Rechtecks bei gegebenem Umfang $p$ immer maximiert wird, wenn man ein Quadrat bildet, dessen Seiten alle die Länge $p/4$ haben.

Die anderen Lösungen können wir erst erklären, nachdem wir ein paar scheinbar paradoxe Resultate betrachtet und einige Klassiker der Geometrie erkundet haben. Warum sollte ein

Dreieck 180 Grad haben? Worum geht's beim Satz des Pythagoras? Wie kann man erkennen, dass zwei Dreiecke dieselbe Form haben, und warum sollte uns das interessieren?

## Klassiker der Geometrie

Der Name Geometrie kommt von den griechischen Wörtern für „Erde" (*gaia* bzw. *gä*) und „Messung" (*meträsis*), und tatsächlich setzte man die Geometrie anfangs ein, um irdische Maße zu nehmen (in Landvermessung und Bauwesen) sowie für die himmlische Anwendung der Astronomie. Aber da die alten Griechen Meister der Deduktion waren, entwickelten sie die Geometrie zu der Kunstform, die sie heute ist. Euklid sammelte das gesamte geometrische Wissen seiner Zeit (um 300 v. Chr.) in seinem Werk *Die Elemente*, einem der erfolgreichsten Lehrbücher aller Zeiten. Dieses Buch führte die Prinzipien der mathematischen Rigorosität, logische Deduktion, die axiomatische Methode und die Verwendung von Beweisen ein. Euklid begann mit fünf *Axiomen* (alias *Postulaten*): unbewiesenen, aber einleuchtenden Aussagen, die man hinnehmen muss. Hat man die Axiome einmal akzeptiert, lassen sich prinzipiell alle geometrischen Wahrheiten daraus ableiten. Hier sind Euklids fünf Axiome (genau genommen hat er sein fünftes Axiom ein wenig anders formuliert, der Inhalt ist aber gleich):

1. Man kann zwei gegebene Punkte auf genau eine Weise mit einer Geraden verbinden.
2. Begrenzte gerade Linien lassen sich in beide Richtungen unendlich zu einer Geraden verlängern.
3. Man kann mit zwei gegebenen Punkten O und P genau einen Kreis zeichnen, bei dem O der Mittelpunkt ist und P auf der Kreislinie liegt.
4. Alle rechten Winkel haben 90 Grad.
5. Für jede Gerade ℓ und einen Punkt P, der nicht auf der Geraden liegt, gibt es genau eine Gerade, die parallel zu der Geraden ℓ verläuft und durch P geht.

**Nebenbemerkung**

Ich sollte klarstellen, dass wir in diesem Kapitel die Geometrie der Ebene behandeln (auch *Euklidische Geometrie* genannt), bei der man davon ausgeht, dass die Objekte auf einer ebenen Oberfläche liegen. Will man Punkte auf Sphären betrachten, muss man einige Axiome ändern; was dann herauskommt, ist allerdings wiederum interessant und nützlich. In der sphärischen Geometrie sind „Geraden" Kreise des maximalen Kreisumfangs (*Großkreise* genannt). Infolgedessen müssen sich alle Geraden irgendwo schneiden, es gibt keine Parallelen. Ändert man Axiom 5 dahingehend, dass es immer mindestens zwei verschiedene Geraden durch P gibt, die parallel zu $\ell$ sind, dann bekommen wir etwas, das man *hyperbolische Geometrie* nennt. Auch sie hat wieder ganz eigene, wunderschöne Theoreme. Viele der brillanten Bilder des Künstlers M.C. Escher beruhen auf hyperbolischer Geometrie. Das Bild unten stammt von Douglas Dunham.

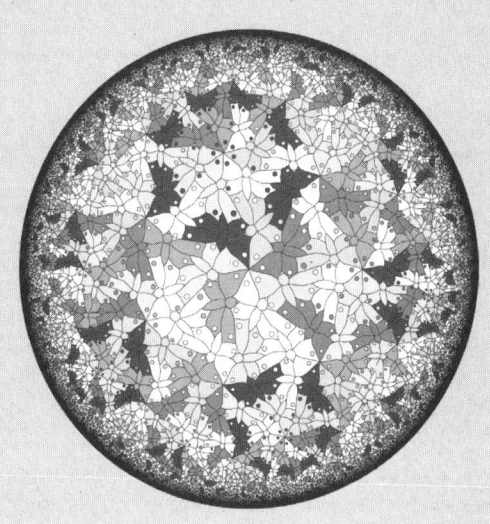

Wie sich später herausstellte, braucht man weitere Axiome, die Euklid nicht erwähnte; einige davon werde ich bei Bedarf erwähnen. Da dieses Kapitel kein Geometrie-Lehrbuch ersetzen kann, versuche ich gar nicht erst, alles von Anfang an zu definieren und zu beweisen. Ich nehme einfach an, dass Sie eine intuitive Vorstellung davon haben, was ein Punkt ist, eine Gerade, ein Winkel, ein Kreis, ein Umfang und eine Fläche. Ich versuche auch, möglichst wenig Fachchinesisch und -notation zu verwenden, damit wir uns ganz auf die interessanten Ideen der Geometrie konzentrieren können. Ich gehe jetzt einfach mal davon aus, dass Sie bereits wissen (oder mir glauben), dass ein Kreis 360 Grad hat, geschrieben 360°. Das Maß eines Winkels liegt irgendwo zwischen 0° und 360°. Stellen Sie sich die Zeiger einer Uhr vor, die sich im Zentrum eines Kreises treffen. Um 1 Uhr bilden die Zeiger einen Winkel, der ein 1/12 eines Kreises abdeckt, also 30°. Um drei Uhr bilden die Zeiger einen Viertelkreis, also einen Winkel von 90°. Solche Winkel nennt man *rechte Winkel*, und die Geraden oder Strecken, die sie bilden, bezeichnet man als *senkrecht zueinander*. Eine gerade Linie, wie um 6 Uhr, bildet einen Winkel von 180 Grad.

Die obigen Winkel haben die Maße 30°, 90° und 180°:

Hier ein wichtiger Hinweis zur Notation: Die Strecke, die die Punkte $A$ und $B$ verbindet, schreibt man $\overline{AB}$, meint man die Länge der Strecke, lässt man den Strich darüber weg. Die Länge von $\overline{AB}$ ist also *[AB]*.

Wenn sich zwei Geraden schneiden, entstehen vier Winkel, wie in der Abbildung auf S. 203. Was können wir über diese

Winkel sagen? Man sieht: Zwei benachbarte Winkel (sog. *Nebenwinkel*, wie *a* und *b*) bilden zusammen eine Gerade, also den Winkel von 180°. Folglich müssen sich *a* und *b* zu 180° addieren. (Man nennt solche Winkel *Ergänzungswinkel*.) Diese Eigenschaft gilt für alle nebeneinanderliegenden Winkel.

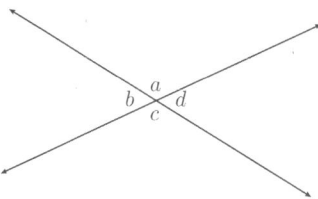

Wenn zwei Geraden sich schneiden, summieren sich benachbarte Winkel zu 180°. Einander gegenüberliegende Winkel (*Gegenwinkel* genannt) sind gleich. Hier bilden die Winkel *a* und *c* ein Gegenwinkelpaar, ebenso wie *b* und *d*.

Anders ausgedrückt:

$$a + b = 180°$$
$$b + c = 180°$$
$$c + d = 180°$$
$$d + a = 180°$$

Zieht man die zweite Gleichung von der ersten ab, erfahren wir, dass $a - c = 0$. Folglich

$$a = c$$

Zieht man die dritte Gleichung von der zweiten ab, erhalten wir

$$b = d$$

Wenn sich zwei Geraden schneiden, heißen die einander gegenüberliegenden Winkel *Gegen- oder Scheitelwinkel*. Wir haben soeben den **Scheitelwinkelsatz** bewiesen: *Gegenwinkel sind identisch.*

Unser nächstes Ziel lautet, zu beweisen, dass die Summe der Winkel in jedem Dreieck 180 Grad beträgt. Dafür muss ich zuerst ein paar Dinge über Parallelen sagen. Wir sagen, dass zwei Geraden *parallel* zueinander sind, wenn sie sich nie schneiden. (Sie erinnern sich: Geraden erstrecken sich unendlich in beide Richtungen.) Die Abbildung unten zeigt zwei parallele Geraden, $\ell_1$ und $\ell_2$, und eine dritte Gerade $\ell_3$, die nicht parallel zu ihnen verläuft und sie folglich an den Punkten $P$ bzw. $Q$ schneidet. Betrachtet man das Bild, wirkt es, als würde die Gerade $\ell_3$ die Geraden $\ell_1$ und $\ell_2$ im selben Winkel schneiden. Wir glauben also, dass $a = e$. Wir nennen die Winkel $a$ und $e$ *Stufenwinkel*. (Weitere Beispiele für Stufenwinkel sind die Winkel $b$ und $f$, $c$ und $g$ sowie $d$ und $h$.) Es wirkt eindeutig so, als sollten Stufenwinkel immer gleich sein, doch das lässt sich aus den fünf Original-Axiomen nicht beweisen. Wir brauchen also ein neues Axiom.

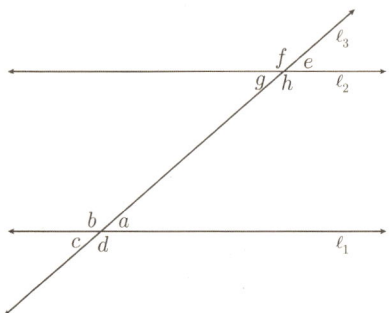

Stufenwinkel sind gleich. Hier $a = e$, $b = f$, $c = g$ und $d = h$.

**Stufenwinkelsatz:** Stufenwinkel sind gleich. Gemeinsam mit dem Scheitelwinkelsatz ergibt sich für die obige Abbildung, dass gelten muss

$$a = c = g = e$$

$$b = d = h = f$$

In Mathebüchern stehen oft besondere Namen für die Paare gleicher Winkel. Die Winkel $a$ und $g$, die ein Z-Muster bilden, heißen auch *Wechselwinkel*. So haben wir gezeigt, dass alle Winkel identisch mit ihren Scheitelwinkeln sind, mit ihren Stufenwinkeln und mit ihren Wechselwinkeln. Dieses Ergebnis verwenden wir nun, um ein fundamentales Theorem der Geometrie zu beweisen.

**Theorem:** Die Winkelsumme eines Dreiecks beträgt immer 180 Grad.

**Beweis:** Betrachten Sie ein Dreieck $ABC$, wie in der folgenden Abbildung, mit den Winkeln $a$, $b$ und $c$. Zeichnen Sie nun eine Gerade durch den Punkt B, die parallel zur Geraden durch $A$ und $C$ ist. Die Winkel $d$, $b$ und $e$ bilden eine Gerade, folglich ist $d + b + e = 180°$. Doch nun sind $a$ und $d$ Wechselwinkel, ebenso wie $c$ und $e$. Folglich gilt $d = a$ und $e = c$, also $a + b + c = 180°$, wie gewünscht. □

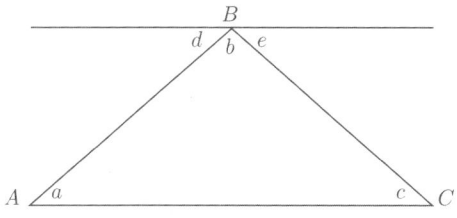

Warum gilt $a + b + c = 180°$?

**Nebenbemerkung**

Das Theorem, dass die Winkel eines Dreiecks 180° ergeben, ist in der euklidischen Geometrie der Ebenen eine essenzielle Tatsache, doch in anderen Geometrien gilt es nicht notwendigerweise. Stellen Sie sich zum Beispiel vor, Sie zeichnen ein Dreieck auf einen Globus. Sie fangen am Nordpol an, gehen entlang irgendeines Längengrads zum Äquator hinunter, biegen dort genau rechtwinklig ab, gehen ein Viertel des Erdumfangs am Äquator entlang und biegen dann wieder genau rechtwinklig ab und gehen einen Längengrad entlang zurück zum Nordpol. Das von Ihnen gebildete Dreieck hat genau drei rechte Winkel und eine Winkelsumme von 270°. In der sphärischen Geometrie ist die Winkelsumme von Dreiecken nicht konstant, und das Ausmaß, in dem die Summe 180° übersteigt, ist direkt proportional zur Fläche des jeweiligen Dreiecks.

Im Geometrieunterricht wird viel Zeit darauf verwendet, die *Kongruenz* verschiedener Objekte zu beweisen. Kongruenz bedeutet, dass ein Objekt durch Verschieben, Drehen oder Wenden in das andere Objekt verwandelt werden kann. Beispielsweise sind die unten abgebildeten Dreiecke *ABC* und *DEF* kongruent, da wir *DEF* so verschieben können, dass es das Dreieck *ABC* genau bedeckt.

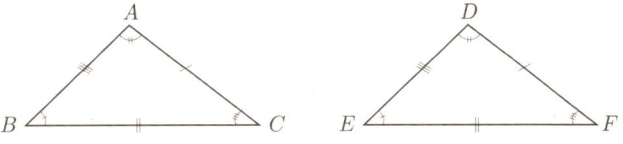

Kongruente Dreiecke

Wir zeigen dies mit einem Symbol an und schreiben *ABC DEF*. Kongruenz bedeutet, dass alle entsprechenden Längen und Winkel genau gleich sind. Konkret sind die Seitenlängen $\overline{AB}$, $\overline{BC}$ und $\overline{CA}$ jeweils identisch mit $\overline{DE}$, $\overline{EF}$ und $\overline{FD}$, und die Winkel bei *A*, *B* und *C* sind jeweils identisch mit den Winkeln bei *D*, *E* und *F*. In der Zeichnung haben wir das markiert, indem wir gleiche Winkel und gleiche Seiten mit der gleichen Anzahl von kleinen Strichen gekennzeichnet haben.

Sobald man weiß, dass einige Seiten und Winkel gleich sind, ergibt sich der Rest oft automatisch. Weiß man beispielsweise, dass alle drei Seiten gleich lang sind und dass zwei Winkelpaare jeweils gleich sind (sagen wir $\angle A = \angle D$ und $\angle B = \angle E$), dann muss das dritte Winkelpaar ebenfalls gleich sein, folglich sind die Dreiecke kongruent. Wir brauchen aber gar nicht all diese Informationen. Sobald man weiß, dass zwei Seitenlängen identisch sind, etwa $\overline{AB} = \overline{DE}$ und $\overline{AC} = \overline{DF}$, und die Winkel dazwischen identisch sind, hier $\angle A = \angle D$, dann folgt alles weitere zwangsläufig: $\overline{BC} = \overline{EF}$, $\angle B = \angle E$ und $\angle C = \angle F$. Wir nennen das den SWS-Satz, wobei SWS für „Seite-Winkel-Seite" steht.

Der SWS-Satz ist kein Theorem, weil er mit den gegebenen Axiomen nicht bewiesen werden kann. Doch wenn wir ihn erst einmal akzeptieren, können wir weitere Kongruenzsätze rigoros beweisen: SSS (Seite-Seite-Seite), WSW (Winkel-Seite-Winkel) und SWW (Seite-Winkel-Winkel). Den analogen Kongruenzsatz SSW (Seite-Seite-Winkel) gibt es nicht, da der gemeinsame Winkel zwischen den zwei gleichen Seiten liegen muss, damit sicher Kongruenz besteht. Der Kongruenzsatz SSS ist der bemerkenswerteste, weil er besagt, dass zwei Dreiecke dieselben Winkel aufweisen müssen, wenn ihre jeweiligen Seiten gleich lang sind.

Wenden wir SWS an, um den wichtigen *Basiswinkelsatz für gleichschenklige Dreiecke* zu beweisen. Ein Dreieck heißt gleichschenklig, wenn zwei seiner Seiten gleich lang sind. Lassen Sie mich, wenn wir schon dabei sind, ein paar weitere Dreieckstypen vorstellen. Ein Dreieck mit drei gleichen Seiten heißt *gleichseitig*, ein Dreieck mit einem einem 90°-Winkel

heißt *rechtwinklig*, ein Dreieck mit einem Winkel größer 90°
heißt *stumpfwinklig*, sind alle Winkel eines Dreiecks kleiner
als 90°, heißt es *spitzwinklig*.

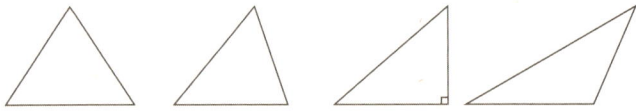

Gleichseitiges, spitzwinkliges, rechtwinkliges,
und stumpfwinkliges Dreieck

**Basiswinkelsatz für gleichschenklige Dreiecke:** Ist *ABC* ein
gleichschenkliges Dreieck mit gleichen Seitenlängen
$\overline{AB} = \overline{AC}$, dann sind die Winkel, die den gleich langen Seiten
gegenüberliegen, ebenfalls gleich:

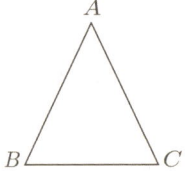

Basiswinkelsatz für gleichschenklige Dreiecke:
Wenn $\overline{AB} = \overline{AC}$, dann $\angle B = \angle C$

**Beweis:** Man beginnt, indem man eine Gerade durch A zeichnet, die den Winkel $\angle A$ genau halbiert, wie auf S. 209 gezeigt.
(Man spricht von der *Winkelhalbierenden* an Punkt A.) Nennen
wir den Schnittpunkt mit der Seite $\overline{BC}$ X.

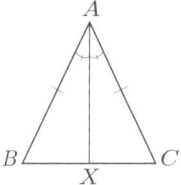

Wir beweisen den Basiswinkelsatz für gleichschenklige Dreiecke, indem wir die Winkelhalbierende zeichnen und den SWS-Satz anwenden.

Wir behaupten, dass die Dreiecke $BAX$ und $CAX$ kongruent sind. Das folgt aus SWS, da $\overline{BA} = \overline{CA}$ (schließlich handelt es sich um ein gleichschenkliges Dreieck), $\angle BAX = \angle CAX$ (wir haben die Winkelhalbierende gezeichnet), und $\overline{AX} = \overline{AX}$. (Nein, das ist kein Tippfehler – [AX] gehört zu den beiden zu vergleichenden Dreiecken und hat folglich in beiden dieselbe Länge!) und da $BAX \cong CAX$, müssen die restlichen Seiten und Winkel ebenfalls identisch sein. Insbesondere gilt $\angle B = \angle C$, was wir ja zeigen wollten. □

**Nebenbemerkung**

Der Basiswinkelsatz für gleichschenklige Dreiecke lässt sich auch über den SSS-Satz beweisen. Für diesen Beweis nennen wir M den Mittelpunkt von [BC], an dem gilt $\overline{BM} = \overline{MC}$. Dann zeichnet man die [AM] (man nennt das die Seitenhalbierende). Wie beim obigen Beweis sind die Dreiecke BAM und CAM kongruent, da $\overline{BA} = \overline{CA}$ (gleichschenklig), $\overline{AM} = \overline{AM}$ und $\overline{MB} = \overline{MC}$ (Mittelpunkt). Es folgt aus SSS, dass BAM = CAM, also sind ihre jeweiligen Winkel ebenfalls identisch. Insbesondere gilt $\angle B = \angle C$, wie gewünscht.

Aus der Kongruenz folgt, dass $\angle BAM = \angle CAM$, die Seitenhalbierende [AM] ist auch die Winkelhalbierende. Darüber hinaus gilt, da $\angle BMA = \angle CMA$ und beide zu-

sammen 180° ergeben, dass sie jeweils 90° haben müssen. In einem gleichschenkligen Dreieck ist die Winkelhalbierende bei A auch die Mittelsenkrechte von [BC].
Übrigens gilt auch die *Umkehrung des Basiswinkelsatzes
für gleichschenklige Dreiecke*. Wenn also ∠B = ∠C,
dann gilt auch $\overline{AB} = \overline{AC}$. Dies lässt sich beweisen, indem
man die Winkelhalbierende an A zum Punkt X zeichnet,
wie beim ersten Beweis. Jetzt leiten wir aus SWW ab,
dass BAX = CAX, weil ∠B = ∠C (unsere Annahme),
∠BAX = ∠CAX (Winkelhalbierende), und $\overline{AX} = \overline{AX}$.
Folglich gilt $\overline{AB} = \overline{AC}$, das Dreieck ist also gleichschenklig.

In einem gleichseitigen Dreieck, wo *alle* Seiten gleich lang
sind, können wir den obigen Satz auf alle drei Seitenpaare anwenden und so zeigen, dass alle drei Winkel gleich sind. Da
ihre Summe 180° beträgt, gilt folgendes

**Korollar:** In einem gleichseitigen Dreieck müssen alle
Winkel 60° haben. Dem SSS-Satz zufolge müssen zwei Drei-
ecke *ABC* und *DEF* mit jeweils gleich langen Seiten ($\overline{AB} = \overline{DE}$,
$\overline{BC} = \overline{EF}$, $\overline{CA} = \overline{FD}$), auch jeweils gleiche Winkel aufweisen
(∠A = ∠D, ∠B = ∠E, ∠C = ∠F). Stimmt die Umkehrung
auch? Wenn *ABC* und *DEF* jeweils gleiche Winkel aufweisen,
müssen dann ihre jeweiligen Seiten gleich lang sein? Ganz und
gar nicht, wie die folgende Abbildung zeigt.

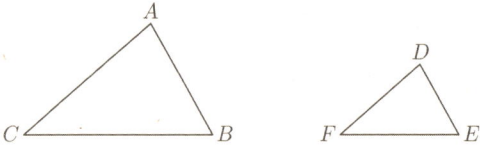

Ähnliche Dreiecke haben gleiche Winkel
und proportionale Seitenlängen.

Zwei Dreiecke mit identischen Winkeln heißen *ähnlich*. Im Grunde sind ähnliche Dreiecke nur verschieden große Versionen desselben Dreiecks. Sind zwei Dreiecke $ABC$ und $DEF$ ähnlich ( $ABC \sim DEF$ geschrieben, was bedeutet $\angle A = \angle D$, $\angle B = \angle E$, $\angle C = \angle F$), dann sind alle Seiten des einen Dreiecks um den positiven Faktor $k$ gegenüber den entsprechenden Seiten im anderen Dreieck skaliert. Es gilt $\overline{DE} = k\overline{AB}$, $\overline{EF} = k\overline{BC}$ und $\overline{FD} = k\overline{CA}$.

Lassen Sie uns das Gelernte anwenden, um Frage 2 vom Anfang des Kapitels zu beantworten. Sie erinnern sich: Wir gingen von zwei parallelen Geraden aus und einer Strecke $\overline{XY}$ auf der unteren Geraden. Unser Ziel bestand darin, den Punkt $P$ auf der oberen Geraden zu finden, der den Umfang des Dreiecks $XYP$ minimiert. Wir behaupteten das Folgende:

**Theorem:** Der Punkt $P$ auf der oberen Geraden, bei dem der Umfang des Dreiecks $XYP$ minimiert wird, liegt direkt über dem Mittelpunkt von [XY].

Das ließe sich zwar auch mit kniffliger Infinitesimalrechnung zeigen, aber wir werden sehen, dass Geometrie uns erlaubt, dieses Problem mit ein wenig „Reflexion" zu lösen. (Der folgende Beweis ist interessant, aber eher lang; Sie dürfen ihn getrost überspringen oder überfliegen.)

**Beweis:** $P$ sei ein beliebiger Punkt auf der oberen Geraden und $Z$ der Punkt auf der Geraden direkt über $Y$. (Genauer gesagt, liegt $Z$ auf der Geraden, auf der auch $P$ liegt, und zwar so, dass $YZ$ senkrecht zu *beiden* Geraden liegt, s. Zeichnung auf S. 212). $Y'$ sei der Punkt auf dieser senkrechten Geraden, für den gilt $\overline{Y'Z} = \overline{ZY}$. Mit anderen Worten: Wenn die obere Gerade ein großer Spiegel wäre, wäre $Y'$ das Abbild von $Y$ bei Spiegelung am Punkt $Z$. Ich behaupte, dass die Dreiecke $PZY$ und $PZY'$ kongruent sind. Und zwar, weil $\overline{PZ} = \overline{ZP}$, $\angle PZY = 90° = \angle PZY'$, die Dreiecke sind also nach SWS kongruent. Folglich gilt $\overline{ZY} = \overline{ZY'}$, was wir ausnützen können.

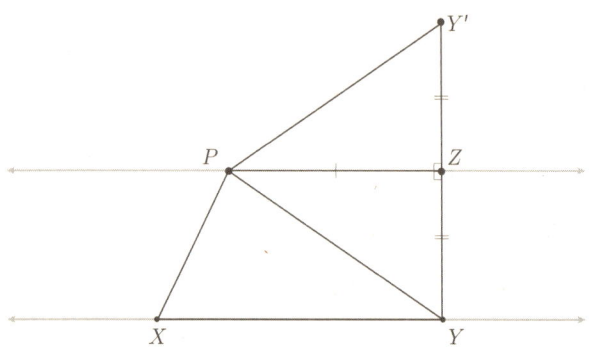

Da die Dreiecke *PZY und PZY'* kongruent sind (SWS),
muss gelten $\overline{PY} = \overline{PY'}$

Der Umfang des Dreiecks *YXP* ist die Summe der drei Längen

$$\overline{YX} + \overline{XP} + \overline{PY}$$

und da wir gezeigt haben, dass $\overline{PY} = \overline{PY'}$, entspricht der Umfang auch

$$\overline{YX} + \overline{XP} + \overline{PY'}$$

Nun ist die Streckenlänge unabhängig von *P*, sodass sich unsere Aufgabe darauf reduziert, den Punkt *P* zu finden, an dem + minimal wird.

Beachten Sie, dass die Strecken $\overline{XP}$ und $\overline{PY'}$ einen krummen Pfad von *X zu Y' bilden*. Da die kürzeste Verbindung zwischen zwei Punkten eine Gerade ist, können wir den optimalen Punkt *P\** finden, indem wir einfach eine Gerade von *X* zu *Y'* ziehen. *P\** ist der Punkt, an dem diese Gerade die obere Gerade schneidet (s. Abb. auf S. 213). Warum sind wir noch nicht fertig? Um den Beweis abzuschließen, müssen wir zeigen, dass *P\** direkt über dem Mittelpunkt von [XY] liegt.

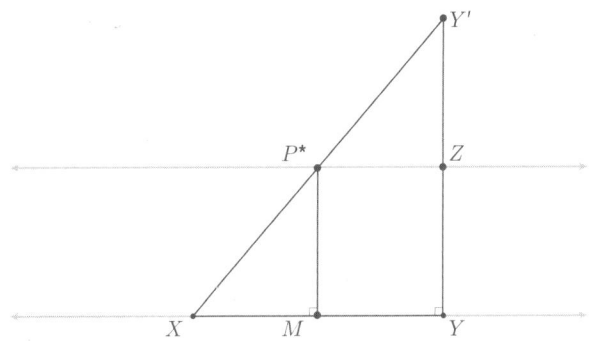

Die Dreiecke $MXP^*$ und $YXY'$ sind ähnlich (mit Skalierungsfaktor 2).

$M$ bezeichnet den Punkt direkt unter $P^*$ (sodass $P^*M$ senkrecht zu $XY$ liegt). Da die obere und die untere Gerade parallel sind, müssen die Streckenlängen $\overline{P^*M}$ und $\overline{ZY}$ identisch sein. (Das leuchtet sofort ein, da parallele Geraden überall denselben Abstand haben, aber man kann es auch beweisen, indem man die Strecke [MZ] zeichnet und zeigt, dass die Dreiecke $MYZ$ und $ZP^*M$ über WSW kongruent sind.)

Um zu beweisen, dass $M$ der Mittelpunkt von [XY] ist, beweisen wir zuerst, dass die Dreiecke $MXP^*$ und $YXY'$ ähnlich sind. Beachten Sie, dass $\angle MXP^*$ und $\angle YXY'$ gleich sind, $\angle P^*MX = \angle Y'YX$ gleich 90° – und sobald wir zwei gleiche Winkelpaare haben, müssen die dritten Winkel auch gleich sein, da die Winkelsumme 180° beträgt. Wie groß ist der Skalierungsfaktor zwischen den ähnlichen Dreiecken? Aus der Konstruktion ergibt sich

$$\overline{YY'} = \overline{XZ} + \overline{ZY'} = 2\overline{YZ} = 2\overline{MP^*}$$

der Skalierungsfaktor 2. Folglich ist die Strecke $\overline{XM}$ halb so lang wie $\overline{XY}$, und ist demnach der Mittelpunkt von [XY].

Wir fassen zusammen: Wir haben gezeigt, dass der Punkt $P^*$ auf der oberen Geraden, der den Umfang des Dreiecks $XYP$ minimiert, direkt über dem Mittelpunkt von [XY] liegt. □

Manchmal lassen sich Geometrie-Aufgaben algebraisch lösen. Angenommen, wir zeichnen die Strecke [AB] auf einer Ebene, wobei $A$ die Koordinaten $(a_1, a_2)$ und $B$ die Koordinaten $(b_1, b_2)$ hat. Dann hat der Mittelpunkt $M$, der auf der halben Strecke zwischen $A$ und $B$ liegt, die Koordinaten

$$M = \left( \frac{a_1 + a_2}{2}, \frac{b_1 + b_2}{2} \right)$$

wie unten gezeigt. Falls beispielsweise $A = (1, 2)$ und $B = (3, 4)$, dann ist der Mittelpunkt von [AB] $M = ((1 + 3)/2, (2 + 4)/2) = (2, 3)$.

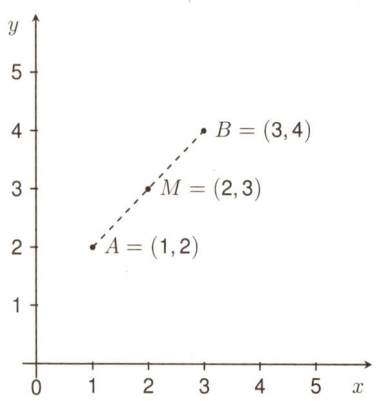

Der Mittelpunkt einer Strecke wird ermittelt, indem man den Durchschnitt aus den Endpunkten bildet.

Verwenden wir diesen Umstand, um eine nützliche Tatsache über Dreiecke zu beweisen. Zeichnen Sie ein Dreieck und verbinden Sie dann die Mittelpunkte zweier beliebiger Seiten. Fällt Ihnen etwas auf? Die Antwort erhalten Sie im folgenden Theorem.

**Mittellinienkehrsatz:** Zeichnen wir bei einem beliebigen Dreieck $ABC$ (in der Ebene), eine Strecke, die den Mittelpunkt

214

der Strecken [AB] und [BC] verbindet, dann ist diese Strecke parallel zu der dritten Seite [AC]. Außerdem gilt: Wenn die Länge von $\overline{AC}$ gleich $b$ ist, dann hat die Strecke, die die beiden Mittelpunkte verbindet, die Länge $b/2$.

**Beweis:** Zeichnen Sie das Dreieck $ABC$ so in ein Koordinatensystem, dass $A$ an dessen Ursprung $(0, 0)$ liegt und die Seite [AB] horizontal ist, sodass sich $C$ am Punkt $(b, 0)$ befindet, wie unten abgebildet. Angenommen, Punkt $B$ befinde sich an den Koordinaten $(x, y)$. Dann hat der Mittelpunkt von [AB] *die Koordinaten* $(x/2, y/2)$ und der Mittelpunkt von [BC] die Koordinaten $((x + b)/2, y/2)$. Da beide Mittelpunkte die gleiche $y$-Koordinate haben, muss die Verbindungslinie zwischen ihnen horizontal verlaufen, also parallel zur Seite [AC]. Außerdem beträgt die Länge der Strecke $(x + b)/2 - x/2 = b/2$, wie behauptet. □

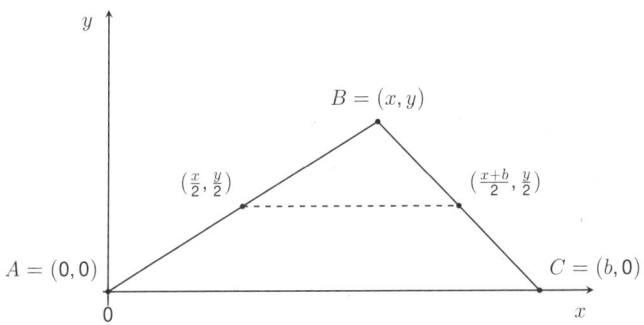

Wenn die Mittelpunkte zweier Seiten eines Dreiecks mit einer Strecke verbunden werden, verläuft diese Strecke parallel zur dritten Seite und ist genau halb so lang wie sie.

Der Zaubertrick vom Anfang des Kapitels beruht auf diesem Theorem. Wir gingen vom Viereck $ABCD$ aus, verbanden die Mittelpunkte und bildeten so ein zweites Viereck $EFGH$, das sich unfehlbar als Parallelogramm herausstellte. Schauen wir uns einmal an, warum das funktioniert. Stellen wir uns dazu eine Diagonale von Ecke *A* zu Ecke *C* vor. Durch sie entstehen zwei Dreiecke, *ABC* und *ADC*, wie in der Zeichnung gezeigt.

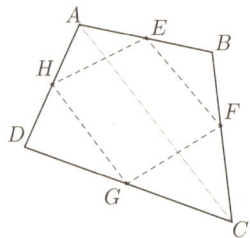

Nach dem Mittellinienkehrsatz verlaufen *EF und GH* parallel zu *AC.*

Wenden wir den Mittellinienkehrsatz auf die Dreiecke *ABC* und *ADC* an, erkennen wir, dass [EF] parallel zu [AC] liegt und [AC] parallel zu [GH]. Folglich ist [EF] parallel zu [GH]. (Überdies haben [EF] und [GH] dieselbe Länge, da beide genau halb so lang sind wie [AC].) Wenn wir uns eine Diagonale zwischen *B* und *D* vorstellen, kommen wir nach derselben Logik zum Ergebnis, dass [FG] und [HE] parallel verlaufen und dieselbe Länge haben. Folglich ist *EFGH* ein Parallelogramm.

Viele bisher vorgestellte Theoreme handeln von Dreiecken, und tatsächlich verwendet man in der Geometrie viel Zeit darauf, Dreiecke zu untersuchen. Dreiecke sind die einfachsten *Polygone*, es folgen Vierecke, Fünfecke (Pentagone) usw. Ein Polygon mit *n* Seiten wird mitunter *n-gon* genannt. Wir haben gezeigt, dass die Summe aller Winkel in einem Dreieck 180° beträgt. Was kann man über Polygone mit mehr als drei Seiten sagen? Ein Viereck, z. B. ein Quadrat, ein Rechteck oder ein Parallelogramm, hat 4 Seiten. In einem Rechteck haben alle vier Winkel 90°, folglich muss ihre Summe 360° betragen. Das folgende Theorem zeigt, dass dieser Umstand für *jedes* Rechteck gilt.

**Theorem:** Die Summe aller Winkel in einem Viereck beträgt 360°.

**Beweis:** Nehmen Sie ein beliebiges Viereck mit den Ecken *A*, *B*, *C* und *D,* wie unten abgebildet. Man zeichnet eine Strecke von A nach C und teilt das Viereck dadurch in zwei Dreiecke, die wiederum jeweils eine Winkelsumme von 180° haben. Folglich beträgt die Summe der Winkel im Viereck 2 × 180° = 360°. □

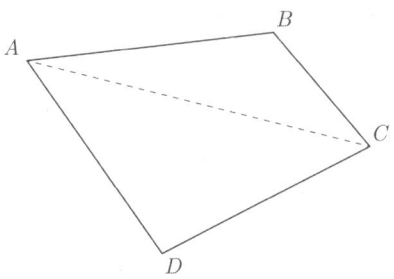

Die Summe der Winkel in einem Viereck beträgt 360°.

Ein weiteres Theorem sollte das Muster deutlich machen.

**Theorem:** Die Winkelsumme im Fünfeck beträgt 540°.

**Beweis:** Nehmen Sie ein beliebiges Fünfeck mit den Ecken *A*, *B*, *C*, *D* und *E,* wie auf S. 218 abgebildet. Indem Sie A und C verbinden, teilen Sie das Fünfeck in ein Dreieck und ein Viereck. Wir wissen, dass sich die Winkel des Dreiecks *ABC* zu 180° summieren und, dank des obigen Theorems, dass die Winkelsumme im Viereck 360° beträgt. Folglich beträgt die Winkelsumme im Fünfeck 180° + 360° = 540°. □

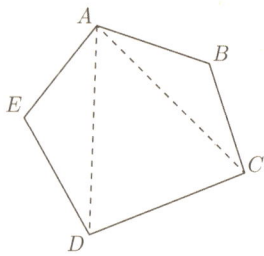

Die Summe der Winkel im Fünfeck beträgt 540°.

Wir erhalten das folgende Theorem, indem wir bei einem $n$-gon analog vorgehen und einen Beweis per Induktion führen oder $n - 2$ Dreiecke entstehen lassen, indem wir von $A$ zu allen anderen Ecken Linien ziehen.

**Theorem:** Die Winkelsumme eines $n$-gons beträgt $180(n - 2)$ Grad.

Hier eine magische Anwendung dieses Theorems. Zeichnen Sie ein Oktagon (ein Achteck) und zeichnen Sie 5 Punkte beliebig hinein. Verbinden Sie dann die Ecken und Punkte so, dass im Achteck lauter Dreiecke entstehen. (Man nennt das *Triangulation*.) Unten sehen Sie zwei Beispiele für verschiedene Triangulationen; mit dem leeren Achteck können Sie es selbst mal ausprobieren.

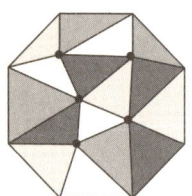 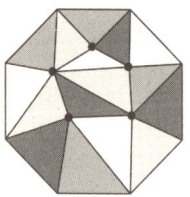 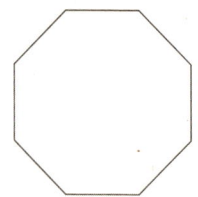

In meinen beiden Beispielen bekamen wir genau 16 Dreiecke. Auch Sie sollten in Ihrem Achteck 16 Dreiecke erhalten, egal, wohin Sie die Punkte im Achteck gezeichnet haben. (Wenn Sie keine 16 Dreiecke herausbekommen haben, sehen Sie sich alle Flächen im Inneren an und vergewissern Sie sich, dass diese nicht mehr als drei Ecken haben. Wenn eine dreieckig aussehende Fläche vier Ecken hat, müssen Sie eine weitere Linie einzeichnen, um sie sauber in zwei Dreiecke zu teilen.) Die Erklärung dafür liefert das folgende Theorem.

**Theorem:** Jede Triangulation eines Polygons mit $n$ Seiten und $p$ Punkten im Inneren enthält genau $2p + n - 2$ Dreiecke.

Im obigen Beispiel war $n = 8$ und $p = 5$, dem Theorem zufolge müssen also $10 + 8 - 2 = 16$ Dreiecke entstehen.

**Beweis:** Angenommen, bei der Triangulation entstehen exakt $T$ Dreiecke. Wir zeigen, dass $T = 2p + n - 2$, indem wir das folgende Abzählproblem auf zweierlei Arten beantworten.

**Frage:** Was ist die Summe aller Winkel in allen Dreiecken?

**Antwort 1:** Da es $T$ Dreiecke gibt, die je eine Winkelsumme von 180° haben, muss die Summe $180T$ Grad betragen.

**Antwort 2:** Lassen Sie uns das Problem in zwei Teile trennen. Die Winkel um alle Punkte $p$ im Inneren müssen einen Vollkreis beschreiben, also tragen die Punkte insgesamt $360p$ zum Gesamtergebnis bei. Darüber hinaus wissen wir aus unserem vorigen Theorem, dass die Winkelsumme des $n$-gons $180(n-2)$ Grad beträgt. Folglich beträgt die Summe aller Winkel $360p + 180(n-2)$ Grad.

Setzen wir unsere zwei Antworten gleich, erhalten wir

$$180T = 360p + 180(n - 2)$$

Teilt man beide Seiten durch 180, erhält man

$$T = 2p + n - 2$$

wie vorhergesagt. ☺

# Umfänge und Flächen

Der *Umfang* eines Polygons ist die Summe der Seitenlängen.
Ein Rechteck mit der Breite $b$ und der Höhe $h$ hat den Umfang
$2b+2h$, da es zwei Seiten der Länge $b$ und zwei Seiten der Länge $h$ hat. Wie sieht es mit der Fläche des Rechtecks aus? Wir
definieren die Fläche eines 1 x 1-Quadrats (des Einheitsquadrats) als 1. Wenn $b$ und $h$ positive ganze Zahlen sind, wie in der
Abbildung unten, dann können wir die Fläche in $bh$ 1 x 1-Quadrate aufteilen, folglich ist die Fläche $bh$. Allgemein definieren
wir für jedes Rechteck der Breite $b$ und der Höhe $h$ (wobei $b$
und $h$ positive, aber nicht notwendigerweise ganze Zahlen
sind), die Fläche als $bh$.

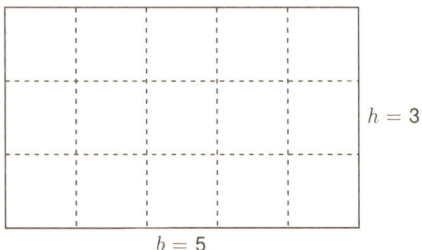

Ein Rechteck mit Breite $b$ und Höhe $h$ hat den Umfang $2b + 2h$ und die
Fläche $bh$.

**Nebenbemerkung**
In diesem Kapitel haben wir oft die Algebra eingesetzt,
um die Geometrie zu verstehen. Manchmal funktioniert es
aber auch umgekehrt. Betrachten Sie die folgende Algebra-Aufgabe: Wie klein kann die Summe $x + 1/x$ werden,
wenn $x$ jede positive Zahl sein darf? Bei $x = 1$ erhalten wir
2; bei $x = 1,25$ erhalten wir $1,25 + 0,8 = 2,05$, bei $x = 2$
erhalten wir 2,5. Auf den ersten Blick scheint es also, als

wäre die kleinstmögliche Summe 2, und das stimmt auch. Aber wie können wir dessen sicher sein? Mit der Infinitesimalrechnung, die ich Ihnen in Kapitel 11 vorstelle, lässt sich die Aufgabe ganz schnell lösen, aber in diesem Fall reicht auch einfache Geometrie.

Betrachten Sie das geometrische Objekt unten: Es besteht aus vier Dominosteinen, jeweils mit den Dimensionen $x$ *auf* $1/x$, so aneinandergelegt, dass sie ein Quadrat mit einem Loch in der Mitte bilden. Was ist die Fläche des Objekts (mit Loch)?

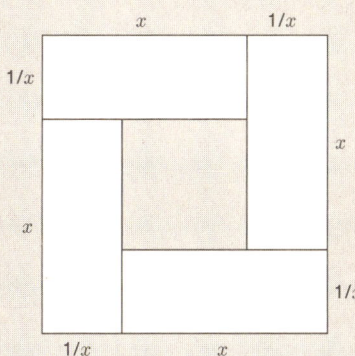

Einerseits ist das Objekt ein Quadrat mit Seitenlänge $x + 1/x$, folglich muss die Fläche $(x + 1/x)^2$ betragen. Gleichzeitig ist die Fläche jedes Dominosteins 1, folglich muss die Fläche des Objekts mindestens 4 sein. Demnach gilt $(x + 1/x)^2 \geq 4$, was impliziert, dass $x + 1/x \geq 2$, wie gewünscht. ☺

Von der Fläche eines Rechtecks ausgehend, lässt sich die Fläche fast jeder geometrischen Figur ableiten. Wir beginnen mit dem Dreieck.

**Theorem:** Ein Dreieck mit Basis $b$ und Höhe $h$ hat die Fläche $\frac{1}{2} bh$.

Zur Veranschaulichung haben alle unten abgebildeten Dreiecke dieselbe Basis *b* und Höhe *h*, folglich auch dieselbe Fläche. Das war der Kern der Frage 3 am Anfang dieses Kapitels, und die Lösung überrascht viele.

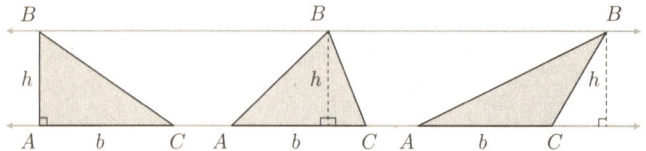

Die Fläche eines Dreiecks mit Basis *b* und Höhe *h* beträgt ½ *bh*, unabhängig davon, ob das Dreieck rechtwinklig, spitz- oder stumpfwinklig ist.

Es gibt drei Fälle zu unterscheiden, je nach Größe der Basiswinkel ∠*A* und ∠*C*. Wenn ∠*A* oder ∠*C* ein rechter Winkel ist, können wir das Dreieck *ABC* kopieren und die zwei Dreiecke aneinanderlegen, sodass wir ein Rechteck der Fläche *bh* bekommen, wie unten gezeigt. Da das Dreieck *ABC* die Hälfte des Rechtecks ausmacht, muss es die Fläche ½ *bh* haben, wie wir behauptet haben.

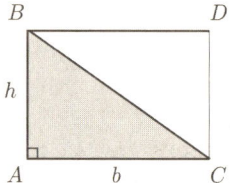

Zwei rechtwinklige Dreiecke mit Basis *b* und Höhe *h* lassen sich zu einem Rechteck der Fläche *bh* zusammenlegen.

Sind ∠*A* und ∠*C* spitze Winkel, gibt es einen Spitzen-Beweis. Zeichnen Sie eine senkrechte Linie von [AC] durch *B* (*Lot* des

Dreiecks *ABC* genannt). Sie hat die Länge *h* und schneidet die Basis wie abgebildet am Punkt *X*.

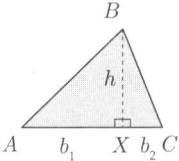

[AC] lässt sich in die zwei Strecken [AX] und [XC] aufteilen, mit den jeweiligen Längen $b_1$ und $b_2$, wobei $b_1 + b_2 = b$. Und da *BXA* und *BXC* rechtwinklige Dreiecke sind, wissen wir aus dem obigen Fall, dass ihre Flächen ½ $b_1h$ und ½ $b_2h$ betragen. Folglich hat das Dreieck *ABC* die Fläche

$$\frac{1}{2}b_1h + \frac{1}{2}b_2h = \frac{1}{2}(b_1 + b_2)h = \frac{1}{2}bh$$

wie gewünscht.

Wenn der Winkel *A* oder *C* stumpf ist, bekommen wir ein Bild, das folgendermaßen aussieht.

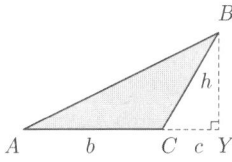

Im Fall des spitzen Winkels drückten wir das Dreieck *ABC* als *Summe* zweier rechtwinkliger Dreiecke aus. Hier drücken wir *ABC* als *Differenz* zweier rechtwinkliger Dreiecke aus, *ABY* und *CBY*. Das große rechtwinklige Dreieck *ABY* hat die Basis *b* + *c* und folglich die Fläche ½ (*b* + *c*)*h*. Das kleinere rechtwinklige Dreieck *CBY* hat die Fläche ½ *ch*. Demnach hat das Dreieck *ABC* die Fläche

$$\frac{1}{2}(b+c)h - \frac{1}{2}ch = \frac{1}{2}bh$$

wie gewünscht. ☺

# Der Satz des Pythagoras

Der Satz des Pythagoras ist vielleicht das berühmteste Theorem der Geometrie und überhaupt eine der berühmtesten Formeln der gesamten Mathematik. Damit verdient er einen eigenen Abschnitt. In einem rechtwinkligen Dreieck heißt die Seite, die dem rechten Winkel gegenüberliegt, *Hypotenuse*. Die anderen beiden Seiten heißen *Katheten*. Das rechtwinklige Dreieck unten hat die Katheten [BC] und [AC] und die Hypotenuse [AB] mit den jeweiligen Längen $a$, $b$ und $c$.

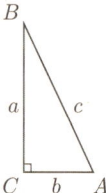

**Satz des Pythagoras:** In einem rechtwinkligen Dreieck mit den Kathetenlängen $a$ und $b$ und der Hypotenusenlänge $c$ gilt

$$a^2 + b^2 = c^2$$

Angeblich gibt es mehr als 300 verschiedene Beweise für diesen Satz, doch wir stellen hier (nur) die einfachsten vor. Sie dürfen sie ruhig überblättern, allerdings hoffe ich, dass Sie bei mindestens einem Beweis lächeln oder sagen: „Das ist ziemlich cool!"

**Beweis 1:** In der Abbildung unten haben wir vier rechtwinklige Dreiecke so arrangiert, dass sie ein riesiges Quadrat bilden.

**Frage:** Was ist die Fläche dieses riesigen Quadrats?

**Antwort 1:** Jede Seite des Quadrats hat die Länge $a + b$, die Fläche ist also $(a + b)^2 = a^2 + 2ab + b^2$.

**Antwort 2:** Andererseits besteht das riesige Quadrat aus vier Dreiecken, die jeweils die Fläche $ab/2$ haben, dazu kommt das schiefe Quadrat in der Mitte mit der Fläche $c^2$. (Warum ist das Objekt in der Mitte ein Quadrat? Wir wissen, dass alle vier Seiten gleich sind, und aus Symmetriegründen müssen alle vier Winkel gleich sein: Würden wir die Figur um 90 Grad drehen, sähe sie wieder genauso aus. Da die Winkelsumme im Viereck 360 Grad beträgt und alle vier Winkel gleich sind, müssen sie alle 90 Grad haben.) Folglich beträgt die Fläche $4(ab)/2 + c^2 = 2ab + c^2$.

Setzen wir die Antworten 1 und 2 gleich, erhalten wir

$$a^2 + 2ab + b^2 = 2ab + c^2$$

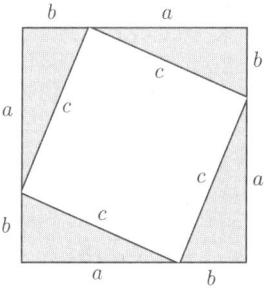

Berechnen Sie die Fläche des großen Quadrats auf zweierlei Weisen, und der Satz des Pythagoras springt Ihnen ins Gesicht!

Und folglich

$$a^2 + b^2 = c^2$$

wie gewünscht. ☺

**Beweis 2:** Wir verwenden dieselbe Abbildung wie zuvor, doch wir verschieben die Dreiecke wie unten abgebildet. Im ersten Bild ist die nicht von Dreiecken bedeckte Fläche $c^2$. Im neuen Bild erscheint die Fläche, die nicht von Dreiecken bedeckt ist, als $a^2 + b^2$. Folglich ist $c^2 = a^2 + b^2$, wie gewünscht. ☺

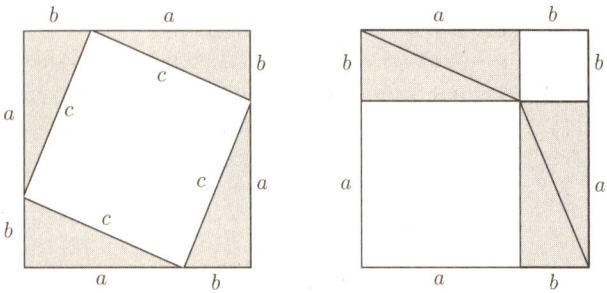

Vergleichen Sie die weißen Flächen der zwei Figuren, und Sie erhalten
$$a^2 + b^2 = c^2$$

**Beweis 3:** Diesmal wollen wir die vier Dreiecke so arrangieren, dass sie ein kompakteres Quadrat mit der Fläche $c^2$ bilden (s. Abb.). (Dieses Objekt muss unter anderem deswegen ein Quadrat sein, weil sich jede Ecke aus $\angle A$ und $\angle B$ zusammensetzt, die wiederum gemeinsam 90° ergeben.) Wie zuvor leisten die vier Dreiecke einen Beitrag von $4(ab/2) = 2ab$ zu der Fläche. Das gedrehte Quadrat in der Mitte hat die Fläche

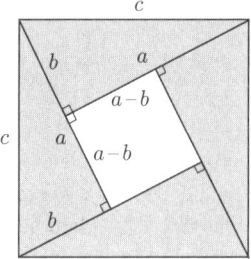

Die Fläche dieser Figur ist sowohl $c^2$ als auch $a^2 + b^2$.

$(a - b)^2 = a^2 - 2ab + b^2$. Folglich wissen wir, dass die kombinierte Fläche gleich $a^2 + b^2$ ist, wie gewünscht.

**Beweis 4:** Hier kommt ein *ähnlicher* Beweis, und damit meine ich, dass wir ausnützen, was wir über ähnliche Dreiecke wissen. Zeichnen wir in das rechtwinklige Dreieck $ABC$ die Strecke $CD$, senkrecht zur Hypotenuse.

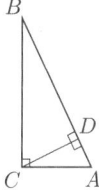

Die beiden kleinen Dreiecke sind dem großen ähnlich.

Beachten Sie, dass das Dreieck $ADC$ sowohl einen rechten Winkel als auch $\angle A$ enthält, folglich muss sein dritter Winkel kongruent zu $\angle B$ sein. Analog enthält das Dreieck $CDB$ einen rechten Winkel und den Winkel $\angle B$, folglich muss sein dritter Winkel kongruent zu $\angle A$ sein. Demnach sind alle drei Dreiecke ähnlich:

$$\triangle ACB \sim \triangle ADC \sim \triangle CDB$$

227

Beachten Sie, dass die Reihenfolge der Buchstaben eine Rolle spielt. Wir haben die rechten Winkel $\angle ACB = \angle ADC = \angle CDB = 90°$, außerdem $\angle BAC = \angle CAD = \angle BCD = \angle A$ und $\angle CBA = \angle DCA = \angle DBC = \angle B$. Vergleichen wir die Seitenlängen der ersten zwei Dreiecke, erhalten wir

$$AC \,/\, AB = AD \,/\, AC \;\Rightarrow\; AC^2 = AD \times AB$$

Vergleichen wir die Seitenlängen des ersten und des dritten Dreiecks, erhalten wir

$$CB \,/\, BA = DB \,/\, BC \;\Rightarrow\; BC^2 = DB \times AB$$

Addieren wir diese Gleichungen, erhalten wir

$$AC^2 + BC^2 = AB \times (AD + DB)$$

Und da $AD + DB = AB = c$, kommen wir zum gewünschten Schluss:

$$b^2 + a^2 = c^2 \qquad\qquad ☺$$

Der nächste Beweis ist rein geometrisch. Er verwendet keine Algebra, erfordert aber ein wenig räumliches Vorstellungsvermögen.

**Beweis 5:** Diesmal beginnen wir mit zwei Quadraten, mit den Flächen $a^2$ und $b^2$, die wie unten gezeigt aneinandergelegt werden. Ihre Gesamtfläche ist $a^2 + b^2$. Wir können dieses Objekt in zwei rechtwinklige Dreiecke zerlegen (mit den Seitenlängen $a$ und $b$ und der Hypotenusenlänge $c$). Beachten Sie, dass der untere Winkel des seltsam geformten Objekts 90° betragen muss, da er von $\angle A$ *und* $\angle B$ umgeben ist. Stellen Sie sich ein Scharnier in der oberen linken Ecke des großen Quadrats und in der oberen rechten Ecke des kleineren Quadrats vor.

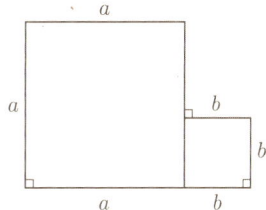 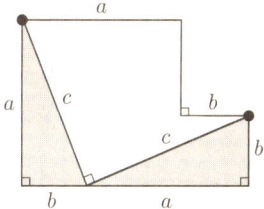

Diese zwei Quadrate mit der Fläche $a^2 + b^2$
lassen sich verwandeln (= in...)

Stellen Sie sich jetzt vor, wir „schwingen" das untere linke Dreieck um 90° gegen den Uhrzeigersinn, bis es außerhalb, auf der Oberseite des großen Quadrats, liegt. Dann schwingen Sie das andere Dreieck im Uhrzeigersinn um 90°, bis die rechten Winkel aneinanderliegen und das Dreieck genau in die Ecke passt, die die zwei Quadrate bilden (s. Abb.). Das Endergebnis ist ein quer liegendes Quadrat der Fläche $c^2$. Folglich gilt $a^2 + b^2 = c^2$, wie versprochen. ☺

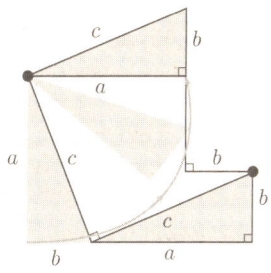 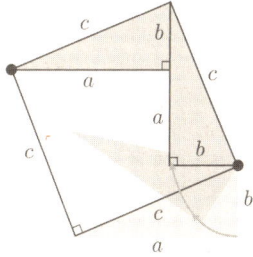

... ein Quadrat der Fläche $c^2$!

Der Satz des Pythagoras ist der Schlüssel zur Beantwortung von Frage 4 am Anfang des Kapitels, wie weit man ein Seil von 361 Fuß Länge in der Mitte anheben kann, wenn es zwischen zwei 360 Fuß entfernten Pfosten gespannt wird (s. S. 198).

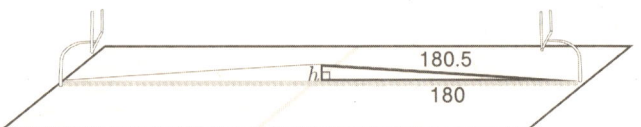

Nach dem Satz des Pythagoras ist $h^2 + 180^2 = 180{,}5^2$.

Die Entfernung von den Pfosten zur Spielfeldmitte beträgt 180 Fuß. Nachdem das Seil bis zum höchsten Punkt $h$ hochgezogen wurde, bilden wir ein rechtwinkliges Dreieck mit Kathetenlänge 180 und Hypotenusenlänge 180,5. Aus dem Satz des Pythagoras und ein wenig Algebra folgt

$$h^2 + 180^2 = 180{,}5^2$$
$$h^2 + 32.400 = 32.580{,}25$$
$$h^2 = 180{,}25$$
$$h = \sqrt{180{,}25} \approx 13{,}43 \text{ Fuß}$$

Das entspricht knapp 4,1 Metern. Das Seil lässt sich also tatsächlich so weit anheben, dass ein Laster darunter durchpasst!

## Geometrische Magie

Beenden wir dieses Kapitel, wie wir es begannen: mit einem auf Geometrie beruhenden Zaubertrick. Für die meisten unserer Beweise des Satzes des Pythagoras haben wir Teile eines geometrischen Objekts verschoben, um ein anderes Objekt derselben Fläche zu bekommen. Doch betrachten Sie folgendes Paradox: Es sieht so aus, als könnten wir durch Teilung (in lauter Stücke mit Fibonacci-Längen von 3, 5 und 8) und Verschiebung der Teile eines 8 × 8-Quadrats ein Rechteck der Größe 5 × 13 basteln. Aber das sollte unmöglich sein, da die erste Figur eine Fläche von 8 × 8 = 64 hat, wohingegen die zweite Figur die Fläche 5 × 13 = 65 hat. Was ist da los?

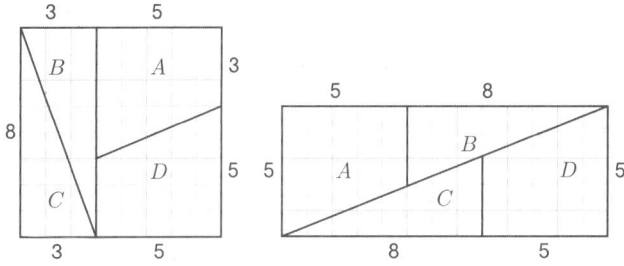

Kann ein Quadrat der Fläche 64 so zerschnitten und umarrangiert werden, dass wir ein Rechteck der Fläche 65 bekommen?

Das Geheimnis hinter dem „Paradox" besteht darin, dass die „Diagonale" des 5 × 13-Rechtecks keine gerade Linie ist. Zum Beispiel hat das mit C bezeichnete Dreieck eine Hypotenuse mit einer Steigung von $3/8 = 0{,}375$ (da seine $y$-Koordinate um 3 steigt, während die x-Koordinate um 8 ansteigt), während die Spitze der mit D bezeichneten Figur (ein *Trapezoid*) eine Steigung von $2/5 = 0{,}4$ hat (da ihre $y$-Koordinate um 2 ansteigt, wenn die $x$-Koordinate um 5 wächst). Da die Steigungen unterschiedlich sind, passen die Figuren aneinandergelegt gar nicht genau zusammen. Dasselbe Phänomen tritt bei der Unterseite des oberen Trapezoids und dem Dreieck ebenfalls auf. Wenn wir uns das Rechteck also ganz genau ansehen, wie in der folgenden Abbildung gezeigt, dann sehen wir die Lücke zwischen den zwei „fast diagonalen Linien". In diese schmale, aber lange Lücke passt letztlich genau eine Flächeneinheit.

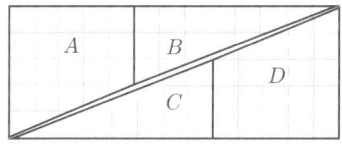

In die Lücke zwischen den zwei „Diagonalen" des Rechtecks passt genau eine Flächeneinheit.

In diesem Kapitel haben wir viele wichtige Eigenschaften von Dreiecken, Quadraten, Rechtecken und anderen Polygonen hergeleitet – sämtlich Figuren, die aus geraden Linien bestehen. Für die Untersuchung von Kreisen und anderen gekrümmten Objekten brauchen wir mehr geometrisches Handwerkszeug, insbesondere auf den Gebieten der Trigonometrie und der Infinitesimalrechnung. Und dafür wiederum brauchen wir die magische Zahl $\pi$.

# Kapitel acht

3,14159265358979 ...

# Die Magie von π

## Im Kreis gedacht

Am Anfang des letzten Kapitels habe ich Ihnen ein paar Aufgaben zu Rechtecken und Dreiecken gestellt, die Ihre geometrische Intuition kitzeln sollten. Sie erinnern sich: Die letzte Aufgabe handelte von einem Seil, das die zwei Pfosten eines Football-Felds miteinander verband. In diesem Kapitel werden wir uns auf Kreise konzentrieren, und wir beginnen mit einer Aufgabe, bei der ein Seil um die ganze Erde gelegt wird!

**Frage 1:** Stellen Sie sich ein Seil vor, das am Äquator um die ganze Welt (Umfang ca. 40.000 km) gelegt wird. Unmittelbar bevor die zwei Enden verknüpft werden, gibt man noch 10 Fuß (ca. 3 m) extra dazu. Angenommen, wir könnten das Seil nun überall gleichmäßig anheben, wie hoch würde es dann überall abstehen?

   A)   Weniger als einen Zentimeter.
   B)   Gerade hoch genug, dass man darunter durchkriechen könnte.

C) Gerade hoch genug, dass man darunter durchgehen könnte.

D) Hoch genug, dass man mit einem Laster darunter durchfahren könnte.

**Frage 2:** Zwei Punkte X und Y liegen auf einer Kreislinie, wie unten abgebildet. Wir suchen denjenigen Punkt Z auf dem längeren Kreisbogen zwischen X und Y (also nicht auf dem kurzen Kreisbogen zwischen X und Y), für den der Winkel $\angle XZY$ am größten wird. Wo liegt dieser Punkt?

A) Bei Punkt A (gegenüber dem Mittelpunkt zwischen X und Y).

B) Bei Punkt B (das Ergebnis der Spiegelung von X am Kreismittelpunkt).

C) Bei Punkt C (möglichst nahe an X).

D) Egal. Alle Winkel sind gleich groß.

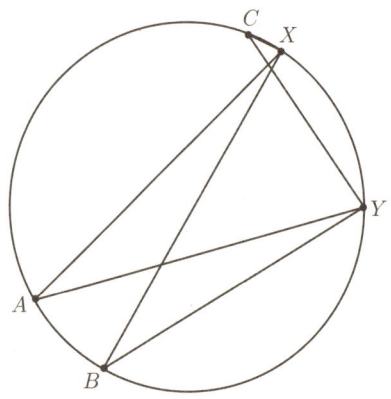

Welcher Punkt auf dem längeren Kreisbogen zwischen X und Y
führt zum größten Winkel? A, B oder C? Oder sind alle Winkel $\angle XAY$,
$\angle XBY$, $\angle XCY$ gleich groß?

Um diese Fragen beantworten zu können, brauchen wir ein besseres Verständnis von Kreisen. (Ich schätze, Sie brauchen keine Kreise, um die Lösungen lesen zu können. Die richtige Antwort lautet B bzw. D. Aber um zu verstehen, warum diese Antworten stimmen, müssen wir mehr über Kreise erfahren.) Ein Kreis lässt sich beschreiben durch einen Punkt $O$ und eine positive Zahl $r$, sodass jeder Punkt auf dem Kreis eine Entfernung von $r$ zu $O$ hat, wie unten gezeigt. Der Punkt $O$ heißt *Mittelpunkt* des Kreises, der Abstand $r$ heißt *Radius*. Um uns das Leben einfacher zu machen, nennen wir die Strecke $OP$ von $O$ zu einem Punkt $P$ auf dem Kreis ebenfalls *Radius*.

## Umfang und Fläche

Der *Durchmesser D* eines Kreises ist definiert als der doppelte Radius und entspricht der Entfernung quer durch den Kreis. Es gilt also

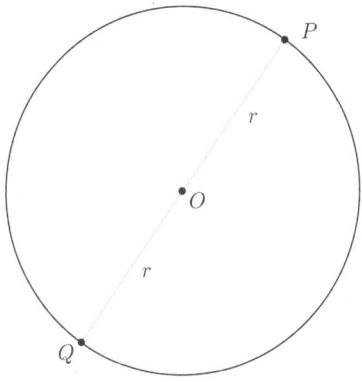

Ein Kreis mit Mittelpunkt $O$, Radius $r$ und Durchmesser $D = 2r$

$$D = 2r$$

Den Umfang eines Kreises (die Länge der Strecke einmal um den Kreis herum) nennen wir $C$. Aus der Abbildung ist klar, dass $C$ größer ist als $2D$, da man auf dem Kreisbogen von $P$ nach $Q$ eine weitere Strecke laufen muss als $D$ und der Weg zurück zu $P$ auf dem Kreisbogen auch wieder länger ist als $D$. Folglich $C > 2D$. Beim genaueren Hinsehen wirkt es sogar, als wäre $C$ ein bisschen größer als $3D$. (Aber genau sehen Sie das nur mit einer 3-D-Brille. Sorry.)

Wenn Sie den Umfang eines runden Objekts im Verhältnis zu seinem Durchmesser ermitteln wollen, können Sie eine Schnur um das Objekt herumlegen und dann die gemessene Länge durch den Durchmesser teilen. Sie werden feststellen, dass der Wert immer gleich ist, egal, ob Sie eine Münze, den Boden eines Glases, einen großen Teller oder einen riesigen Hula-Hoop-Reifen untersuchen:

$$C/D \approx 3,14$$

Wir definieren die Zahl $\pi$ („pi") als den exakten (konstanten) Wert des Verhältnisses vom Kreisumfang zum Durchmesser, also

$$\pi = C/D$$

$\pi$ ist für alle Kreise gleich! Wenn Ihnen das lieber ist, können Sie das auch als Formel für den Umfang eines Kreises schreiben. Gegeben den Durchmesser $D$ oder Radius $r$ eines beliebigen Kreises, gilt immer

$$C = \pi D$$

oder

$$C = 2\pi r$$

Ausgeschrieben beginnt $\pi$ folgendermaßen:

$$\pi = 3,14159...$$

Weiter hinten in diesem Kapitel liefere ich Ihnen wir mehr Stellen für $\pi$ und bespreche einige Eigenschaften der Zahl.

**Nebenbemerkung**

Interessanterweise ist das menschliche Auge nicht gut darin, Umfänge zu schätzen. Nehmen wir z. B. ein großes Trinkglas. Was, glauben Sie, ist größer: seine Höhe oder sein Umfang? Die meisten Menschen schätzen, die Höhe sei größer, doch in der Regel stimmt das nicht. Um sich davon zu überzeugen, können Sie den Durchmesser des Glases mit Daumen und Mittelfinger nehmen. Wahrscheinlich sehen Sie jetzt sofort, dass das Glas keine drei Durchmesser hoch ist.

Jetzt können wir die Frage 1 vom Kapitelanfang beantworten. Wenn wir uns den Äquator als perfekten Kreis um die Erde mit dem Umfang $C = 40.000$ Kilometern vorstellen, dann muss sein Radius betragen:

$$r = \frac{C}{2\pi} = \frac{40.000}{6,28} \approx 6300 \,\text{Kilometer}$$

Aber wir müssen die Länge des Radius gar nicht kennen, um die Frage beantworten zu können. Uns interessiert ja nur, um wie viel sich der Radius ändert, wenn wir den Umfang um 10 Fuß verlängern. Tun wir das, schaffen wir einen etwas größeren Kreis mit einem Radius, der genau $10/2\pi = 1,59$ Fuß (knapp 50 cm) größer ist. Folglich ist gerade genug Platz, dass man unter dem Seil durchkriechen kann (darunter durchgehen wird schwierig, außer Sie sind ein brillanter Limbo-Tänzer).

Besonders verblüffend an dieser Lösung ist, dass die Lösung 1,59 Fuß vom Umfang der Erde ganz unabhängig ist. Wir würden dieselbe Antwort für jeden Planeten oder Ball beliebiger Größe bekommen! Hätten wir beispielsweise einen Kreis mit Durchmesser $C = 50$ Fuß, wäre der Radius $50/(2\pi) \approx 7,96$.

Vergrößern wir den Umfang nun auf 60 Fuß, ist der neue Radius $60/(2\pi) \approx 9{,}55$, also wieder etwa 1,59 Fuß größer.

**Nebenbemerkung**

Hier eine weitere Tatsache über Kreise.

**Theorem:** $X$ und $Y$ seien einander gegenüberliegende Punkte auf einem Kreis. Dann gilt für jeden anderen Punkt $P$ auf dem Kreis $\angle XPY = 90°$.

Beispielsweise sind in der folgenden Abbildung alle Winkel $\angle XAY$, $\angle XBY$ und $\angle XCY$ rechte Winkel.

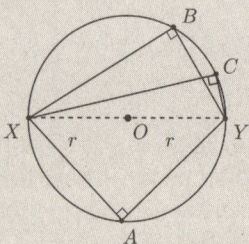

**Beweis:** Zeichnen Sie den Radius von $O$ nach $P$ und nennen Sie $\angle XPO = x$ und $\angle YPO = y$. Unser Ziel ist, zu zeigen, dass $x + y = 90°$.

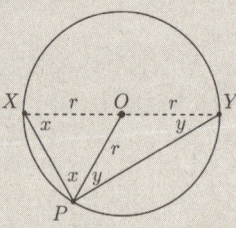

Da [OX] und [OP] Radien des Kreises sind, haben die Strecken dieselbe Länge $r$, folglich ist das Dreieck $XPO$

gleichschenklig. Aus dem Theorem für gleichschenklige Dreiecke wissen wir, dass $\angle OXP = \angle XPO = x$. Analog ist $\overline{OY}$ ein Radius und $\angle OYP = \angle YPO = y$.

Da sich die Winkel des Dreiecks $XYP$ zu 180° summieren müssen, haben wir $2x + 2y = 180°$ und folglich $x + y = 90°$, wie gewünscht. ☺

Das obige Theorem ist ein Spezialfall eines meiner Lieblingstheoreme der Geometrie, des Kreiswinkelsatzes, den ich in der folgenden Nebenbemerkung vorstelle.

**Nebenbemerkung**

Die Lösung zu Frage 2 vom Kapitelanfang liefert uns der Kreiswinkelsatz. $X$ und $Y$ seien zwei beliebige Punkte auf dem Kreis. Der größere Kreisbogen ist der längere der Kreisbögen zwischen $X$ und $Y$. Der Kreiswinkelsatz besagt, dass der Winkel $\angle XPY$ für alle Punkte $P$ auf dem größeren Kreisbogen zwischen $X$ und $Y$ gleich groß ist. Noch genauer: Der Winkel $\angle XPY$ ist genau halb so groß wie der *Mittelpunktswinkel* $\angle XOY$.

Liegt $Q$ auf dem kürzeren Kreisbogen zwischen $X$ und $Y$, dann ist $\angle XQY = 180° - \angle XPY$.

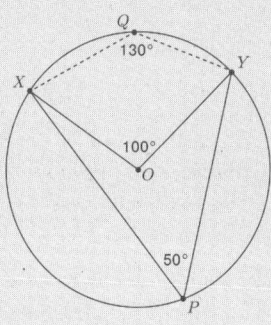

Sobald wir den Umfang eines Kreises kennen, können wir die wichtige Formel für die Kreisfläche ableiten.

**Theorem:** Die Fläche eines Kreises mit Radius $r$ beträgt $\pi r^2$.

Diese Formel mussten Sie wahrscheinlich in der Schule auswendig lernen, aber es ist befriedigender, wenn man versteht, warum sie gilt. Für einen absolut strikten Beweis bedarf es der Infinitesimalrechnung, aber ich kann Ihnen eine intuitiv einleuchtende Erklärung ganz ohne Rechnerei anbieten:

**Beweis 1:** Stellen Sie sich vor, Ihr Kreis sei aus konzentrischen Ringen zusammengesetzt. Schneiden Sie nun den Kreis von oben bis zur Mitte durch und legen Sie die durchgeschnittenen Ringe glatt hin, sodass sie ein Objekt bilden, das wie ein Dreieck aussieht. Welche Fläche hat dieses Objekt?

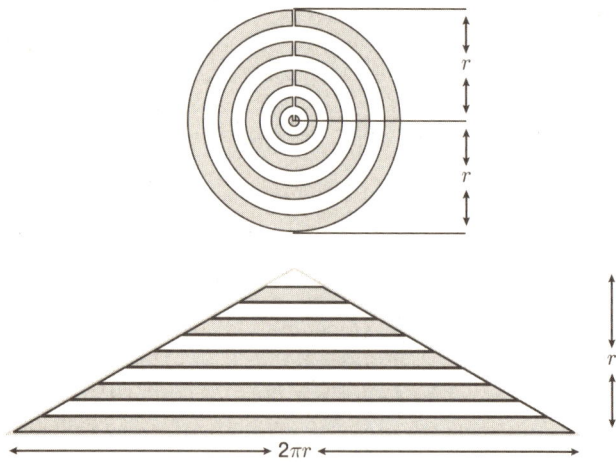

Die Fläche eines Kreises mit Radius $r$ beträgt $\pi r^2$

Die Fläche des Dreiecks mit Basis $b$ und Höhe $h$ beträgt ½$bh$. Die Grundfläche des dreiecksähnlichen Objekts ist $2\pi r$ (der Kreisumfang), die Höhe ist $r$ (die Entfernung vom Mittelpunkt des Kreises zum unteren Ende). Da der Schicht für Schicht „geschälte" Kreis immer dreiecksförmiger wird, je mehr Ringe wir verwenden, hat der Kreis die Fläche

$$\frac{1}{2}\,bh = \frac{1}{2}\,(2\pi r)(r) = \pi r^2$$

wie gewünscht.                                                                  ☺

Weil das Theorem so schön ist, beweisen wir es gleich noch einmal! Im vorigen Beweis haben wir den Kreis als Zwiebel betrachtet. Diesmal stellen wir uns vor, er sei eine Pizza.

**Beweis 2:** Zerschneiden Sie den Kreis in eine Vielzahl gleichgroßer Stücke, trennen Sie dann die obere Hälfte von der unteren und legen Sie die Stücke wie auf S. 242 gezeigt aneinander. Wir zeigen das erst anhand von 8 Stücken, dann von 16.

Je größer die Zahl der Stücke wird, desto ähnlicher werden die Stücke Dreiecken der Höhe $r$. Legen wir die Dreiecke der unteren Hälfte (stellen Sie sich Stalagmiten vor) an die der oberen Hälfte (Stalaktiten), erhalten wir ein Objekt, das ziemlich genau einem Rechteck der Höhe $r$ und der Breite des halben Umfangs, also $\pi r$, entspricht. (Damit das Ganze noch mehr einem Rechteck statt einem Parallelogramm ähnelt, können wir den Stalaktiten ganz links in der Mitte durchschneiden und die Hälfte ganz nach rechts verschieben.) Da der in Stücke geschnittene Kreis

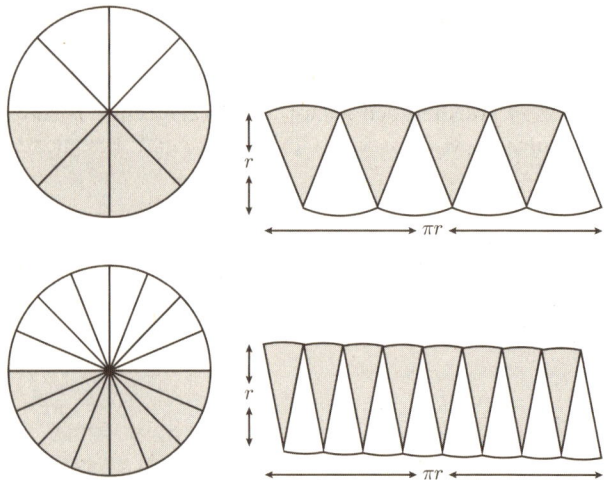

Ein weiterer „Lebensmittel"-Beweis, dass die Fläche
eines Kreises $\pi r^2$ beträgt.

immer rechteckiger wird, in je mehr Stücke wir ihn schneiden,
hat der Kreis die Fläche

$$bh = (\pi r)(r) = \pi r^2$$

wie vorhergesagt.  ☺

Oft ergibt sich die Notwendigkeit, den Graphen eines Kreises in der Ebene zu beschreiben. Die Gleichung für einen Kreis
mit Radius $r$ und Mittelpunkt im Ursprung des Koordinatensystems $(0, 0)$ lautet

$$x^2 + y^2 = r^2$$

siehe Abbildung auf S. 243. Warum ist das so? $(x, y)$ sei ein
beliebiger Punkt auf dem Kreis. Zeichnen Sie jetzt ein rechtwinkliges Dreieck mit Katheten der Längen $x$ und $y$ sowie der

Hypotenuse $r$. Dann folgt aus dem Satz des Pythagoras sofort, dass $x^2 + y^2 = r^2$.

Bei $r = 1$ heißt der obige Kreis *Einheitskreis*. „Strecken" wir den Einheitskreis um den Faktor $a$ in waagerechter Richtung und um den Faktor $b$ in senkrechter Richtung, bekommen wir eine Ellipse wie die auf S. 244 unten abgebildete.

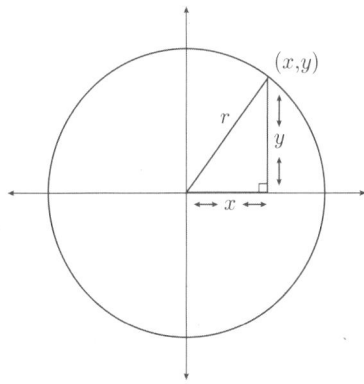

Ein Kreis mit Radius $r$ mit Mittelpunkt $(0, 0)$ hat die Gleichung
$x^2 + y^2 = r^2$ und die Fläche $\pi r^2$.

Solch eine Ellipse hat die Gleichung

$$\frac{x^2}{a^2} + \frac{y^2}{b^2} = 1$$

und die Fläche $\pi ab$, was nur logisch ist, weil der Einheitskreis die Fläche $\pi$ hat und die Fläche um $ab$ gedehnt wurde. Beachten Sie auch, dass wir bei $a = b = r$ einen Kreis mit Radius $r$ haben und die Flächenformel $\pi ab$ uns den korrekten Wert $\pi r^2$ ausspuckt.

Hier ein paar interessante Tatsachen über Ellipsen: Sie können eine Ellipse ganz einfach mithilfe von zwei Nadeln, einem Stück Faden und einem Stift zeichnen. Stecken Sie die zwei Nadeln in ein Stück Pappe und wickeln Sie den Faden ganz locker darum. Stechen Sie mit dem Stift zwischen die beiden Schnurbahnen und ziehen Sie die Schnur straff, sodass ein

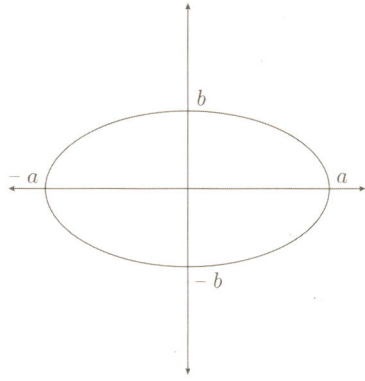

Die Fläche einer Ellipse ist $\pi ab$.

Dreieck entsteht (s. Abb. unten). Bewegen Sie den Bleistift dann zwischen den beiden Nadeln hin und her, wobei der Faden immer gespannt bleiben muss. Als Ergebnis bekommen Sie eine Ellipse.

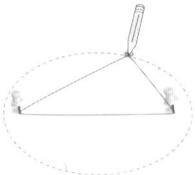

Die Positionen der zwei Nadeln heißen *Brennpunkte* der Ellipse, und sie haben die folgende magische Eigenschaft: Wenn Sie eine Murmel oder eine Billardkugel von einem der Brennpunkte in beliebige Richtung anstupsen, rollt sie los, prallt an der Bahn der Ellipse ab und rollt direkt zum zweiten Brennpunkt.

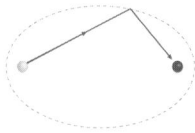

Himmelskörper wie Planeten und Kometen reisen auf elliptischen Bahnen um die Sonne. Sorry, den folgenden Reim kann ich mir nicht verkneifen:

Selbst Eklipsen
beruhen auf Ellipsen!

Die Zahl $\pi$ spielt auch bei dreidimensionalen Objekten eine Rolle. Betrachten Sie einen *Zylinder*, zum Beispiel eine Suppendose. Das *Volumen* (der von einem Objekt eingenommene Raum) eines Zylinders mit Radius $r$ und Höhe $h$ beträgt

$$V_{\text{Zylinder}} = \pi r^2 h$$

Das ist auch nur logisch, denn wir können uns den Zylinder als einen Stapel von Kreisen mit der Fläche $\pi r^2$ vorstellen (z. B. als Stapel von Bierdeckeln in einer Kneipe), der sich bis zur Höhe $h$ türmt. Und wie groß ist die *Oberfläche* des Zylinders? Anders ausgedrückt: Wie viel Farbe bräuchten wir, um ihn außen vollständig anzumalen? Auch diese Formel müssen Sie nicht auswendig lernen, da man sie herleiten kann, indem man den Zylinder in drei Teile trennt. Die beiden Deckel haben jeweils die Fläche $\pi r^2$, sie tragen also $2\pi r^2$ zur Oberflächengröße bei. Den übrigen Zylinder schneiden Sie von unten nach oben auf und biegen das resultierende Objekt gerade. Es handelt sich um ein Rechteck mit Höhe $h$ und Breite $2\pi r$, dem Umfang des Zylinders. Da das Rechteck die Fläche $2\pi rh$ hat, beträgt die Oberfläche des Zylinders insgesamt

$$A_{\text{Zylinder}} = 2\pi r^2 + 2\pi rh$$

Eine Kugel ist ein dreidimensionales Objekt, bei dem alle Punkte auf der Oberfläche gleich weit vom Mittelpunkt entfernt sind. Was ist das Volumen einer Kugel mit Radius $r$? Eine solche Kugel würde in einen Zylinder mit Radius $r$ und Höhe $2r$ passen, ihr Volumen muss also kleiner sein als $\pi r^2(2r) = 2\pi r^3$. Doch wie der Zufall (und die Infinitesimalrechnung) so spielt, füllt die Kugel genau zwei Drittel dieses Raums. Mit anderen Worten: Das Volumen einer Kugel ist

$$V_{\text{Kugel}} = \frac{4}{3}\pi r^2$$

Zur Berechnung der Oberfläche einer Kugel gibt es eine einfache Formel, die aber gar nicht so einfach herzuleiten ist:

$$A_{\text{Kugel}} = 4\pi r^2$$

Beenden wir diesen Abschnitt mit Beispielen, wo $\pi$ in Eis und Pizza vorkommt. Stellen Sie sich eine Eiswaffel (Mathematiker nennen diese Form *Kegel*) mit Höhe $h$ vor, die Öffnung oben hat den Radius $r$. Die Mantellinie von der Spitze der Waffel zu einem beliebigen Punkt an der kreisförmigen Öffnung (s. Abb.) hat die Länge $s$. (Wir können $s$ nach dem Satz des Pythagoras berechnen, da $h^2 + r^2 = s^2$.)

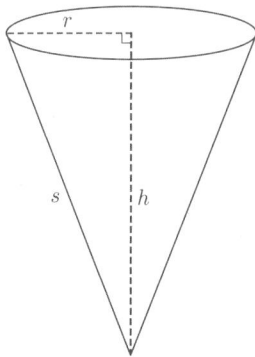

Die Eiswaffel hat das Volumen $\pi r^2 h/3$ und die Oberfläche $\pi r s$.

Eine solche Waffel würde in einen Zylinder mit Radius $r$ und Höhe $h$ passen, ihr Volumen muss also kleiner sein als $\pi r^2 h$. Erstaunlicherweise beträgt ihr Volumen genau ein Drittel dieses Werts (zur Herleitung braucht man schon die Infinitesimalrechnung; mit Intuition kommt man nicht darauf). Anders ausgedrückt:

$$V_{\text{Kegel}} = \frac{1}{3}\,\pi r^2 h$$

Und obwohl man die Oberfläche ganz ohne Infinitesimalrechnung selbst ermitteln könnte, erwähnen wir die Formel hier doch, weil sie so elegant und einfach ist:

$$A_{\text{Kegel}} = \pi r s$$

Betrachten Sie zum Schluss eine Pizza mit Radius $z$ und Stärke $a$, wie folgend abgebildet. Was ist ihr Volumen?

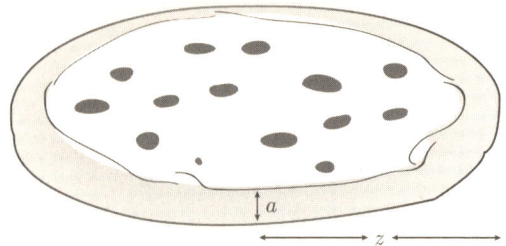

Welches Volumen hat diese Pizza mit Radius $z$ und Stärke $a$?

Man kann sich die Pizza als ungewöhnlich geformten Zylinder vorstellen, mit Radius $z$ und Höhe $a$, folglich beträgt ihr Volumen

$$V = \pi z^2 a$$

Doch das lag nun wirklich auf der Hand! Denn wenn wir die Lösung ganz deutlich aussprechen, bekommen wir

$$V = pi\ z\ z\ a$$

## Überraschende Auftritte von ϖ

Wir sind nicht weiter überrascht, wenn $\pi$ in Zusammenhängen auftaucht, wo es um die Flächen und Umfänge runder Objekte geht. Doch die Zahl erscheint auch in vielen Bereichen der Mathematik, in die sie nicht zu gehören scheint. Nehmen Sie zum Beispiel den Ausdruck $n!$, den wir in den ersten beiden Kapiteln betrachtet haben. An Fakultäten ist nichts besonders Kreisiges, sie werden vornehmlich verwendet, um diskrete Mengen zu zählen. Wir wissen, dass der Wert von $n!$ bei steigendem $n$ sehr schnell ansteigt und es keine effektive Abkürzung für die schnelle Berechnung von $n!$ gibt. Beispielsweise erfordert die Berechnung von 100.000! noch immer viele Tausend Multiplikationen. Doch es gibt eine nützliche Schätzmethode, die sogenannte *Stirlingformel*. Sie besagt, dass

$$n! \approx \left(\frac{n}{e}\right)^n \sqrt{2\pi n}$$

wobei $e = 2{,}71828...$ (eine weitere wichtige irrationale Zahl, über die wir in Kapitel 10 mehr erfahren). Rechnet man 64! mit dem Computer auf 4 signifikante Stellen aus, erhält man 64! = $1{,}269 \times 10^{89}$. Nach der Stirlingformel bekommt man 64! $\approx$ $(64/e)^{64} \sqrt{128\pi} = 1{,}267 \times 10^{89}$. (Gibt es eine Abkürzung, um eine Zahl in die 64. Potenz zu erheben? Ja! Da $64 = 2^6$, geht man einfach von $6/e$ aus und quadriert es sechs Mal.)

Die berühmte *Glockenkurve* (s. Abb.), die in der Statistik und allen experimentellen Wissenschaften ständig auftaucht, hat die Höhe $1/\sqrt{2\pi}$. Mehr zu dieser Kurve in Kapitel 10 auf S. 318.

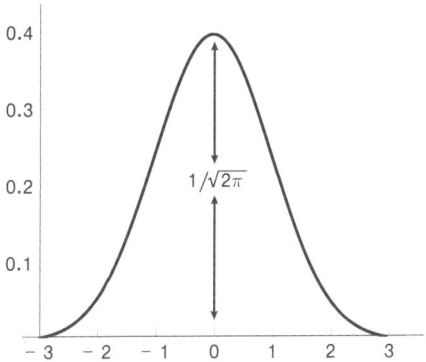

Die Höhe der Glockenkurve (Normalverteilung, nach C.F. Gauß) ist $1/\sqrt{2\pi}$.

Die Zahl $\pi$ taucht auch oft im Ergebnis unendlicher Summen auf. Leonhard Euler zeigte als Erster, dass man bei der Addition der Kehrwerte der quadrierten positiven ganzen Zahlen

$$1 + 1/2^2 + 1/3^2 + 1/4^2 + \cdots = 1 + 1/4 + 1/9 + 1/16 + \cdots$$
$$= \pi^2/6$$

bekommt. Und wenn wir jeden der obigen Terme quadrieren, sehen wir, dass sich die Kehrwerte der 4. Potenz der positiven ganzen Zahlen zu

$$1 + 1/16 + 1/81 + 1/256 + 1/625 + \cdots = \pi^4/90$$

addieren. Tatsächlich gibt es Formeln für die Summen der Kehrwerte aller positiven ganzen Zahlen für alle *geraden* Potenzen $2k$, mit Ergebnissen der Form $\pi^{2k}$, multipliziert mit einer rationalen Zahl. Und wie sieht es mit den Kehrwerten von Zahlenreihen mit *ungeraden* Potenzen aus? In Kapitel 12 werden wir sehen, dass die Summe der Kehrwerte von potenzierten positiven ungeraden Zahlen ins Unendliche wächst. Bei ungeraden Potenzen größer 1, etwa bei der Summe des Kehrwerts von Kubikzahlen,

$$1 + 1/8 + 1/27 + 1/64 + 1/125 + \cdots = ???$$

kommt zwar eine endliche Zahl heraus, doch bisher hat noch niemand eine einfache Formel für das Ergebnis gefunden.

Paradoxerweise taucht $\pi$ auch in der Wahrscheinlichkeitsrechnung auf. Wählt man beispielsweise zufällig zwei sehr große Zahlen, liegt die Chance, dass sie keine gemeinsamen Primfaktoren haben, bei knapp über 60 Prozent. Genauer gesagt, liegt die Wahrscheinlichkeit bei $6/\pi^2 = 0{,}6079...$ Und das wiederum ist nicht zufällig der Kehrwert unserer Summe der Kehrwerte quadrierter natürlicher Zahlen.

## Stellen von $\pi$

Wenn Sie sorgfältig messen, können Sie experimentell nachprüfen, dass $\pi$ ein bisschen größer ist als 3, doch zwei Fragen stellen sich ganz automatisch: Kann man auch ohne Nachmessen beweisen, dass $\pi$ knapp über 3 liegt? Und gibt es einen einfachen Bruch oder eine Formel für $\pi$?

Die erste Frage kann man beantworten, indem man einen Kreis mit Radius 1 zeichnet. Wir wissen, dass er die Fläche $\pi 1^2 = \pi$ hat. In der folgenden Abbildung haben wir ein Quadrat mit Seitenlänge 2 gezeichnet, das den Kreis komplett einschließt. Da die Fläche des Kreises kleiner sein muss als die Fläche des Quadrats, beweist das, dass $\pi < 4$.

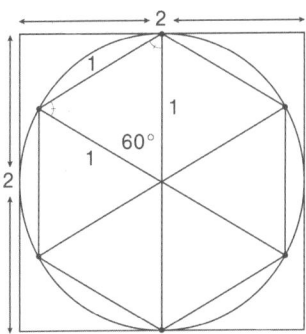

Ein geometrischer Beweis dafür, dass $3 < \pi < 4$

Gleichzeitig enthält der Kreis ein Sechseck mit sechs gleichmäßig über den Kreisbogen verteilten Ecken. Was ist der *Umfang* des eingeschriebenen Sechsecks? Das Sechseck kann in sechs Dreiecke aufgebrochen werden, die im Mittelpunkt des Kreises jeweils einen Winkel von 360°/6 = 60° haben. Zwei Seiten des Dreiecks sind Radien der Länge 1, das Dreieck ist also gleichschenklig. Aus dem Theorem für gleichschenklige Dreiecke wissen wir, dass die beiden anderen Winkel gleich sind und folglich auch jeweils 60° haben. Es handelt sich also um gleichseitige Dreiecke mit Seitenlänge 1. Der Umfang des Sechsecks ist demnach 6, was weniger ist als der Umfang des Kreises, $2\pi$. Folglich gilt $6 < 2\pi$, also $\pi > 3$. Bringt man all das zusammen, erhält man

$$3 < \pi < 4$$

## Nebenbemerkung

Wir können $\pi$ auf ein kleineres Intervall festlegen, indem wir Polygone mit mehr Seiten verwenden. Wenn wir den Einheitskreis etwa mit einem Sechseck umgeben statt mit einem Quadrat, können wir zeigen, dass $\pi < 2\sqrt{3} = 3{,}46...$

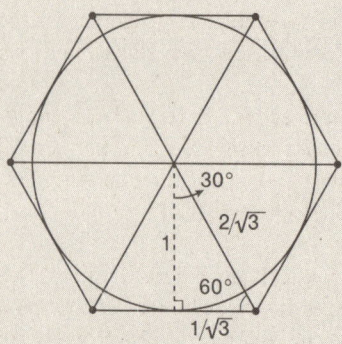

Wieder lässt sich das Sechseck in sechs gleichseitige Dreiecke unterteilen; jedes dieser Dreiecke teilen wir in zwei kongruente rechtwinklige Dreiecke. Hat die kurze Seite die Länge $x$, dann hat die Hypotenuse die Länge $2x$, und nach Pythagoras gilt $x^2 + 1 = (2x)^2$. Nach $x$ aufgelöst ergibt das $x = 1/\sqrt{3}$. Folglich ist der Umfang des Sechsecks $12/\sqrt{3} = 4\sqrt{3}$, und da er größer ist als der Umfang des Kreises, $2\pi$, folgt daraus, dass $\pi < 2\sqrt{3}$. (Interessanterweise kommen wir zum selben Ergebnis, wenn wir die *Fläche* des Kreises mit der *Fläche* des Sechsecks vergleichen.)

Der große antike griechische Mathematiker Archimedes zeichnete nach derselben Methode Polygone mit 12, 24, 48 und 96 Seiten in und um Kreise und erhielt $3{,}14103 < \pi < 3{,}14271$ und die etwas elegantere Ungleichung

$$3\,\frac{10}{71} < \pi < 3\,\frac{1}{7}$$

Es gibt viele einfache Methoden, $\pi$ annäherungsweise als Bruch auszudrücken. Zum Beispiel

$$\frac{314}{100} = 3{,}14 \qquad \frac{22}{7} = 3{,}\overline{142857} \qquad \frac{355}{113} = 3{,}14159292\ldots$$

Die letzte Annäherung gefällt mir besonders. Nicht nur, weil sie $\pi$ auf 6 Nachkommastellen genau nahekommt, sondern auch, weil darin die ersten drei ungeraden Zahlen je zwei Mal vorkommen: Zwei Einsen, zwei Dreien und zwei Fünfen – hintereinander!

Natürlich wäre es eine tolle Sache, wenn wir einen Bruch fänden, der $\pi$ exakt entspräche (und bei dem Zähler und Nenner ganze Zahlen sind, sonst könnten wir ganz einfach schreiben $\pi = \pi/1$).

Im Jahr 1768 zeigte Johann Heinrich Lambert, dass diese Suche ergebnislos enden muss, indem er bewies, dass $\pi$ irrational ist. Doch vielleicht lässt sich die Zahl ja in Form von Quadratwurzeln oder Kubikwurzeln einfacher Zahlen ausdrücken? Beispielsweise kommt $\sqrt{10} = 3{,}162\ldots$ ziemlich gut hin. Doch im Jahr 1882 zeigte Ferdinand von Lindemann, dass $\pi$ mehr als nur irrational ist: Die Zahl ist *transzendent*, was bedeutet, dass $\pi$ nicht die Nullstelle eines Polynoms mit ganzzahligen Koeffizienten ist. $\sqrt{2}$ beispielsweise ist irrational, aber nicht transzendent, weil es die Nullstelle des Polynoms $x^2 - 2$ ist.

$\pi$ lässt sich zwar nicht als Bruch ausdrücken, aber als Summe oder Produkt von Brüchen – vorausgesetzt, wir verwenden unendlich viele Brüche. Beispielsweise werden wir in Kapitel 12 zeigen, dass

$$\pi = 4\left(1 - \frac{1}{3} + \frac{1}{5} - \frac{1}{7} + \frac{1}{9} - \frac{1}{11} + \ldots\right)$$

Die obige Formel ist wunderschön und verblüffend – für die Berechnung von $\pi$ aber nicht besonders hilfreich. Denn wir sind noch nach 300 Termen dem echten Wert nicht näher gekommen als 22/7. Hier eine weitere erstaunliche Formel, *wallissches Produkt* genannt, bei der $\pi$ als unendliches Produkt ausgedrückt wird. Auch dieses Produkt braucht lange, bis es gegen den wahren Wert von $\pi$ konvergiert.

$$\pi = 4 \left( \frac{2}{3} \cdot \frac{4}{3} \cdot \frac{4}{5} \cdot \frac{6}{5} \cdot \frac{6}{7} \cdot \frac{8}{7} \cdot \frac{8}{9} \cdots \right)$$

$$= 4 \left(1 - \frac{1}{9}\right) \left(1 - \frac{1}{25}\right) \left(1 - \frac{1}{49}\right) \left(1 - \frac{1}{81}\right) \cdots$$

## $\pi$ (und $\tau$) feiern und auswendig lernen

Weil Menschen von der Zahl $\pi$ fasziniert sind (und die Geschwindigkeit von Supercomputern ausprobiert werden musste), ist sie auf Billionen Stellen genau berechnet worden. So genau *müssen* wir es gar nicht wissen – schon mit vierzig Stellen von $\pi$ kann man den Umfang des bekannten Universums auf den Radius eines Wasserstoffatoms genau berechnen!

Um die Zahl $\pi$ ist ein wahrer Kult entstanden. Viele Menschen feiern am 14. März (englische Schreibweise des Datums: 3/14) den Pi-Tag (zufällig auch der Geburtstag von Albert Einstein). An einem typischen Pi-Tag gibt es Kuchen (engl.: *pie*) mit mathematischen Verzierungen zum Betrachten und Verzehren, Einstein-Kostüme und natürlich Wettbewerbe, wer die meisten Stellen von $\pi$ auswendig aufsagen kann. Viele Studenten wissen Dutzende Nachkommastellen, und es ist nicht ungewöhnlich, dass der Gewinner über hundert Stellen auswendig kann. Den aktuellen Weltrekord in dieser Disziplin hält übrigens der Chinese Chao Lu, der 2005 $\pi$ auf 67.890 Stellen nach dem Komma genau aufsagte. Dem *Guinness Book of World Records* zufolge übte Lu vier Jahre lang, um sich die Zahlen einzuprägen, und er brauchte ein wenig länger als 24 Stunden, um sie vorzutragen. Betrachten Sie die ersten hundert Stellen von $\pi$:

$\pi = 3{,}14159265358979323846264338327950288419716939937510582097494459230781640628620899862803482534211 7067\ldots$

Im Lauf der Zeit haben Menschen kreative Methoden ersonnen, wie man sich die Ziffern von $\pi$ einprägen kann. Eine Methode besteht darin, Sätze zu finden, in denen die Länge jedes Worts für die nächste Stelle von $\pi$ steht. Ein berühmtes Beispiel lautet: „*How I wish I could calculate pi*" („wie sehr wünschte ich mir, pi berechnen zu können", was sieben Stellen gibt: 3,141592), ein anderes: „*How I want a drink, alcoholic of course, after the heavy lectures involving quantum mechanics*" („Jetzt brauch ich einen Drink, alkoholisch natürlich, nach den schwierigen Vorlesungen über Quantenmechanik"). Meinen Lieblingsmerksatz (für 740 $\pi$-Stellen!) hat Mike Keith im Jahr 2005 geschrieben, eine witzige Parodie des Gedichts *Der Rabe* von Edgar Allan Poe. Die erste Strophe erzeugt, zusammen mit dem Titel, 42 Stellen. Das Wort *disturbing* mit zehn Buchstaben steht für eine 0.

Poe, E. *Near a Raven*
*Midnights so dreary, tired und weary.*
*Silently pondering volumes extolling all by-now obsolete lore.*
*During my rather long nap – the weirdest tap!*
*An ominous vibrating sound disturbing my chamber's antedoor.*
*„This," I whispered quietly, „I ignore."*

Keith erweiterte dieses Meisterwerk, indem er eine „*Cadaeic Cadenza*" mit 3835 Stellen schrieb. (Man beachte: Wenn man C durch 3 ersetzt, A durch 1, D durch 4 usw., wird aus „*cadaeic*" 3141593.) Sie beginnt mit der Raben-Parodie, umfasst aber auch digitale Denkwürdigkeiten und Parodien anderer Gedichte wie *Jabberwocky* von Lewis Carroll. Sein aktuellster Beitrag zu diesem Genre lautet *Not a Wake: A Dream Embodying $\pi$'s Digits Fully for 10000 Decimals*. (Beachten Sie die Wortlängen im Buchtitel!)

Die Wortlängen-Methode für das Auswendiglernen von $\pi$ hat allerdings einen erheblichen Nachteil: Selbst wenn man sich die Sätze, Gedichte und Geschichten einprägen könnte, ist es nicht so einfach, spontan bei jedem Wort zu sagen, wie viele Buchstaben es enthält. Oder wie ich es gern ausdrücke: *„How I wish I could elucidate to others. There are often superior mnemonics!"*(„Ach, könnte ich anderen doch klarmachen, dass es oft bessere Gedächtnistechniken gibt!", ergibt 13 Stellen).

Ich präge mir Zahlen am besten mit einem *phonetischen Code* namens *Major-System* ein. In diesem System stehen ein oder mehrere Konsonanten für jeweils eine Zahl:

1 = *t* oder *d*

2 = *n*

3 = *m*

4 = *r*

5 = *l*

6 = *j, ch, g (weich)* oder *sch*

7 = *k* oder *g (hart)*

8 = *f* oder *v*

9 = *p* oder *b*

0 = *s* oder *z*

Es gibt sogar Eselsbrücken, womit man sich dieses mnemonische System besser einprägen kann! Mein Freund Tony Marloshkovips macht folgende Vorschläge: Der Buchstabe *t* (sowie der phonetisch ähnliche Buchstabe *d)* hat einen senkrechten Strich, *n* hat 2, *m* hat 3, „vier" endet mit dem Buchstaben *r*, zeigt man seine 5 Finger, bildet sich ein *L* zwischen Zeigefinger und Daumen, eine 6 sieht aus wie ein umgedrehtes *g*, das *K* setzt sich aus zwei 7en zusammen, ein handschriftliches *f* hat wie eine 8 zwei Schleifen, dreht oder spiegelt man eine 9, bekommt man *p* oder *b*; *zero* (engl.: „null") beginnt mit *z*. Oder, wenn Ihnen das lieber ist, Sie können all die Konsonanten hintereinandersetzen, TNMRLShKVPS, und Sie lesen den Namen meines (erfundenen) Freundes: Tony Marloshkovips.

Mit diesem Code lassen sich Zahlen in Worte verwandeln; wir müssen nur noch Vokale einsetzen. Die Zahl 31 beispielsweise verwendet die Konsonanten *m* und *t* (oder *m* und *d)*, was sich in Wörter wie

31 = Mathe, müde, Mode, Mate, Mut, Mitte

usw. verwandeln lässt. Beachten Sie, dass „Mitte" erlaubt ist, weil der t-Laut nur einmal vorkommt. Die genaue Schreibweise ist unerheblich (siehe „Mathe"). Da die Konsonanten *h*, *w* und *y* nicht in der Liste auftauchen, darf man sie ebenso frei verwenden wie die Vokale. Damit könnten wir 31 auch in Wörter wie „Hemd" oder „Wehmut" verwandeln. Beachten Sie, dass eine Zahl durch viele Wörter dargestellt werden kann, jedes Wort aber für *genau eine* Zahl steht.

Aus den ersten drei Stellen von $\pi$, 314, mit den Konsonanten *m*, *t* und *r*, lassen sich Wörter wie

314 = Meter, Motor, Metro, Mutter, Meteor, Mieter, Amateur

bilden. Die ersten fünf Ziffern, 31415, können zu „Amateurhotel" „ausgebaut" werden. Die ersten 24 Ziffern von $\pi$, 314159265358979323846264, merke ich mir gern mit dem Satz

*My turtle Pancho will, my love, pick up my new mover*
*Ginger*
(„Meine Schildkröte Pancho wird, meine Liebe, meine neue Gaststudentin Ginger abholen")

Die nächsten 17 Stellen, 33832795028841971, verwandle ich in

*My movie monkey plays in a favorite bucket*
(„Mein Filmaffe spielt in einem Lieblings-Eimer")

Die nächsten 19 Stellen, 6939937510582097494, liebe ich, weil sie einige lange Wörter erlauben:

*Ship my puppy Michael to Sullivan's backrubber*
(„Verschiffe meinen Welpen Michael an Sullivan's Rückenreiber")

Die nächsten 18 Stellen von $\pi$, 459230781640628620, kann man verwandeln in

*A really open music video cheers Jenny F Jones*
(„Ein wirklich freizügiges Musikvideo erfreut Jenny F. Jones")

gefolgt von 22 weiteren Stellen, 8998628034825342117067:

*Have a baby fish knife so Marvin will marinate the goose chick!*
(„Nimm ein Baby-Fischmesser, Marvin mariniert dann das Gänseküken")

Und so haben wir uns mit fünf albernen Sätzen die ersten hundert Stellen von $\pi$ gemerkt!

Mit dem Major-System kann man sich Daten, Telefonnummern, Kreditkartennummern und andere Zahlenreihen ganz leicht einprägen. Probieren Sie's aus, und mit ein bisschen Übung werden Sie Ihr Zahlengedächtnis gewaltig verbessern. $\pi$ ist eine der wichtigsten Zahlen der gesamten Mathematik, darin sind sich alle Mathematiker einig. Betrachtet man aber die Formeln und Anwendungen, in denen $\pi$ auftaucht, stellt man fest, dass $\pi$ meistens mit 2 multipliziert vorkommt. Der griechische Buchstabe $\tau$ (Tau) wurde ausgewählt, um diese Menge auszudrücken.

$$\tau = 2\pi$$

Nach Ansicht vieler Menschen würden wir in mathematischen Formeln und vor allem in der Trigonometrie $\tau$ statt $\pi$ verwenden, wenn nicht die Geschichte gewesen wäre. Elegant und unterhaltsam wurde diese Idee in Artikeln von Bob Palais („$\pi$ is Wrong!") und Michael Hartl („The Tau Manifesto") vertreten. Ihr Argument „kreist" um den Umstand, dass Kreise über ihren Radius definiert werden, und wenn wir den Umfang ins Verhältnis zum Radius setzen, bekommen wir $C/r = 2\pi = \tau$. Einige Lehrbücher nennen sich sogar „$\tau$-konform", um anzuzeigen, dass sie Formeln sowohl in ihrer $\pi$-Version als auch in ihrer $\tau$-Version präsentieren. (Auch wenn die Umstellung vielleicht-schwerfällt, sind sich doch Schüler wie Lehrer einig, dass es sich mit $\tau$ leichter rechnet als mit $\pi$.) Wäre interessant, zu verfolgen, was in den nächsten Jahrzehnten aus dieser Bewegung wird. $\tau$-Unterstützer (die sich „Tau-isten" nennen) glauben, sie hätten recht, tolerieren aber die Notation, die sich eingebürgert hat. Schließlich sind sie keine mathematischen „Tau-liban".

Es folgen die ersten hundert Stellen von $\tau$ (die Abschnitte zwischen den Leerstellen werden jeweils durch ein mnemotechnisches Bild codiert; mehr dazu unten). Beachten Sie, dass $\tau$ mit den Zahlen 6 und 28 beginnt, die beide *perfekte Zahlen* sind, wie in Kapitel 6 (auf S. 192) beschrieben. Ist das ein Zufall? Natürlich! Aber trotzdem ein witziges Detail.

$\tau$ = 6,283185 30717958 64769252 867665 5900576
839433 8798750 211641949 8891846 15632
812572417 99725606 9650684 234135...

Im Jahr 2012 stellte der dreizehnjährige Ethan Brown einen neuen Weltrekord auf, als er sich 2012 Stellen von $\tau$ für eine Spendenaktion einprägte. Er verwendete das Major-System, aber anstatt lange Sätze zu bilden, dachte er sich verschiedene Szenen aus, die jeweils ein Subjekt, eine Handlung (die immer auf „-ing" endete) und ein Objekt der Handlung umfassten. Die ersten sieben Ziffern, 6283185, wurden zu *„An ocean vomiting a waffle."* Hier sind seine Bilder für die ersten hundert Stellen von $\tau$ :

*An ocean vomiting a waffle*
(„Ein Ozean, der eine Waffel ausspuckt")
*A mask tugging on a bailiff*
(„Eine Maske, die an einem Amtmann zieht")
*A shark chopping nylon*
(„Ein Hai, der Nylon hackt")
*Fudge coaching a cello*
(„Karamelle, die ein Cello unterrichtet")

*Elbows selling a couch*
(„Elbogen, die eine Couch verkaufen")
*Foam burying a mummy*
(„Schaum, der eine Mumie eingräbt")
*Fog paving glass*
(„Nebel, der Glas pflastert")
*A handout shredding a prop*
(„Ein Handzettel, der eine Requisite zerfetzt")
*FIFA beautifying the Irish*
(„FIFA hübscht die Iren auf")
*A doll shooing a minnow*
(„Eine Puppe, die eine Elritze verscheucht")
*A photon looking neurotic*
(„Ein Photon, das neurotisch aussieht")
*A puppy acknowledging the sewage*
(„Ein Welpe, der das Abwasser anerkennt")
*A peach losing its chauffeur*
(„Ein Pfirsich, der seinen Chauffeur verliert")
*Honey marrying oatmeal*
(„Honig, der Haferflocken heiratet")

Um sich die Bilder leichter merken zu können, verwendete Brown die Loci-Methode: Er stellte sich vor, durch seine Schule zu wandern, und auf jedem Korridor und in jedem Klassenzimmer gab es drei bis fünf Objekte, die alberne Dinge anstellten. Letztlich hatte er 272 Bilder an mehr als 60 Orten. Er brauchte etwa 4 Monate, um sich die 2012 Ziffern einzuprägen, die er dann in 73 Minuten vortrug.

Schließen wir dieses Kapitel mit einer musikalischen Hymne an $\pi$. Ich habe sie als lyrische Erweiterung zu Larry Lesser's Parodie *American Pi* geschrieben. Singen Sie das Lied aber nur ein Mal – schließlich wiederholt sich $\pi$ nicht.

*A long, long, time ago,*
*I can still remember how my math class used to make me*
*snore.*
*'Cause every number we would meet*
*Would terminate or just repeat,*
*But maybe there were numbers that did more.*

*But then my teacher said: „I dare ya*
*To try to find the circle's area."*
*Despite my every action,*
*I couldn't find a fraction.*

*I can't remember if I cried,*
*The more I tried or circumscribed,*
*But something touched me deep inside*
*The day I learned of pi!*

*Pi, pi, mathematical pi,*
*Twice eleven over seven is a mighty fine try.*
*A good old fraction you may hope to supply,*
*But the decimal expansion won't die.*
*Decimal expansion won't die.*

*Pi, pi, mathematical pi,*
*3,141592653589.*
*A good old fraction you may hope to define,*
*But the decimal expansion won't die!*

Vor langer, langer Zeit,
ich erinnere mich noch, wie sehr mich Mathe langweilte,
weil jede Zahl, mit der wir zu tun bekamen,
endete oder sich endlos wiederholte,
aber vielleicht gab es ja Zahlen, die mehr konnten.

Und dann sagte unser Lehrer: „Zeigt keine Schwäche,
errechnet mir vom Kreis die Fläche!"
Doch was ich auch versuchte,
ich fand keinen Bruch, dem das gelang.

Ich weiß nicht mehr, ob ich weinte,
je mehr ich es versuchte und probierte,
doch etwas berührte mich tief drinnen
am Tag, als ich von Pi erfuhr!

Pi, Pi, mathematisches Pi,
zweiundzwanzig durch sieben kommt ziemlich gut hin,
ein guter alter Bruch, der sich anwenden lässt,
aber die Stellen hinter dem Komma hören nicht auf,
Stellen hinter dem Komma hören nicht auf.

Pi, Pi, mathematisches Pi,
3,141592653589
die Hoffnung stirbt nie, einen Bruch zu finden,
doch die Stellen hinter dem Komma hören nicht auf!

# Kapitel neun

$20° = \pi\,/\,9$

# Die Magie
# der Trigonometrie

## Der Höhepunkt der Trigonometrie

Die Trigonometrie erlaubt uns, geometrische Aufgaben zu lösen, an denen man sich mit der klassischen Geometrie die Zähne ausbeißt. Betrachten Sie beispielsweise folgende Aufgabe.

**Aufgabe**: Errechnen Sie die Höhe eines nahe gelegenen Berges allein mit Winkelmesser und Taschenrechner.

Ich werde Ihnen hier sogar *fünf* verschiedene Methoden zur Bewältigung dieser Aufgabe vorstellen, und für die ersten drei braucht man sogar fast keine Mathematik!

**Methode 1** (rohe Gewalt): Steigen Sie auf den Berg und werfen Sie den Taschenrechner hinunter (dafür ist möglicherweise ziemlicher Krafteinsatz notwendig). Stoppen Sie die Zeit, bis der Taschenrechner unten im Tal auftrifft (oder einem Bergsteiger auf den Kopf knallt). Angenommen, die Zeit ist $t$ Sekunden (die Wirkungen des Luftwiderstands und der Endgeschwindigkeit lassen wir mal weg), dann beträgt die Höhe des Berges nach der physikalischen Standardformel etwa $5t^2$ Meter. Der Nachteil dieser Methode ist, dass der Einfluss von Luftwiderstand und Endgeschwindigkeit erheblich sein kann, die Schätzung wird also ungenau sein. Ihren Rechner werden Sie danach auch abschreiben können – und eine Stoppuhr brauchen Sie genau genommen auch. Positiv an der Methode ist, dass man den Winkelmesser nicht braucht.

**Methode 2** (Naturburschen-Methode): Wenden Sie sich an eine Aufseherin im Nationalpark und bieten Sie ihr Ihren brandneuen Winkelmesser an – im Austausch gegen die Information, wie hoch der Berg ist. Falls keine Aufseherin zur Hand ist, halten Sie nach stark gebräunten Kerlen in Trekkinghosen Ausschau. Vielleicht wissen sie ja die Antwort. Mit dieser Methode machen Sie neue Bekanntschaften und schonen Ihren Rechner – und wenn Sie der Antwort Ihres Naturburschen nicht trauen, können Sie immer noch den Berg hinaufsteigen und Methode 1 anwenden. Nachteilig ist andererseits, dass Sie Ihren Winkelmesser opfern müssen und vielleicht der Bestechung bezichtigt werden.

**Methode 3** (Gesetz der Schilder): Bevor Sie Methode 1 oder 2 versuchen, halten Sie nach Schildern Ausschau, auf denen die Höhe des Berges stehen könnte. *Vorteil*: Sie müssen kein Ausrüstungsteil opfern. Wenn Sie keine dieser Methoden anspricht, brauchen wir dann doch etwas Mathematik. Welche genau, erfahren Sie in diesem Kapitel.

## Trigonometrie und Dreiecke

Das Wort „Trigonometrie" hat die griechischen Wurzeln *trigonos* und *meträsis*, was buchstäblich „Dreiecksmessung" bedeutet. Wir beginnen mit der Analyse einiger klassischer Dreiecke.

*Gleichschenkliges rechtwinkliges Dreieck.* In einem *gleichschenkligen rechtwinkligen* Dreieck gibt es einen 90°-Winkel, und die beiden anderen Winkel müssen jeweils gleich groß sein. Folglich haben sie 45° (da die Winkelsumme im Dreieck 180° beträgt). Deshalb nennen wir diese Dreiecke auch 45-45-90 Dreiecke. Haben beide Katheten die Länge 1, hat die Hypotenuse nach Pythagoras die Länge $\sqrt{1^2 + 1^2} = \sqrt{2}$. Beachten Sie, dass alle gleichschenkligen rechtwinkligen Dreiecke dieselben Proportionen von 1 : 1 : $\sqrt{2}$ aufweisen; wenn die Katheten also die Länge 2 haben, hat die Hypotenuse die Länge $2\sqrt{2}$. Hat die Hypotenuse die Länge 1, dann haben die Katheten die Länge $1/\sqrt{2} = \sqrt{2}/2$, wie unten abgebildet.

*30-60-90-Dreieck.* In einem *gleichseitigen* Dreieck haben alle Seiten dieselbe Länge, und alle Winkel haben 60°. Teilen wir ein gleichseitiges Dreieck in zwei kongruente Hälften, wie auf S. 266 gezeigt, bekommen wir zwei rechtwinklige Dreiecke mit Winkeln von 30°, 60° und 90°. Haben die Seiten des gleichseitigen Dreiecks die Länge 2, hat die Hypotenuse des rechtwinkligen Dreiecks die Länge 2, und die kurze Kathete hat die Länge 1. Nach Pythagoras hat die andere Kathete die Länge $\sqrt{2^2 + 1^2} = \sqrt{3}$. Folglich haben alle 30-60-90-Dreiecke dieselben Proportionen von $1 : \sqrt{3} : 2$ (so einfach zu merken wie $1, 2, \sqrt{3}$). Wenn die Hypotenuse also die Länge 1 hat, sind die anderen Seiten 1/2 und $\sqrt{3}/2$ lang.

**Nebenbemerkung**

Wenn positive ganze Zahlen $a$, $b$, $c$ die Gleichung $a^2 + b^2 = c^2$, erfüllen, nennen wir $(a, b, c)$ ein *pythagoräisches Tripel*. Das kleinste und einfachste Tripel ist (3, 4, 5), doch es gibt unendlich viele weitere. Natürlich könnte man dieses Tripel mit einer positiven ganzen Zahl skalieren, um Tripel wie (6, 8, 10) oder (9, 12, 15) oder (300, 400, 500) zu bekommen, aber das wäre wenig originell. Hier eine gewitzte Methode zur Herstellung pythagoräischer Tripel: Man nehme zwei *beliebige* positive Zahlen $m$ und $n$ mit $m > n$. Setzen Sie jetzt

$$a = m^2 - n^2 \qquad b = 2mn \qquad c = m^2 + n^2$$

Beachten Sie, dass $a^2 + b^2 = (m^2 - n^2)^2 + (2mn)^2 = m^4 + 2m^2n^2 + n^4 = (m^2 + n^2)^2 = c^2$, also ist $(a, b, c)$ ein pythagoräisches Tripel. Wählt man beispielsweise $m = 2$ und $n = 1$, erhält man (3, 4, 5); $(m, n) = (3, 2)$ führt zu (5, 12, 13); $(m, n) = (4, 1)$ ergibt (15, 8, 17); $(m, n) = (10, 7)$ ergibt

Die gesamte Trigonometrie beruht auf zwei zentralen Funktionen, der **Sinus-** und der **Kosinusfunktion**. In einem rechtwinkligen Dreieck $ABC$, wie unten dargestellt, bezeichnet $c$ die
Länge der Hypotenuse und $a$ bzw. $b$ die Längen der Seiten gegenüber den Winkeln $\angle A$ bzw. $\angle B$.

Für den Winkel $A$ (der in einem rechtwinkligen Dreieck
spitz sein muss), definieren wir den Sinus von $\angle A$, geschrieben
$\sin A$, als

$$\sin A = \frac{a}{c} = \frac{\text{Länge der Kathete gegenüber } A}{\text{Länge der Hypotenuse}} = \frac{\text{Gegenkathete}}{\text{Hypotenuse}}$$

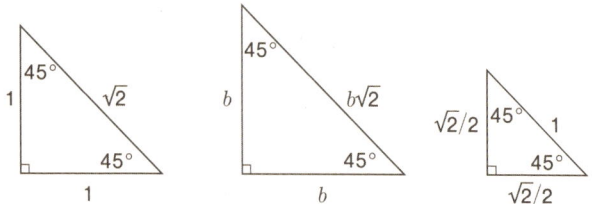

In einem 45-45-90-Dreieck sind die Seitenlängen
proportional zu $1 : 1 : \sqrt{2}$.

Analog definieren wir den *Kosinus* von $\angle A$ als

$$\cos A = \frac{b}{c} = \frac{\text{Länge der Kathete bei } A}{\text{Länge der Hypotenuse}} = \frac{\text{Ankathete}}{\text{Hypotenuse}}$$

(Beachten Sie, dass jedes rechtwinklige Dreieck mit Winkel $A$
dem Originaldreieck ähnlich sein wird, mit den gleichen Sei-

tenproportionen. Folglich sind Sinus und Kosinus von *A* unabhängig von der Größe des Dreiecks.)

Nach Sinus und Kosinus kommt die Tangensfunktion in der Trigonometrie am häufigsten vor. Wir definieren den Tangens von $\angle A$ als

$$\tan A = \frac{\sin A}{\cos A}$$

In unserem rechtwinkligen Dreieck haben wir also

$$\tan A = \frac{\sin A}{\cos A} = \frac{a/c}{b/c} = \frac{a}{b} = \frac{\text{Länge der Gegenkathete von } A}{\text{Länge der Ankathete von } A} = \frac{\text{Gegenkathete}}{\text{Ankathete}}$$

Beispielsweise haben wir im 3-4-5-Dreieck unten

$$\sin A = \frac{3}{5} \qquad \cos A = \frac{4}{5} \qquad \tan A = \frac{3}{4}$$

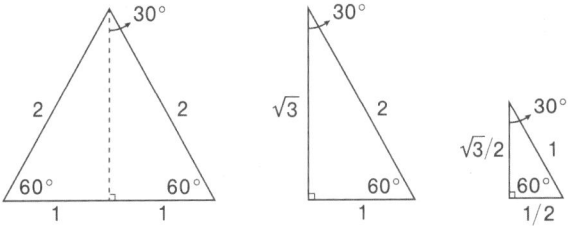

In einem 30-60-90-Dreieck haben die Seiten die Proportionen $1 : \sqrt{3} : 2$.

Und was ist nun mit $\angle B$ im selben Dreieck? Wenn wir seine Sinus- und Kosinuswerte berechnen, sehen wir

$$\sin B = \frac{4}{5} = \cos A \qquad \cos B = \frac{3}{5} = \sin A$$

Hier haben wir sin $B = \cos A$ *und* $\cos B = \sin A$. Das ist kein Zufall, denn aus der Sicht des anderen spitzen Winkels dreht sich nur um, was als Ankathete und was als Gegenkathete betrachtet wird. Die Hypotenuse bleibt dieselbe. Da $\angle A + \angle B = 90°$, gilt für alle spitzen Winkel:

$$\sin (90° - A) = \cos A \qquad \cos (90° - A) = \sin A$$

Hat also ein rechtwinkliges Dreieck $ABC$ den Winkel $\angle A = 40°$, dann hat der Komplementärwinkel $\angle B = 50°$ die Eigenschaft: $\sin 50° = \cos 40°$ und $\cos 50° = \sin 40°$. Mit anderen Worten: Der Sinus des Komplementärwinkels entspricht dem Kosinus des Winkels (daher stammt auch die Bezeichnung „Kosinus").

Es gibt drei weitere Funktionen, die zu Ihrem trigonometrischen Wortschatz gehören sollten, allerdings kommen sie viel seltener vor als die drei oben behandelten. Es handelt sich um **Sekans** (sec), **Kosekans** (csc) und **Kotangens** (cot), und sie sind definiert als

$$\sec A = \frac{1}{\cos A} \qquad \csc A = \frac{1}{\sin A} \qquad \cot A = \frac{1}{\tan A}$$

Sie können leicht nachprüfen, dass die Ko-Funktionen dieselben Komplementär-Beziehungen haben wie Sinus und Kosinus. Konkret gilt für jeden spitzen Winkel in einem rechtwinkligen Dreieck, dass $\sec (90° - A) = \csc A$ und $\tan (90° - A) = \cot A$.

Weiß man erst mal, wie man den Sinus eines Winkels berechnet, kann man mit Komplementen arbeiten, um den Kosinus jedes beliebigen Winkels zu ermitteln. Und dann liegt der Weg frei für Tangens & Co. Aber wie *berechnet* man einen Sinuswert, etwa für 40°?

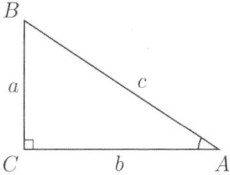

sin $A = a/c$ = Gegenkathete/Hypotenuse
cos $A = b/c$ = Ankathete/Hypotenuse
tan $A = a/b$ = Gegenkathete/Ankathete

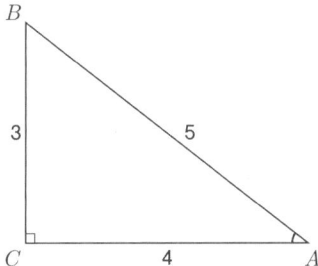

Im rechtwinkligen 3-4-5-Dreieck gilt:
sin $A = 3/5$, cos $A = 4/5$, tan $A = 3/4$.

Am einfachsten geht es mit dem Taschenrechner (im *Grad*-Modus). Der wirft aus: sin 40° = 0,642 ... Doch wie *rechnet* der Taschenrechner? Das zeige ich gegen Ende des Kapitels.

Ein paar trigonometrische Werte sollte man auswendig können. Sie erinnern sich: Die Seiten eines 30-60-90-Dreiecks haben die Proportionen 1 : $\sqrt{3}$ : 2. Folglich gilt:

$$\sin 30° = 1/2 \quad \sin 60° = \sqrt{3}/2$$

und

$$\cos 30° = \sqrt{3}/2 \quad \cos 60° = 1/2$$

Und da die Seiten eines 45-45-90-Dreiecks die Proportionen 1 : 1 : √2 haben, gilt:

$$\sin 45° = \cos 45° = 1/\sqrt{2} = \sqrt{2}/2$$

Da tan $A$ = sin $A$ / cos $A$, muss man meiner Ansicht nach keine Werte für die Tangensfunktion auswendig lernen, außer tan 45° = 1.

Bevor wir die Höhe eines Berges trigonometrisch ermitteln, versuchen wir uns erst an einer einfacheren Aufgabe, nämlich derjenigen, die Höhe eines Baums zu berechnen (mithilfe von *Tree-gonometrie*). Angenommen, Sie stehen 10 Meter von einem Baum entfernt, und der Winkel zwischen Boden und Baumspitze beträgt 50°, wie folgend abgebildet. (Übrigens haben die meisten Smartphones Apps, die Winkel messen. Ansonsten kann man sich auch aus Winkelmesser, Strohhalm und Büroklammer ein eigenes Winkelmessgerät bauen.)

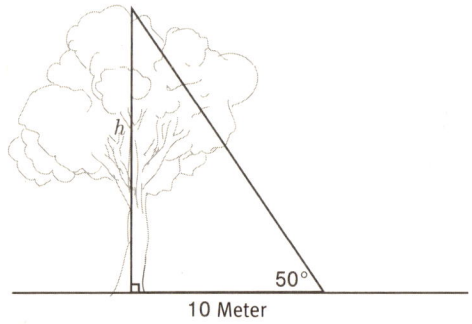

10 Meter

Wie hoch ist der Baum?

Nennen wir die Höhe des Baums $h$. Es gilt

$$\tan 50° = \frac{h}{10}$$

und folglich $h = 10 \times \tan 50°$, was dem Taschenrechner zufolge $10\,(1{,}19...) \approx 11{,}9$; der Baum ist also knapp 12 Meter hoch.

Jetzt sind wir so weit, dass wir die Bergfrage mathematisch anpacken können. Allerdings haben wir noch ein Problem: Wir kennen die Entfernung zum *Mittelpunkt* des Berges nicht. Wir haben es also mit zwei Unbekannten zu tun (der Höhe des Berges und seiner Entfernung), folglich brauchen wir zwei Informationen. Angenommen, wir messen den Winkel von unserem Standort zur Bergspitze (der ist 40°), und dann gehen wir 1000 Meter weiter vom Berg weg und messen den Winkel zur Bergspitze erneut (jetzt 32°; siehe Abbildung unten). Mit diesen beiden Werten können wir die Höhe des Berges näherungsweise bestimmen.

**Methode 4** (Tangens-Methode): $h$ ist die Höhe des Berges und $x$ unsere anfängliche Entfernung zum Berg ($x$ ist also die Länge von $\overline{CD}$). Wir betrachten das rechtwinklige Dreieck $BCD$ und berechnen $\tan 40° \approx 0{,}839$, folglich gilt:

$$\tan 40\,° \approx 0{,}839 = \frac{h}{x}$$

was impliziert $h = 0{,}839x$. Aus dem Dreieck $ABC$ bekommen wir

$$\tan 32\,° \approx 0{,}625 = \frac{h}{x + 1000}$$

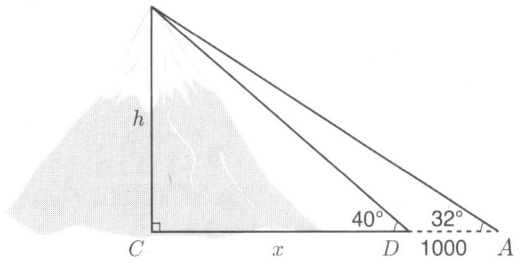

Also $h = 0{,}625\,(x + 1000) = 0{,}625x + 625$

Durch die Gleichsetzung der beiden Gleichungen für $h$ bekommen wir

$$0{,}839x = 0{,}625x + 625$$

woraus sich $x = 625/(0{,}214) \approx 2920$ ergibt. Folglich ist $h$ ungefähr $0{,}839 \, (2920) = 2450$, der Berg ist also ungefähr 2450 Meter hoch, gemessen ab der Höhe, auf der wir uns befinden.

## Trigonometrie und Kreise

Bisher haben wir trigonometrische Funktionen nur für rechtwinklige Dreiecke betrachtet, und ich möchte Ihnen wärmstens ans Herz legen, sich mit dieser Definition wirklich vertraut zu machen. Allerdings hat sie den Nachteil, dass wir damit nur Sinus-, Kosinus- und Tangenswerte für Winkel zwischen 0° und 90° ermitteln können (da ein rechtwinkliges Dreieck einen 90°-Winkel und zwei spitze Winkel hat). Im folgenden Abschnitt definieren wir die trigonometrischen Funktionen innerhalb eines *Einheitskreises*, was uns erlaubt, Sinus-, Kosinus- und Tangenswerte für *beliebige* Winkel zu ermitteln.

Sie erinnern sich: Ein Einheitskreis ist ein Kreis mit Radius 1 und Mittelpunkt im Ursprung des Koordinatensystems $(0, 0)$. Er hat die Gleichung $x^2 + y^2 = 1$, wie wir im vorigen Kapitel mittels des Satzes des Pythagoras hergeleitet haben (s. S. 243). Angenommen, ich würde Sie bitten, den Punkt $(x, y)$ auf dem Einheitskreis zu ermitteln, der zu dem spitzen Winkel $A$ gehört und gegen den Uhrzeigersinn vom Punkt $(1, 0)$ ausgehend gemessen wird (s. Abb. auf S. 273). Wir können $x$ *und* $y$ finden, indem wir ein rechtwinkliges Dreieck bilden und unsere Formeln für Sinus und Kosinus anwenden.

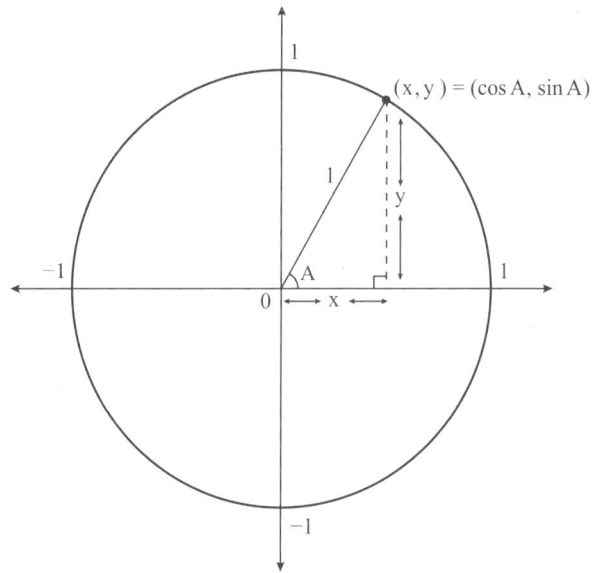

Der Punkt $(x, y)$ auf dem Einheitskreis, der zu Winkel $A$ gehört, hat $x = \cos A$ und $y = \sin A$.

Wir bekommen

$$\cos A \;=\; \frac{\text{Ankathete}}{\text{Hypotenuse}} \;=\; \frac{x}{1} \;=\; x$$

und

$$\sin A \;=\; \frac{\text{Gegenkathete}}{\text{Hypotenuse}} \;=\; \frac{y}{1} \;=\; y$$

Mit anderen Worten: Der Punkt $(x, y)$ entspricht $(\cos A, \sin A)$. (Allgemein gilt: Wenn der Kreis den Radius $r$ hat, dann ist $(x, y) = (r \cos A, r \sin A)$.)

Wir erweitern diese Erkenntnis auf alle Winkel $A$ und definieren $(\cos A, \sin A)$ als den Punkt auf dem Einheitskreis, der zum Winkel $A$ gehört. (Mit anderen Worten: cos $A$ ist die $x$-Koordinate und sin $A$ die $y$-Koordinate des Punktes auf dem Kreis bei Winkel $A$.) Jetzt kommt das Gesamtbild.

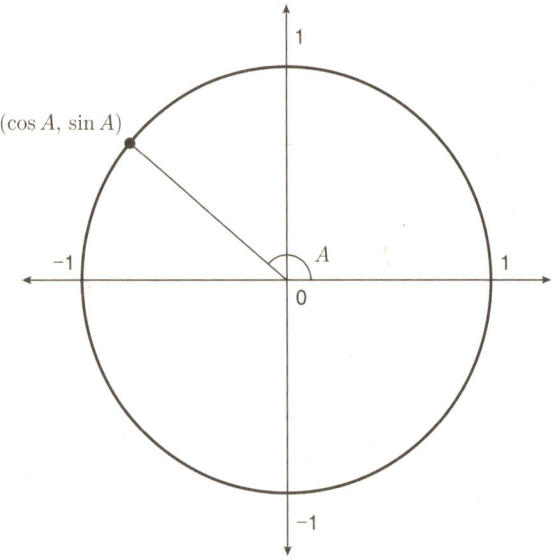

Die allgemeine Definition von cos $A$ und sin $A$

Hier kommt ein weiteres Gesamtbild, bei dem wir den Einheitskreis in 30°-Abschnitte unterteilt haben (mit 45° als Dreingabe), passend zu den Winkeln der besonderen Dreiecke, die wir weiter oben betrachtet haben. Die Sinus- und Kosinuswerte für Winkel von 30°, 45° und 60° kennen wir schon:

$$\begin{aligned}
(\cos 30°, \sin 30°) &= (\sqrt{3}/2, 1/2) \\
(\cos 45°, \sin 45°) &= (\sqrt{2}/2, \sqrt{2}/2) \\
(\cos 60°, \sin 60°) &= (1/2, \sqrt{3}/2)
\end{aligned}$$

Die Sinus- und Kosinuswerte des Vielfachen dieser Winkel lassen sich aus den Werten im ersten Quadranten ermitteln.

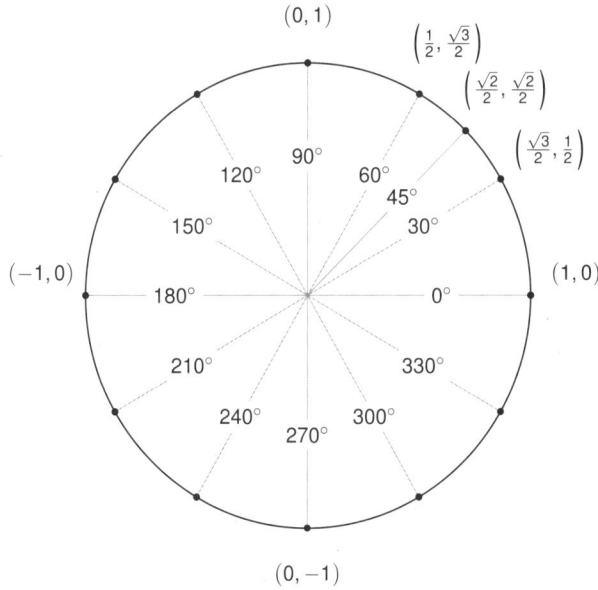

Da sich Winkel nicht ändern, wenn man 360° abzieht oder dazuzählt (weil wir uns buchstäblich im Kreis drehen), gilt für jeden Winkel $A$:

$$\sin (A \pm 360°) = \sin A \qquad \cos (A \pm 360°) = \cos A$$

Bei negativen Winkeln bewegen wir uns *im Uhrzeigersinn*. So ist z. B. der negative Winkel −30° identisch mit dem Winkel 330°. Beachten Sie, dass Sie dieselbe $x$-Koordinate bekommen, wenn Sie sich $A$ Grad *im Uhrzeigersinn* bewegen, die $y$-Koordinate hat aber das umgekehrte Vorzeichen. Anders ausgedrückt: Für jeden Winkel $A$ gilt:

$$\cos (-A) = \cos A \qquad \sin (-A) = -\sin A$$

Zum Beispiel:

$$\cos(-30°) = \cos 30° = \sqrt{3}/2 \qquad \sin(-30°) = -\sin 30° = -1/2$$

Wenn wir den Winkel $A$ an der $y$-Achse spiegeln, bekommen wir den *Ergänzungswinkel* $180° - A$. Dabei bleibt der y-Wert auf dem Einheitskreis unverändert, der x-Wert ändert sein Vorzeichen. Anders ausgedrückt:

$$\cos(180° - A) = -\cos A \qquad \sin(180° - A) = \sin A$$

Für A = 30° bedeutet das beispielsweise:

$$\cos 150° = -\cos 30° = -\sqrt{3}/2 \qquad \sin 150° = \sin 30° = 1/2$$

Die anderen trigonometrischen Funktionen bleiben weiterhin so definiert wie zuvor, z. B. $\tan A = \sin A / \cos A$. Die zwei Werte der Tangensfunktion, die es sich zu merken lohnt, sind $\tan 45° = 1$ (da $\sin 45° = \cos 45°$) und $\tan 90°$ – dies ist *nicht definiert*, weil $\cos 90° = 0$.

$x$- und $y$-Achse unterteilen die Ebene in vier *Quadranten*. Wir nennen diese Quadranten I, II, III und IV, wobei im I. Quadranten die Winkel zwischen 0 und 90° liegen, im II. die Winkel zwischen 90 und 180°, im III. die Winkel zwischen 180° und 270° und im IV. die Winkel zwischen 270° und 360°. Beachten Sie, dass die Sinuswerte in den Quadranten I und II positiv sind, die Kosinuswerte in den Quadranten I und IV, und die Tangenswerte folglich in den Quadranten I und III. Eselsbrücken wie „Alle Schüler teilen Karamellen" (A, S, T, K) helfen dabei, sich einzuprägen, welche der trigonometrischen Funktionen in den jeweiligen Quadranten positive Werte haben (alle, Sinus, Tangens, Kosinus).

Zum Abschluss möchte ich Sie noch mit den *inversen Winkelfunktionen* vertraut machen. Sie sind nützlich, wenn man unbekannte Winkel ermitteln muss. Der arcsin von 1/2, (auf Taschenrechnern steht oft sin⁻¹ für diese Funktion) verrät uns den Winkel $A$, für den gilt $\sin A = 1/2$. Wir wissen, dass $\sin 30° = 1/2$, also ist $\arcsin(1/2) = 30°$.

Die *Arkussinusfunktion* gibt uns immer einen Winkel zwischen −90° und 90°, doch bedenken Sie bitte, dass es auch andere Winkel mit demselben Sinuswert außerhalb dieses Intervalls gibt. Zum Beispiel ist sin 150° = ½; dasselbe gilt für alle Winkel, bei denen ein Vielfaches von 360° zu 30° oder 150° addiert wird.

Für das 3-4-5-Dreieck unten kann unser Taschenrechner den Winkel A auf drei verschiedene Arten über inverse Winkelfunktionen errechnen:

$$\angle A = \arcsin(3/5) = \arccos(4/5) = \arctan(3/4) \approx 36{,}87° \approx 37°$$

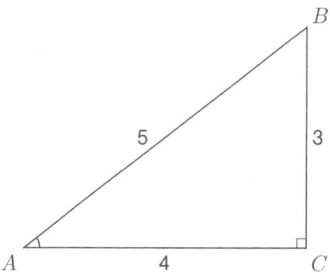

Mit inversen Winkelfunktionen lassen sich Winkel aus Seitenlängen errechnen. Hier ist tan $A$ = 3/4, folglich ist $\angle A$ = arctan (3/4) ≈ 37°.

Jetzt wird es aber Zeit, diese trigonometrischen Funktionen mal zu nutzen. In der Geometrie verrät uns der Satz des Pythagoras die Länge der Hypotenuse, wenn wir die Kathetenlängen im rechtwinkligen Dreieck kennen. In der Trigonometrie können wir ähnliche Berechnungen mit *beliebigen* Dreiecken anstellen – dem *Kosinussatz* sei Dank!

**Theorem (Kosinussatz):** In jedem Dreieck $ABC$, bei dem die Seiten mit Länge $a$ und $b$ den Winkel $\angle C$ bilden, gilt für die dritte Seite

$$c^2 = a^2 + b^2 - 2ab \cos C$$

Im Beispiel unten hat das Dreieck *ABC* die Seitenlängen 21 und 26, dazwischen liegt ein Winkel von 15°. Dem Kosinussatz zufolge muss für *c*, die Länge der dritten Seite, gelten:

$$c^2 = 21^2 + 26^2 - 2 \times 21 \times 26 \times \cos 15°$$

Setzt man cos 15° ≈ 0,9659 ein, ergibt sich $c^2 = 62{,}21$ und folglich $c \approx 7{,}89$.

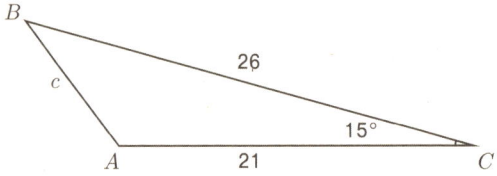

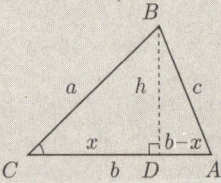

$$h^2 = a^2 - x^2$$

Aus dem Dreieck $ABD$ erhalten wir $c^2 = h^2 + (b - x)^2 = h^2 + b^2 - 2bx + x^2$, folglich gilt:

$$h^2 = c^2 - b^2 + 2bx - x^2$$

Setzt man die obigen zwei Werte von $h^2$ gleich, erhält man

$$c^2 - b^2 + 2bx - x^2 = a^2 - x^2$$

und somit

$$c^2 = a^2 + b^2 - 2bx$$

Am rechtwinkligen Dreieck $CBD$ sieht man, dass $\cos C = x/a$, womit $x = a \cos C$. Für spitzwinklige $\angle C$ gilt also:

$$c^2 = a^2 + b^2 - 2ab \cos C$$

Ist $\angle C$ stumpfwinklig, bekommen wir das rechtwinklige Dreieck $CBD$ außerhalb des Dreiecks, wie unten gezeigt.

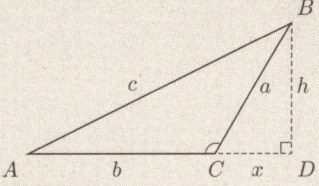

Bei den rechtwinkligen Dreiecken $CBD$ und $ABD$ gilt laut Pythagoras, dass $a^2 = h^2 + x^2$ und $c^2 = h^2 + (b + x)^2$. Diesmal setzen wir die Werte von $h^2$ gleich und bekommen

$$c^2 = a^2 + b^2 + 2bx$$

Diesmal verrät uns Dreieck $CBD$, dass $\cos(180° - C) = x/a$, also $x = a \cos(180° - C) = -a \cos C$. Wiederum bekommen wir also die gewünschte Gleichung

$$c^2 = a^2 + b^2 - 2ab \cos C \qquad ☺$$

Übrigens gibt es auch eine hübsche Formel für die Fläche des obigen Dreiecks.

**Korollar:** Für jedes Dreieck $ABC$, bei dem die Seiten mit den Längen $a$ und $b$ den Winkel $\angle C$ bilden, gilt:

$$\text{Fläche des Dreiecks } ABC = \frac{1}{2}\, ab \sin C$$

**Nebenbemerkung**

**Beweis:** Die Fläche eines Dreiecks mit Basis $b$ und Höhe $h$ beträgt ½ $bh$. In allen drei Fällen, die wir beim Beweis des Kosinussatzes betrachtet haben, hatte das Dreieck die Basis $b$; bestimmen wir nun $h$. Im spitzwinkligen Fall gilt $\sin C = h/a$, also $h = a \sin C$. Im stumpfwinkligen Fall haben wir $\sin(180° - C) = h/a$, also $h = a \sin(180° - C) = a \sin C$, wie zuvor. Im rechtwinkligen Fall ist $h = a$, was gleich ist $a \sin C$, da $C = 90°$ und $\sin 90° = 1$. Da in allen drei Fällen $h = a \sin C$, beträgt die Fläche des Dreiecks ½ $ab \sin C$, wie gewünscht. $\qquad \square$

Aus diesem Korollar folgt

$$\sin C = \frac{2(\text{Fläche von } ABC)}{ab}$$

oder

$$\frac{\sin C}{c} = \frac{2\,(\text{Fläche von } ABC)}{abc}$$

Anders ausgedrückt: Für Dreieck $ABC$ gilt, dass $(\sin C)/c$ der doppelten Fläche von $ABC$, geteilt durch das Produkt aller drei Seitenlängen entspricht. Aber wir haben an den Winkel $C$ gar keine besonderen Anforderungen gestellt, folglich würden wir dasselbe Ergebnis auch für $(\sin B)/b$ oder $(\sin A)/a$ erhalten. Und somit haben wir gerade ein sehr nützliches Theorem bewiesen.

**Theorem (Sinussatz):** Für jedes Dreieck $ABC$ mit den Seitenlängen $a$, $b$ und $c$ gilt:

$$\frac{\sin A}{a} = \frac{\sin B}{b} = \frac{\sin C}{c}$$

oder gleichbedeutend:

$$\frac{a}{\sin A} = \frac{b}{\sin B} = \frac{c}{\sin C}$$

Wir können den Sinussatz für einen neuen Ansatz verwenden, die Höhe unseres Berges zu berechnen. Diesmal konzentrieren wir uns auf $a$, unsere ursprüngliche Entfernung von der Bergspitze (s. folgende Abbildung).

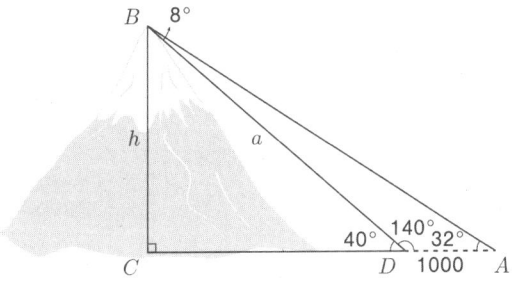

Wir ermitteln die Höhe des Berges mit dem Sinussatz.

**Methode 5 (Sinussatz):** Im Dreieck $ABD$ haben wir $\angle BAD = 32°$, $\angle BDA = 180° - 40° = 140°$ und folglich $\angle ABD = 8°$. Wenden wir den Sinussatz auf dieses Dreieck an, bekommen wir

$$\frac{a}{\sin 32°} = \frac{1000}{\sin 8°}$$

Multipliziert man beide Seiten mit sin 32°, erhält man $a = 1000$ sin 32°/ sin 8° ≈ 3808 Meter. Da sin 40 ≈ 0,6428 = $h/a$, folgt, dass

$$h = a \sin 40 ≈ (3808)(0,6428) = 2448$$

Der Berg ist nach dieser Berechnungsmethode knapp 2450 Meter hoch, was zu unseren früheren Ergebnissen passt.

---

**Nebenbemerkung**

Hier kommt eine weitere hübsche Formel, *Satz des Heron* genannt. Es lohnt sich, sie zu kennen, weil man damit aus den Seitenlängen $a$, $b$, und $c$ eines Dreiecks sofort dessen Fläche berechnen kann. Die Formel ist ganz einfach, sobald man den *Halb-Umfang s* berechnet hat:

$$s = \frac{a + b + c}{2}$$

Ihr zufolge beträgt die Fläche des Dreiecks mit den Seitenlängen $a$, $b$ und $c$

$$\sqrt{s(s - a)(s - b)(s - c)}$$

Ein Dreieck mit den Seitenlängen 3, 14, 15 (die ersten fünf Stellen von $\pi$) hätte beispielsweise s = (3 + 14 + 15)/2 = 16. Folglich hat das Dreieck die Fläche $\sqrt{16\,(16-3)\,(16-14)\,(16-15)} = \sqrt{416} ≈ 20,4$.

Der Satz des Heron lässt sich aus dem Kosinussatz ableiten, und es bedarf gar keiner hero(n)ischen Anstrengung dafür.

## Trigonometrische Identitäten

Innerhalb der trigonometrischen Funktionen gibt es viele interessante Beziehungen, *Identitäten* genannt. Ein paar von ihnen kennen wir schon, etwa

$$\sin(-A) = -\sin A \qquad \cos(-A) = \cos A$$

Doch es gibt weitere interessante Identitäten, die zu nützlichen Formeln führen. Davon handelt der folgende Abschnitt. Die erste Identität folgt aus der Formel für den Einheitskreis:

$$x^2 + y^2 = 1$$

Da der Punkt $(\cos A, \sin A)$ auf dem Einheitskreis liegt, muss er diese Bedingung erfüllen, folglich muss $(\cos A)^2 + (\sin A)^2 = 1$. Das liefert uns die vielleicht wichtigste Identität der gesamten Trigonometrie.

**Theorem:** Für beliebige Winkel $A$ gilt:

$$\cos^2 A + \sin^2 A = 1$$

Bisher haben wir meistens den Buchstaben $A$ zur Bezeichnung beliebiger Winkel verwendet, doch an diesem Buchstaben ist nichts Besonderes; andere Bücher verwenden oft andere Buchstaben, zum Beispiel:

$$\cos^2 x + \sin^2 x = 1$$

Der griechische Buchstabe $\theta$ (Theta) wird auch gern verwendet:

$$\cos^2 \theta + \sin^2 \theta = 1$$

Und manchmal sieht man die Formel auch ganz ohne Variable. Beispielsweise darf man sie auch so abkürzen:

$$\cos^2 + \sin^2 = 1$$

Bevor wir weitere Identitäten beweisen, wollen wir den Satz des Pythagoras anwenden, um die Länge einer Strecke zu berechnen. Das wird der Schlüssel zum Beweis unserer ersten Identität, und das Ergebnis ist auch an sich schon nützlich.

**Theorem (Formel für den Abstand):** $L$ ist die Länge der Strecke von $(x_1, y_1)$ bis $(x_2, y_2)$. Dann ist

$$L = \sqrt{(x_2 - x_1)^2 + (y_2 - y_1)^2}$$

Beispielsweise wäre die Länge der Strecke von $(-2, 3)$ nach $(5, 8)$ $\sqrt{(5-(-2))^2 + (8-3)^2} = \sqrt{7^2 + 5^2} = \sqrt{74} \approx 8.6$

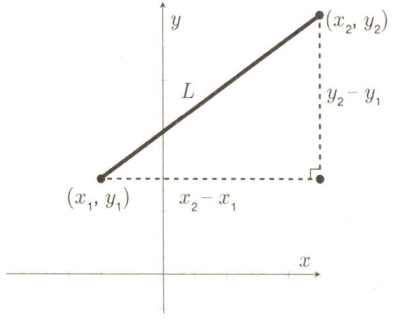

Aus dem Satz des Pythagoras folgt, dass $L^2 = (x_2 - x_1)^2 + (y_2 - y_1)^2$.

**Beweis:** Betrachten Sie die zwei Punkte $(x_1, y_1)$ und $(x_2, y_2)$ in der Abbildung. Zeichnen Sie ein rechtwinkliges Dreieck, so-dass die Verbindungsstrecke zwischen den beiden Punkten die Hypotenuse des Dreiecks bildet. In unserem Bild hat die Basis die Länge $x_2 - x_1$, die Höhe beträgt $y_2 - y_1$. Laut Pythagoras gilt für die Hypotenuse $L$

$$L^2 = (x_2 - x_1)^2 + (y_2 - y_1)^2$$

und folglich $L = \sqrt{(x_2 - x_1)^2 + (y_2 - y_1)^2}$, wie gewünscht. □

Beachten Sie, dass die Formel auch dann funktioniert, wenn $x_2 < x_1$ oder $y_2 < y_1$. Für $x_1 = 5$ und $x_2 = 1$ beispielsweise ist, weil Längen immer positiv sind, der Abstand zwischen $x_1$ und $x_2$ 4, und obwohl $x_2 - x_1 = -4$, ist das Quadrat dieser Zahl 16, und nur darauf kommt es an.

**Nebenbemerkung**
Wie lang ist die Diagonale einer Kiste mit den Abmessungen $a \times b \times c$? Nennen wir die zwei Punkte, die sich auf dem Boden der Kiste diagonal gegenüberliegen, $O$ und $P$. Die Basis ist ein Rechteck der Größe $a \times b$, folglich hat die Diagonale $OP$ die Länge $\sqrt{a^2 + b^2}$.

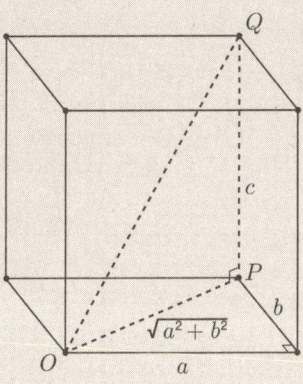

Gehen wir nun von $P$ um $c$ senkrecht nach oben, gelangen wir zum Punkt $Q$, der sich in der Ecke genau gegenüber von $O$ befindet. Für die Berechnung der Entfernung zwischen $O$ und $Q$ nutzen wir den Umstand, dass $OPQ$ ein rechtwinkliges Dreieck mit den Kathetenlängen $\sqrt{a^2 + b^2}$ und $c$ ist. Folglich beträgt die Länge der Diagonalen $OQ$ nach Pythagoras

$$\sqrt{\sqrt{a^2 + b^2}^2 + c^2} = \sqrt{a^2 + b^2 + c^2}$$

Jetzt sind wir so weit, dass wir eine ebenso elegante wie nützliche trigonometrische Identität beweisen können. Der Beweis des Theorems ist ein wenig knifflig, aber wenn wir uns einmal durchgebissen haben, folgen viele weitere Identitäten auf dem Fuß.

**Theorem:** Für beliebige Winkel $A$ und $B$ gilt:

$$\cos (A - B) = \cos A \cos B + \sin A \sin B$$

**Beweis:** Auf dem hier abgebildeten Einheitskreis um $O$ bezeichnet $P$ den Punkt ($\cos A$, $\sin A$) und $Q$ den Punkt ($\cos B$, $\sin B$). $c$ bezeichnet die Länge von $PQ$. Was können wir über $c$ sagen?

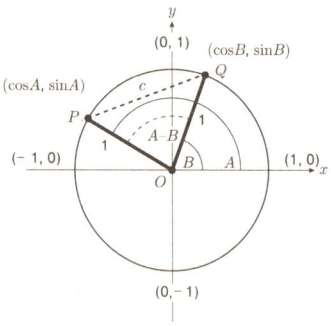

Anhand dieser Zeichnung lässt sich zeigen,
dass $\cos (A - B) = \cos A \cos B + \sin A \sin B$.

Im Dreieck $OPQ$ sehen wir, dass $OP$ und $OQ$ beides Radien des Einheitskreises sind, folglich haben sie die Länge 1, und der Winkel $\angle POQ$ zwischen ihnen hat die Größe $A - B$. Aus dem Kosinussatz folgt:

$$\begin{aligned} c^2 &= 1^2 + 1^2 - 2 \times 1 \times 1 \times \cos(A - B) \\ &= 2 - 2\cos(A - B) \end{aligned}$$

Gleichzeitig gilt laut Abstandsformel:

$$c^2 = (x_2 - x_1)^2 + (y_2 - y_1)^2$$

Folglich ist der Abstand von Punkt $P = (\cos A, \sin A)$ zu Punkt $Q = (\cos B, \sin B)$

$$\begin{aligned} c^2 &= (\cos B - \cos A)^2 + (\sin B - \sin A)^2 \\ &= \cos^2 B - 2\cos A \cos B + \cos^2 A + \sin^2 B - 2\sin A \sin B + \\ &\quad \sin^2 A \\ &= 2 - 2\cos A \cos B - 2\sin A \sin B \end{aligned}$$

wobei wir die letzte Zeile bekommen haben, indem wir $\cos^2 B + \sin^2 B = 1$ und $\cos^2 A + \sin^2 A = 1$ verwendeten. Setzt man die beiden Gleichungen für $c^2$ gleich, erhält man

$$2 - 2\cos(A - B) = 2 - 2\cos A \cos B - 2\sin A \sin B$$

Zieht man auf beiden Seiten 2 ab und dividiert dann durch $-2$, erhält man

$$\cos(A - B) = \cos A \cos B + \sin A \sin B$$

wie gewünscht. □

## Nebenbemerkung

Der Beweis der cos $(A - B)$-Formel beruhte auf dem Kosinussatz und der Annahme, dass $0° < A - B < 180°$. Doch das Theorem lässt sich auch ohne diese beiden Elemente beweisen. Drehen wir das Dreieck *POQ* von S. 286 im Uhrzeigersinn um *B* Grad, erhalten wir das kongruente Dreieck *P'OQ'*, bei dem *Q'* am Punkt (1, 0) auf der x-Achse liegt.

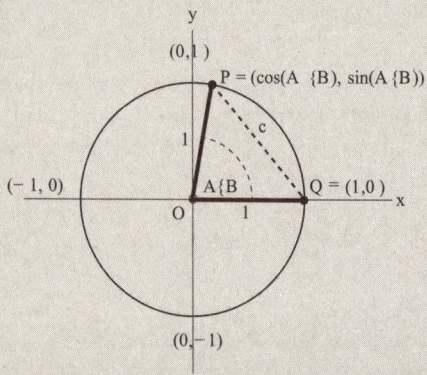

Da $\angle P'OQ' = A - B$, haben wir P' =(cos (A − B), sin (A − B)). Wenden wir daher die Abstandsformel auf *P'Q'* an, erhalten wir

$$c^2 = (\cos (A − B) − 1)^2 + (\sin (A − B) − 0)^2$$
$$= \cos^2 (A − B) − 2 \cos (A − B) + 1 + \sin^2 (A − B)$$
$$= 2 − 2 \cos (A − B)$$

Wir kommen also auch ohne Kosinussatz und einschränkende Annahmen bezüglich des Winkels $A - B$ zu dem Schluss, dass $c^2 = 2 − 2 \cos (A − B)$. Der Rest des Beweises läuft wie oben.

Beachten Sie, dass unser Theorem für den Fall $A = 90°$ besagt, dass

$$\cos(90° - B) = \cos 90° \cos B + \sin 90° \sin B$$
$$= \sin B$$

da $\cos 90° = 0$ und $\sin 90° = 1$. Ersetzen wir in der obigen Gleichung $B$ durch $90° - B$, erhalten wir

$$\cos B = \cos 90° \cos(90° - B) + \sin 90° \sin(90° - B)$$
$$= \sin(90° - B)$$

Weiter oben sahen wir, dass diese beiden Aussagen stimmten, wenn $B$ ein spitzer Winkel war. Doch die obige Algebra zeigt, dass sie für beliebige Winkel $B$ gilt. Analog erhalten wir, wenn wir $B$ im $\cos(A - B)$-Theorem durch $-B$ ersetzen

$$\cos(A + B) = \cos A \cos(-B) + \sin A \sin(-B)$$
$$= \cos A \cos B - \sin A \sin B$$

da $\cos(-B) = \cos B$ und $\sin(-B) = -\sin B$. Wenn wir oben $B = A$ setzen, bekommen wir die *Doppelwinkelformel*:

$$\cos(2A) = \cos^2 A - \sin^2 A$$

und da $\cos^2 A = 1 - \sin^2 A$ und $\sin^2 A = 1 - \cos^2 A$, erhalten wir

$$\cos(2A) = 1 - 2\sin^2 A \quad \text{und} \quad \cos(2A) = 2\cos^2 A - 1$$

Auf diesen Kosinus-Identitäten aufbauend, gelangen wir zu den entsprechenden Sinus-Identitäten. Zum Beispiel:

$$\sin(A + B) = \cos(90 - (A + B)) = \cos((90 - A) - B)$$
$$= \cos(90 - A) \cos B + \sin(90 - A) \sin B$$
$$= \sin A \cos B + \cos A \sin B$$

Setzen wir $B = A$, erhalten wir eine Doppelwinkelformel für den Sinus, nämlich

$$\sin (2A) = 2 \sin A \cos A$$

Ersetzen wir $B$ durch $-B$, erhalten wir

$$\sin (A - B) = \sin A \cos B - \cos A \sin B$$

Fassen wir etliche der gezeigten Identitäten zusammen:

| | |
|---|---|
| Trigonometrischer Pythagoras | $\cos^2 A + \sin^2 A = 1$ |
| Negative Winkel | $\cos (-A) = \cos (360° - A) = \cos A$ |
| | $\sin (-A) = \sin (360° - A) = - \sin A$ |
| Ergänzungswinkel | $\cos (180° - A) = - \cos (A)$ |
| | $\sin (180° - A) = \sin (A)$ |
| Komplementärwinkel | $\cos (90° - A) = \sin (A)$ |
| | $\sin (90° - A) = \cos (A)$ |
| Kosinus der Differenz | $\cos (A - B) = \cos A \cos B + \sin A \sin B$ |
| Kosinus der Summe | $\cos (A + B) = \cos A \cos B - \sin A \sin B$ |
| Sinus der Summe | $\sin (A + B) = \sin A \cos B + \cos A \sin B$ |
| Sinus der Differenz | $\sin (A - B) = \sin A \cos B - \cos A \sin B$ |
| Doppelwinkelformeln | $\cos (2A) = \cos^2 A - \sin^2 A$ |
| | $\cos (2A) = 1 - 2 \sin^2 A$ |
| | $\cos (2A) = 2 \cos^2 A - 1$ |
| | $\sin (2A) = 2 \sin A \cos A$ |
| Für das Dreieck $ABC$ | Fläche $= \frac{1}{2} ab \sin C$ |
| Kosinussatz | $c^2 = a^2 + b^2 - 2ab \cos C$ |
| Sinussatz | $\dfrac{\sin A}{a} = \dfrac{\sin B}{b} = \dfrac{\sin C}{c}$ |

Einige nützliche trigonometrische Identitäten

Wieder möchte ich darauf hinweisen, dass ich die Winkel *A* bzw. *B* genannt habe, sie aber natürlich auch anders heißen können. Wundern Sie sich also nicht, wenn Sie Formulierungen wie $\cos(2u) = \cos^2 u - \sin^2 u$ oder $\sin(2\theta) = 2\sin\theta\cos\theta$ sehen.

## Radiant und die Graphen trigonometrischer Funktionen

Bisher haben wir in unseren Erläuterungen zu Geometrie und Trigonometrie unsere Winkel immer in *Grad* angegeben. Doch wenn man den Einheitskreis betrachtet, drängt sich eine Einteilung in 360 Grad keineswegs auf. Wahrscheinlich entschieden sich die alten Babylonier für diese Zahl, weil ihr Zahlensystem auf der 60 beruhte und 360 ungefähr der Anzahl von Tagen im Jahr entspricht. Auf den meisten Gebieten von Mathematik und Naturwissenschaft wird daher eher in *Radiant* (Einheitenzeichen „rad") gemessen. Wir definieren

$$2\pi \text{ rad} = 360°$$

oder gleichbedeutend

$$1 \text{ rad} = \frac{180°}{\pi}$$

Oder für die Tauisten unter Ihnen, die $\tau = 2\pi$ bevorzugen,

$$1 \text{ rad} = \frac{360°}{2} = \frac{360°}{\tau}$$

Numerisch entspricht 1 rad ungefähr 57°. Doch warum eigentlich sollte eine Messung in rad natürlicher sein als in Grad? Auf einem Kreis mit dem Radius *r* erfasst ein Winkel von $2\pi$ rad den Umfang des Kreises von $2\pi r$. Nehmen wir einen beliebigen Bruchteil dieses Winkels, ist die Länge des umfassten Kreisbogens $2\pi r$ mal diesen Bruchteil. 1 rad umfasst also einen Kreisbogen der Länge $2\pi r(1/2\pi) = r$, und *m* rad umfassen einen

Kreisbogen der Länge *mr*. Zusammengefasst entspricht auf dem Einheitskreis der Winkel in rad genau der jeweiligen Kreisbogenlänge. Wie praktisch!

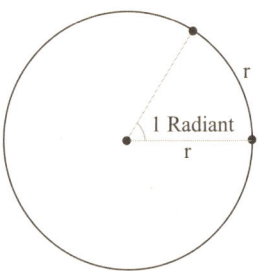

Ein Kreis hat $2\pi$ rad.

Hier ist ein Einheitskreis mit ein paar häufig auftretenden Winkeln in rad:

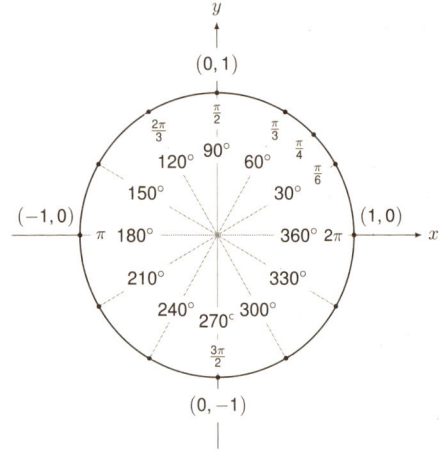

Und hier das Ganze zum Vergleich in τ:

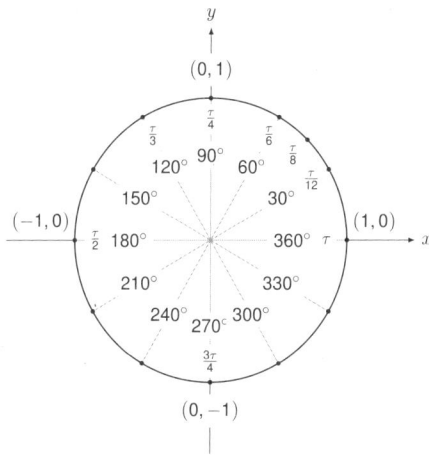

Aus den Abbildungen können Sie schon ersehen, warum manche Mathematiker τ lieber mögen als π. Bei einem 90°-Winkel, der einem Viertelkreis entspricht, ist das Maß in Radiant τ/4. Bei 120°, einem Drittelkreis, ist das Maß τ/3. Tatsächlich wurde der Buchstabe τ gewählt, weil er mit demselben Laut anfängt wie *turn* (engl: „Drehung", „Umrundung"). Beispielsweise entspricht 360° einer kompletten Umrundung und hat in Radiant das Maß τ; 60° entspricht einer Sechstel-Umrundung und hat das Maß τ/6.

Weiter hinten im Buch werden wir sehen, dass die Formeln zur Berechnung trigonometrischer Funktionen viel „aufgeräumter" sind, wenn man in Radiant statt in Grad misst. Beispielsweise können wir Sinus und Kosinus mit folgenden Formeln als „unendlich lange Polynome" berechnen:

$$\sin x = x - x^3/3! + x^5/5! - x^7/7! + x^9/9! - \ldots$$
$$\cos x = 1 - x^2/2! + x^4/4! - x^6/6! + x^8/8! - \ldots$$

aber diese Formeln funktionieren nur, wenn *x* in Radiant ausgedrückt ist. Im Kapitel zur Infinitesimalrechnung werden wir erfahren, dass die *Ableitung* von sin *x* gleich cos *x* ist, aber auch das gilt nur, wenn *x* in Radiant ausgedrückt ist. Bei *Graphen* der trigonometrischen Funktionen $y = \sin x$ und $y = \cos x$ werden die *x*-Koordinaten oft in rad angegeben.

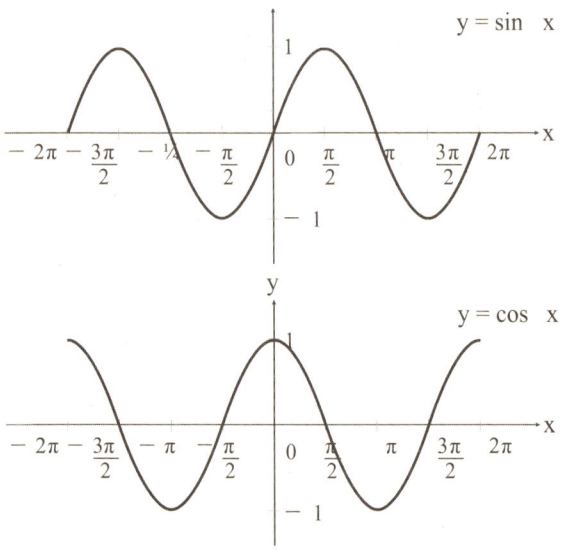

Die Graphen von sin *x* und cos *x*,
wobei an der *x*-Achse in rad gemessen wird.

Wegen der Kreisnatur von Sinus und Kosinus wiederholen sich beide Graphen jeweils nach $2\pi$ Einheiten. (Ein weiteres Argument für Tauisten!) Das ist nur logisch, denn ein Winkel $x + 2\pi$ entspricht genau dem Winkel *x*. Man spricht davon, dass diese Graphen die *Periodenlänge* $2\pi$ haben. Verschiebt man den Graphen der Kosinusfunktion um $\pi/2$ nach rechts, ist er genau deckungsgleich mit dem Graphen der Sinusfunktion. Das liegt daran, dass $\pi/2$ rad genau 90° entspricht und folglich ist

$$\sin x = \cos (\pi/2 - x)$$
$$= \cos (x - \pi/2)$$

Zum Beispiel ist sin 0 = 0 = cos (−π/2) und sin π/2 = 1 = cos 0. Da tan $x$ = sin $x$ / cos $x$, ist er überall dort nicht definiert, wo cos $x$ = 0 (was jeweils genau auf der halben Strecke zwischen zwei vollen Vielfachen von π der Fall ist). Der Graph der Tangensfunktion hat die Periodenlänge π, wie folgend gezeigt.

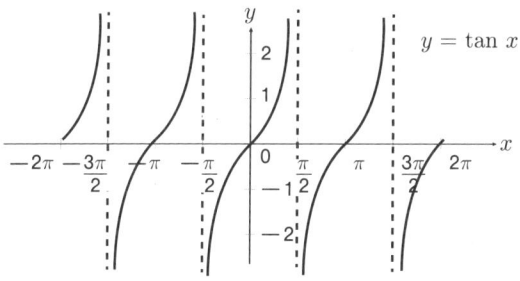

Der Graph von $y$ = tan $x$

Durch die Kombination von Sinus- und Kosinusfunktionen lässt sich fast jede Funktion generieren, die sich periodisch verhält. Deswegen verwendet man trigonometrische Funktionen zur Modellierung von jahreszeitlichen Schwankungen in Klima oder Wirtschaft oder zur Abbildung physischer Phänomene wie Schall- und Meereswellen, Elektrizität und Ihrem Herzschlag.

Schließen wir dieses Kapitel mit einer magischen Verbindung zwischen Trigonometrie und π. Geben Sie auf einem Taschenrechner so viele Fünfen ein wie möglich. Mein Taschenrechner erlaubt 5.555.555.555.555.555. Nehmen Sie jetzt den Kehrwert dieser Zahl. Auf meinem Taschenrechner bekomme ich

$$1/5{,}555{,}555{,}555{,}555{,}555 = 1{,}8 \times 10^{-16}$$

Drücken Sie dann die Sinus-Taste Ihres Taschenrechners (im deg-Modus) und betrachten Sie sich die ersten Zahlen (wobei

Sie von den eventuell auftretenden Nullen am Anfang des Ergebnisses einmal absehen). Das Ergebnis auf meinem Display lautet:

$$3,1415926535898 \times 10^{-18}$$

was auf mehrere Stellen genau $\pi$ entspricht! Sie sollten ein ähnlich pi-ttoreskes Ergebnis bekommen, egal, mit wie vielen Fünfen Sie begonnen haben (solange es mindestens 5 waren).

In diesem Kapitel haben wir gesehen, wie uns die Trigonometrie einen besseren Einblick in Dreiecke und Kreise verschaffen kann. Trigonometrische Funktionen interagieren auf viele schöne Arten miteinander, und wir haben gesehen, wie sie letztlich mit $\pi$ zusammenhängen. Im nächsten Kapitel zeige ich, dass sie auch ganz eng mit zwei weiteren fundamentalen Zahlen verwoben sind, nämlich mit der irrationalen Zahl $e = 2,71828...$ und der imaginären Zahl $i$.

## Kapitel zehn

$$e^{i\varpi} + 1 = 0$$

# Die Magie von *i* und *e*

## Die schönste mathematische Formel

Gelegentlich führen Mathematik- und Wissenschaftszeitschriften Umfragen bei ihren Lesern durch, welche mathematischen Gleichungen ihnen denn am besten gefielen. Der erste Platz geht regelmäßig an folgende Formel, die Leonhard Euler zugeschrieben wird:

$$e^{i\pi} + 1 = 0$$

Manchmal nennen die Menschen sie sogar „Gottesgleichung", weil in ihr die fünf vielleicht wichtigsten Zahlen der Mathematik erscheinen: 0 und 1, die Grundbausteine der Arithmetik; $\pi$, die wichtigste Zahl der Geometrie; *e,* die wichtigste Zahl der Infinitesimalrechnung; und *e,* die vielleicht wichtigste Zahl in der Algebra. Mehr noch, in der Gleichung kommen die fundamentalen Rechenoperationen – Addieren, Multiplizieren, Potenzieren – vor. Wir haben schon eine ganz gute Vorstellung davon, was 0, 1 und $\pi$ bedeuten, und in diesem Kapitel erkunden wir die irrationale Zahl *e* und die imaginäre Zahl *i*, sodass die obige Formel Ihnen am Ende des Kapitels ebenso klar erscheinen wird wie 1 + 1 = 2 (oder zumindest so klar wie cos 180° = −1).

## Nebenbemerkung

Hier einige weitere Kandidaten für den Titel der schönsten mathematischen Gleichung. Die meisten dieser Formeln erscheinen auch an anderer Stelle in diesem Buch; einige wurden schon besprochen, ein paar kommen später noch! Die ersten beiden folgenden Formeln wurden ebenfalls von Leonard Euler entdeckt.

1. Für jedes beliebige Polyeder (solide Objekte, die aus flachen Oberflächen, geraden Kanten und scharfen Ecken bestehen) mit $E$ Ecken, $K$ Kanten und $F$ Flächen gilt:

$$E + F - K = 2$$

Ein Würfel hat zum Beispiel 8 Ecken, 12 Kanten und 6 Flächen, womit $E + F - K = 8 + 6 - 12 = 2$

2. $\qquad 1 + 1/4 + 1/9 + 1/16 + 1/25 + ... = \pi^2/6$

3. $\qquad 1 + 1/2 + 1/3 + 1/4 + 1/5 + ... = \infty$

4. $\qquad\qquad 0{,}99999... = 1$

5. Die Stirlingformel für Näherungswerte von $n!$:

$$n! \approx \left(\frac{n}{e}\right)^n \sqrt{2\pi n}$$

6. Die Formel von Binet für die $n$-te Fibonacci-Zahl:

$$F_n = \frac{1}{\sqrt{5}} \left[ \left(\frac{1 + \sqrt{5}}{2}\right)^n - \left(\frac{1 - \sqrt{5}}{2}\right)^n \right]$$

# Die imaginäre Zahl *i*: die Quadratwurzel von -1

Die Zahl *i* hat die mysteriöse Eigenschaft, dass

$$i^2 = -1$$

Das klingt absurd, wenn man es zum ersten Mal hört. Wie kann eine Zahl mit sich selbst multipliziert ein negatives Ergebnis hervorbringen? Schließlich ist $0^2 = 0$, und jede negative Zahl ergibt mit sich selbst multipliziert eine positive Zahl. Aber bevor Sie imaginäre Zahlen sofort als „absurd" abtun, möchte ich Sie an die Zeit in Ihrem Leben erinnern, da Sie negative Zahlen für unmöglich hielten (viele Jahrhunderte lang blieben die meisten Mathematiker ihr Leben lang dieser Ansicht). Was soll eine Zahl kleiner Null bedeuten? Wie kann etwas *weniger als nichts* sein? Doch schließlich haben Sie gelernt, Zahlen als Punkte auf der Zahlengeraden (s. Abb.) zu betrachten, wobei sich die positiven Zahlen rechts von der 0 befinden und die negativen links von der 0. Ganz ähnlich müssen wir bei *i* über unseren Tellerrand (bzw. die Zahlengerade) hinaus schauen, um die Zahl schätzen zu lernen. Doch sobald wir das geschafft haben, sehen wir, dass *i* eine sehr *reale* Bedeutung hat.

*i*-ch bin hier!

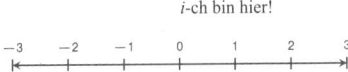

Die Zahlengerade enthält keine imaginären Zahlen.
Wo könnten sie sich verstecken?

Wir nennen *i* eine *imaginäre Zahl*. Eine imaginäre Zahl ist eine Zahl, deren Quadrat eine negative Zahl ist. Beispielsweise erfüllt die imaginäre Zahl $2i$ die Gleichung $(2i)(2i) = 4i^2 = -4$. Abgesehen davon funktioniert die Algebra mit imaginären Zahlen genau wie mit reellen Zahlen. Beispielsweise gilt

$$3i + 2i = 5i, \qquad 3i - 2i = 1i = i, \qquad 2i - 3i = -1i = -i$$

und

$$3i \times 2i = 6i^2 = -6, \qquad \frac{3i}{2i} = 3/2$$

Beachten Sie übrigens, dass die Zahl $-i$ ebenso das Quadrat $-1$ hat, da $(-i)(-i) = i^2 = -1$. Multipliziert man reelle Zahlen mit imaginären Zahlen, bekommt man vorhersehbare Ergebnisse: z. B. $3 \times 2i = 6i$.

Was passiert, wenn man eine reelle und eine imaginäre Zahl zusammenzählt? Was ist beispielsweise 3 plus $4i$? Die Antwort lautet ganz einfach: $3 + 4i$. Weiter vereinfachen kann man das nicht mehr (ebenso wenig wie man $1 + \sqrt{3}$ vereinfachen kann). Zahlen der Form $a + bi$ (wobei $a$ und $b$ reelle Zahlen sind) heißen *komplexe Zahlen*. Beachten Sie, dass reelle und imaginäre Zahlen als Sonderfälle komplexer Zahlen aufgefasst werden können (mit $b$ bzw. $a = 0$). Demzufolge sind die reelle Zahl $\pi$ und die imaginäre Zahl $7i$ ebenfalls komplex.

Machen wir ein paar (nicht besonders komplexe) Rechenbeispiele, beginnend mit Addition und Subtraktion:

$$(3 + 4i) + (2 + 5i) = 5 + 9i$$
$$(3 + 4i) - (2 + 5i) = 1 - i$$

Bei Multiplikationen verwenden wir die Regel zum Ausmultiplizieren aus Kapitel 2 (s. S. 42ff.):

$$(3 + 4i)(2 + 5i) \quad = 6 + 15i + 8i + 20i^2$$
$$= (6 - 20) + (15 + 8)i$$
$$= -14 + 23i$$

Bei komplexen Zahlen hat jedes quadratische Polynom $ax^2 + bx + c$ zwei Nullstellen (wobei sich eine Wurzel wiederholen kann). Aus der Lösungsformel für quadratische Gleichungen wissen wir, dass das Polynom gleich 0 ist, wenn

$$x = \frac{-b \pm \sqrt{b^2 - 4ac}}{2a}$$

In Kapitel 2 hieß es, dass es keine reellen Lösungen gibt, wenn der Wert unter dem Wurzelzeichen negativ ist. Aber jetzt stören uns negative Quadratwurzeln nicht mehr. Die Gleichung $x^2 + 2x + 5$ beispielsweise hat die Nullstellen

$$x = \frac{-2 \pm \sqrt{4 - 20}}{2} = \frac{-2 \pm \sqrt{-16}}{2} = \frac{-2 \pm 4i}{2} = -1 \pm 2i$$

Es funktioniert auch dann, wenn $a$, $b$ oder $c$ komplex sind.

Quadratische Polynome haben immer zumindest eine Nullstelle, die allerdings komplex sein kann. Das nächste Theorem zeigt, dass das für fast alle Polynome gilt.

**Theorem (Fundamentalsatz der Algebra:)** Jedes Polynom $p(x)$ ersten oder höheren Grades hat eine Nullstelle $z$, für die gilt: $p(z) = 0$.

Beachten Sie, dass ein Polynom ersten Grades wie $3x - 6$ sich faktorisieren lässt in $3(x - 2)$, wobei 2 die einzige Nullstelle von $3x - 6$ ist. Allgemein gilt: Wenn $a \neq 0$, lässt sich das Polynom $ax - b$ faktorisieren in $a(x - (b/a))$, wobei $b/a$ die Nullstelle von $ax - b$ ist.

Ähnlich lässt sich jedes Polynom zweiten Grades $ax^2 + bx + c$ faktorisieren in $a(x - z_1)(x - z_2)$, mit $z_1$ und $z_2$ als den (möglicherweise komplexen, möglicherweise identischen) Nullstellen des Polynoms. Aus dem Fundamentalsatz der Algebra folgt, dass dieses Muster für Polynome beliebigen Grades gilt.

**Korollar:** Jedes Polynom des Grades $n \geq 1$ lässt sich in $n$ Teile faktorisieren. Insbesondere gilt: Wenn $p(x)$ ein Polynom $n$-ten Grades mit $a \neq 0$ (wobei $a$ der Faktor von $x$ vor der höchsten Potenz ist) ist, dann gibt es $n$ (möglicherweise komplexe, möglicherweise identische) Werte $z_1$, $z_2$, ... , $z_n$, sodass $p(x) = a(x - z_1)(x - z_2) \dots (x - z_n)$. Die Zahlen $z_i$ sind die Nullstellen des Polynoms, also die Punkte, wo $p(z_i) = 0$.

Obiges Korollar besagt, dass jedes Polynom des Grades $n \geq 1$ mindestens eine und maximal $n$ verschiedene Nullstellen hat.

Das Polynom vierten Grades $x^4 - 16$ beispielsweise lässt sich faktorisieren in

$$x^4 - 16 = (x^2 - 4)(x^2 + 4) = (x - 2)(x + 2)(x - 2i)(x + 2i)$$

und hat vier verschiedene Nullstellen: $2, -2, 2i, -2i$. Das Polynom $3x^3 + 9x^2 - 12$ ist vom Grad 3, doch da es sich faktorisieren lässt in

$$3x^3 + 9x^2 - 12 = 3(x^2 + 4x + 4)(x - 1) = 3(x + 2)^2(x - 1)$$

hat es nur zwei verschiedene Nullstellen: $-2$ und $1$.

## Die Geometrie komplexer Zahlen

*Komplexe Zahlen* sind in der *komplexen Ebene* darstellbar. Sie gleicht einem herkömmlichen Koordinatensystem, nur stehen an der $y$-Achse imaginäre Werte wie $0, \pm i, \pm 2i$ usw. In der Abbildung haben wir einige komplexe Zahlen dargestellt.

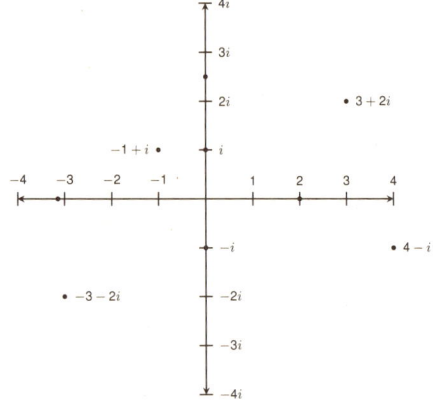

Einige komplexe Zahlen als Punkte in der komplexen Ebene

Wir haben gesehen, wie einfach sich komplexe Zahlen numerisch addieren, subtrahieren und multiplizieren lassen. Aber wir können diese Operationen auch geometrisch durchführen, einfach indem wir sie als Punkte in der komplexen Ebene betrachten. Betrachten Sie zum Beispiel die Additionsaufgabe:

$$(3 + 2i) + (-1 + i) = 2 + 3i$$

Beachten Sie, dass in der Abbildung die Punkte $0$, $3 + 2i$, $2 + 3i$ und $-1 + i$ die Ecken eines Parallelogramms bilden.

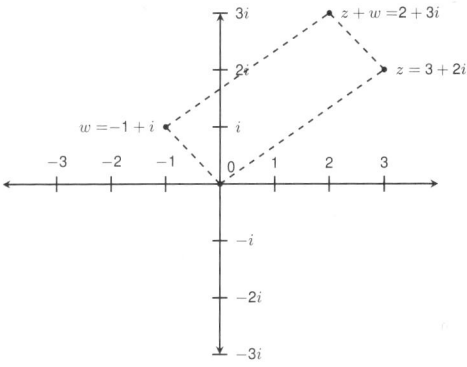

Allgemein können wir zwei komplexe Zahlen $z$ und $w$ geometrisch addieren, indem wir einfach ein Parallelogramm wie oben gezeigt zeichnen. Für die Subtraktionsaufgabe $z - w$ zeichnen wir den Punkt $-w$ (der symmetrisch zum Ursprung $0$ gegenüber $w$ liegt) und addieren die Punkte $z$ und $-w$, wie unten gezeigt.

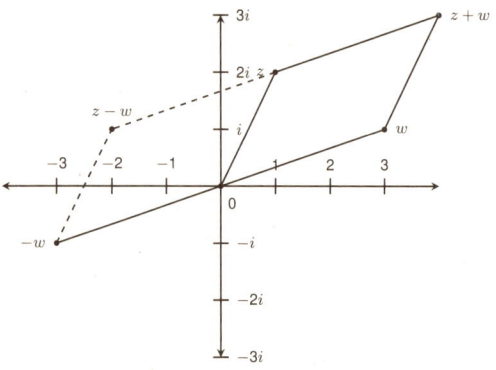

Komplexe Zahlen können addiert und subtrahiert werden,
indem man Parallelogramme zeichnet.

Um komplexe Zahlen geometrisch zu multiplizieren oder zu
dividieren, müssen wir zuerst ihre Größe messen. Wir definie-
ren den *Betrag* einer komplexen Zahl $z$, geschrieben $|z|$, als
Länge der Strecke vom Ursprung 0 zum Punkt $z$. Für $z = a + bi$
hat $z$ nach Pythagoras den Betrag

$$|z| = \sqrt{a^2 + b^2}$$

Zum Beispiel hat der Punkt 3+2$i$ wie in der Zeichnung auf
S. 305 *illustriert* den Betrag $\sqrt{3^2 + 2^2} = \sqrt{13}$. Beachten Sie, dass
für den mit 3+2$i$ korrespondierenden Winkel $\theta$ gilt, dass tan $\theta$
= 2/3. Folglich $\theta$ = arctan (2/3) ≈ 33,7° oder etwa 0,588 rad.

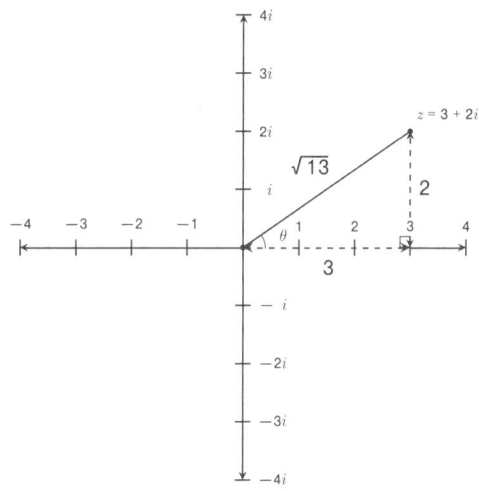

Die komplexe Zahl $z = 3 + 2i$ hat den Betrag $|z| = \sqrt{13}$;
zu ihr gehört ein Winkel $\theta$ mit $\tan \theta = 2/3$.

Zeichnet man alle Punkte mit dem Betrag 1, bekommt man den Einheitskreis in der komplexen Ebene (s. Abb. auf S. 306). Welche komplexe Zahl auf dem Kreis korrespondiert mit dem Winkel $\theta$? Im normalen kartesischen Koordinatensystem wäre das, wie wir aus Kapitel 9 wissen, der Punkt $(\cos \theta, \sin \theta)$. In der komplexen Ebene ist es $\cos \theta + i \sin \theta$. Analog hat jede komplexe Zahl mit Betrag $R$ die Form

$$z = R (\cos \theta + i \sin \theta)$$

Wir nennen das die *Polarform* der komplexen Zahl. SpEuler Alarm: Am Ende des Kapitels werden wir erfahren, dass das auch gleich $Re^{i\theta}$ ist.

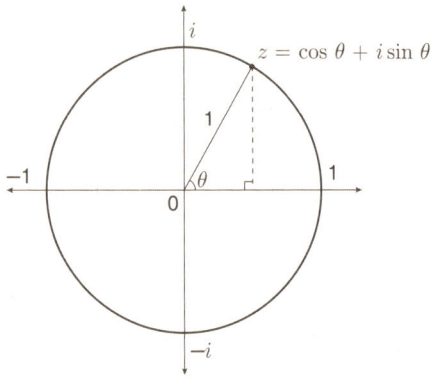

Der Einheitskreis in der komplexen Ebene

Bemerkenswerterweise werden bei der Multiplikation komplexer Zahlen auch ihre Beträge multipliziert.

**Theorem:** Für komplexe Zahlen $z_1$ und $z_2$ gilt: $|z_1z_2| = |z_1||z_1|$. Anders ausgedrückt: *Die Länge des Produkts ist das Produkt der Längen.*

**Nebenbemerkung**

**Beweis:** Es seien $z_1 = a + bi$ und $z_2 = c + di$. Dann ist $|z_1| = \sqrt{a^2 + b^2}$ und $|z_2| = \sqrt{c^2 + d^2}$. Folglich

$$
\begin{aligned}
|z_1z_2| &= |(a + bi)(c + di)| = |(ac - bd) + (ad + bc)i| \\
&= \sqrt{(ac - bd)^2 + (ad + bc)^2} \\
&= \sqrt{(ac)^2 + (bd)^2 - 2abcd + (ad)^2 + (bc)^2 + 2abcd} \\
&= \sqrt{(ac)^2 + (bd)^2 + (ad)^2 + (bc)^2} \\
&= \sqrt{(a^2 + b^2)(c^2 + d^2)} \\
&= \sqrt{a^2 + b^2} \sqrt{c^2 + d^2} \\
&= |z_1||z_2|
\end{aligned}
$$

Zum Beispiel:

$$|(3 + 2i)(1 - 3i)| = |9 - 7i| = \sqrt{9^2 + (-7)^2} = \sqrt{130}$$
$$= \sqrt{13}\,\sqrt{10} = |3 + 2i|\,|1 - 3i|$$

Wie sieht es mit dem Winkel des Produkts aus? Oft bezeichnet man den Winkel, den die komplexe Zahl mit der positiven $x$-Achse bildet, als arg $(z)$. Wir sahen beispielsweise, dass arg $(3 + 2i) = 0{,}588$ rad. Analog gilt, da sich $1 - 3i$ im IV. Quadranten befindet und $\tan \theta = -3$, dass arg $(1 - 3i) = \arctan(-3) = -71{,}56° = -1{,}249$ rad.

Beachten Sie, dass $(3 + 2i)(1 - 3i) = (9 - 7i)$ einen Winkel hat, für den gilt: $\arctan(-7/9) = -37{,}87° = -0{,}661$ rad, was *zufällig* genau gleich $0{,}588 + (-1{,}249)$ ist. Das folgende Theorem zeigt, dass es sich keineswegs um einen Zufall handelt!

**Theorem:** Für komplexe Zahlen $z_1$ und $z_2$ gilt: arg $(z_1 z_2) = $ arg $(z_1) + $ arg $(z_2)$. Mit anderen Worten: *Der Winkel des Produkts ist die Summe der Winkel.* Der Beweis steht im nächsten Kasten und erfolgt über trigonometrische Identitäten, die wir aus dem letzten Kapitel kennen (ab S. 283).

**Nebenbemerkung**
**Beweis:** $z_1$ und $z_2$ seien komplexe Zahlen mit den Beträgen $R_1$ und $R_2$ und den Winkeln $\theta_1$ und $\theta_2$. Schreiben wir $z_1$ und $z_2$ in Polarform, bekommen wir

$$z_1 = R_1 (\cos \theta_1 + i \sin \theta_1) \quad z_2 = R_2 (\cos \theta_2 + i \sin \theta_2)$$

Folglich

$$z_1 z_2 = R_1(\cos\theta_1 + i\sin\theta_1)\, R_2\,(\cos\theta_2 + i\sin\theta_2)$$
$$= R_1 R_2\,[\cos\theta_1\cos\theta_2 - \sin\theta_1\sin\theta_2 +$$
$$i(\sin\theta_1\cos\theta_2 + \sin\theta_2\cos\theta_1)]$$
$$= R_1 R_2\,[\cos(\theta_1 + \theta_2) + i(\sin(\theta_1 + \theta_2))]$$

wobei wir die Identitäten für cos $(A + B)$ und sin $(A + B)$ aus dem letzten Kapitel ausgenutzt haben. Folglich hat $z_1 z_2$ den Betrag $R_1 R_2$ (was wir wussten) und den Winkel $\theta_1 + \theta_2$, was wir zeigen wollten.  □

Zusammengefasst: Man multipliziert komplexe Zahlen, indem man einfach *ihre Beträge multipliziert und ihre Winkel addiert.* Multipliziert man beispielsweise eine Zahl mit $i$, bleibt der Betrag gleich, doch der Winkel erhöht sich um 90°, wie es bei $i^2 = -1$ passiert. Beachten Sie: Wenn wir reelle Zahlen miteinander multiplizieren, haben die positiven Zahlen Winkel von 0° (oder, gleichbedeutend, 360°), während die negativen Zahlen Winkel von 180° haben. Addiert man zwei 180°-Winkel, bekommt man einen 360°-Winkel, was nichts anderes bedeutet, als dass das Produkt zweier negativer Zahlen positiv ist. Die imaginären Zahlen haben Winkel von 90° und −90° (bzw. 270°). Multipliziert man eine imaginäre Zahl mit sich selbst, muss der Winkel also 180° betragen (da 90° + 90° = 180° bzw. −90° + −90° = −180°, was wiederum dasselbe ist wie 180°), was einer negativen Zahl entspricht. Bemerkenswert ist auch Folgendes: Wenn $z$ den Winkel $\theta$ hat, dann muss $1/z$ den Winkel $-\theta$ haben. (Warum? Da $z \times 1/z = 1$ müssen die Winkel für $z$ *und* $1/z$ sich zu 0° addieren.) Analog dividiert man komplexe Zahlen, indem man ihre Beträge dividiert und ihre Winkel voneinander abzieht. $z_1/z_2$ hat also den Betrag $R_1/R_2$ und den Winkel $\theta_1 - \theta_2$.

Entschuldigung! Sie haben eine imaginäre Nummer gewählt. Wenn Sie eine reelle Nummer brauchen, drehen Sie Ihr Telefon bitte um 90 Grad und versuchen es erneut!

## Die Magie von e

Bitte machen Sie das folgende Experiment, wenn Sie über einen wissenschaftlichen Taschenrechner verfügen:

1. Geben Sie eine siebenstellige Zahl in den Rechner ein, die Sie sich gut merken können (etwa eine Telefonnummer, eine Identifikationsnummer oder vielleicht Ihre einstellige Lieblingszahl sieben Mal hintereinander).
2. Nehmen Sie den Kehrwert dieser Zahl (durch Drücken der $1/x$ -Taste).
3. Addieren Sie 1 zu Ihrer Lösung.
4. Potenzieren Sie diese Zahl nun mit Ihrer siebenstelligen Ausgangszahl (dafür drücken Sie die $x^y$-Taste, geben die Ausgangszahl erneut ein und drücken auf die = -Taste).

Beginnt das Ergebnis mit 2,718? Tatsächlich würde es mich nicht überraschen, wenn Ihr Ergebnis mit etlichen Ziffern der irrationalen Zahl

$$e = 2{,}718281828459045\ldots$$

begänne. Was ist nun diese mysteriöse Zahl $e$ und warum ist sie so wichtig? In dem gerade gezeigten Zaubertrick haben Sie für eine große Zahl $n$ gerechnet

$(1 + 1/n)^n$

Was passiert Ihrer Meinung nach, wenn $n$ immer größer wird? Einerseits nähert sich bei steigendem $n$ der Wert von $(1 + 1/n)$ immer näher an 1 an, und das können wir mit einer beliebigen Zahl potenzieren, und es kommt immer 1 raus. Folglich wäre es vernünftig, zu erwarten, dass der Wert von $(1 + 1/n)^n$ für sehr große Werte von $n$ gegen 1 tendiert. Beispielsweise ist $(1,001)^{100}$ $\approx 1,105$. Andererseits ist $(1 + 1/n)$ selbst für große Werte von $n$ immer noch ein bisschen größer als 1. Und wenn man einen Wert größer 1 mit immer größeren Zahlen potenziert, bekommt man immer größere Ergebnisse. So ergibt beispielsweise $(1,001)^{10.000}$ mehr als 20.000. Die Schwierigkeit besteht darin, dass die Basis $(1+1/n)$ immer kleiner wird, während der Exponent $n$ gleichzeitig immer größer wird, und bei diesem Tauziehen zwischen 1 und unendlich nähert sich das Ergebnis immer stärker dem Wert $e = 2,71828...$ an. Zum Beispiel ist $(1,001)^{1000}$ $\approx 2,717$. Betrachten wir die Funktion $(1 + 1/n)^n$ für große Werte von $n$, wie in der folgenden Tabelle gezeigt.

| $n$ | $(1 + 1/n)^n$ |
|---|---|
| 10 | $(1,1)^{10} = 2,5937424\dots$ |
| 100 | $(1,01)^{100} = 2,7048138\dots$ |
| 1000 | $(1,001)^{1000} = 2,7169239\dots$ |
| 10.000 | $(1,0001)^{10.000} = 2,7181459\dots$ |
| 100.000 | $(1,00001)^{100.000} = 2,7182682\dots$ |
| 1.000.000 | $(1,000001)^{1.000.000} = 2,7182805\dots$ |
| 10.000.000 | $(1,0000001)^{10.000.000} = 2,7182817\dots$ |

Wir definieren $e$ als die Zahl, an die sich $(1 + 1/n)^n$ immer stärker annähert, wenn $n$ größer und größer wird. Mathematiker nennen das den Grenzwert von $(1 + 1/n)^n$ für $n$ gegen unendlich, geschrieben

$$e = \lim_{n \to \infty} \left(1 + 1/n\right)^n$$

Ersetzen wir den Bruch $1/n$ durch $x/n$, wobei x eine beliebige reelle Zahl ist, dann nähert sich der Wert von $(1 + x/n)^{n/x}$ bei immer größer werdendem $n/x$ immer näher an $e$ an. Erheben wir beide Seiten in die $x$-te Potenz (wobei wir uns daran erinnern, dass $(a^b)^c$ gleich $a^{bc}$), bekommen wir die *natürliche Exponentialfunktion*

$$\lim_{n \to \infty} \left(1 + x/n\right)^n = e^x$$

Diese hat *viele interessante Anwendungen*. Angenommen, Sie legen 10.000 Dollar auf ein Sparkonto und bekommen 6 Prozent Zinsen im Jahr auf Ihr Guthaben, wobei die Zinsen jeweils nach Ablauf eines Jahres gutgeschrieben („kapitalisiert", d. h. dem Guthaben zugeschlagen) werden. Nach einem Jahr haben Sie $10.000 \, (1,06) = 10.600$ Dollar. Im zweiten Jahr bekommen Sie auf diese neue Summe wiederum 6 Prozent Zinsen und besitzen danach $10.000 \, (1,06)^2 = 11.236$ Dollar. Nach drei Jahren haben Sie $10.000 \, (1,06)^3 = 11.910,16$ Dollar. Und nach $t$ Jahren haben Sie

$$10.000 \, (1,06)^t$$

Dollar. Schreiben wir für den Zinssatz allgemein $r$ und für die Anfangssumme $P$, dann haben Sie nach $t$ Jahren

$$P \, (1 + r)^t$$

Dollar. Nehmen wir nun an, die fälligen Zinsen würden *alle halben Jahre* auf Ihrem Konto gutgeschrieben („kapitalisiert"). Sie verdienen also 3 Prozent alle sechs Monate. In diesem Fall haben Sie nach einem Jahr $10.000 \, (1,03)^2 = 10.609$ Dollar, also ein bisschen mehr als im obigen Fall, als die Zinsen nur einmal jährlich kapitalisiert wurden. Werden die Zinsen alle Vierteljahre kapitalisiert, bekommt man jährlich vier Mal 1,5 Prozent Zinsen, was nach einem Jahr insgesamt 10.000 $(1,015)^4 =$ 10.613,63 Dollar ergibt. Allgemein hat man, wenn die Zinsen $n$ mal pro Jahr kapitalisiert werden, am Ende eines Jahres

$$10.000 \left(1 + \frac{0.06}{n}\right)^n$$

Dollar. Wird $n$ sehr groß, spricht man von *stetiger Verzinsung*. Nach der Exponentialformel hat man nach einem Jahr

$$10,000 \lim_{n \to \infty} \left(1 + \frac{0.06}{n}\right)^n = 10,000 \, e^{0.06} = 10.618.36$$

Dollar, wie in der Tabelle unten gezeigt.

| Anlagebetrag | Zinssatz | Kapitalisierung | Summe nach einem Jahr |
|---|---|---|---|
| $ 10.000 | 6% | jährlich | $10.000 (1,06) = $10.600,00 |
| $ 10.000 | 6% | halbjährlich | $10.000 $(1,03)^2$ = $10.609,00 |
| $ 10.000 | 6% | vierteljährlich | $10.000 $(1,015)^4$ = $10.613,83 |
| $ 10.000 | 6% | monatlich | $10.000 $(1,005)^{12}$ = $10.616,77 |
| $ 10.000 | 6% | $n$ Mal jährlich | $10.000 $(1 + 0,06/n)^n$ |
| $ 10,000 | 6% | stetig | $10.000 $e^{0,06}$ = $10.618,36 |

Allgemein formuliert: Bei einem Anfangsbetrag von $P$ Dollar und stetiger Verzinsung mit Zinssatz $r$ hat man nach $t$ Jahren dieser aparten (oder sollte ich sagen „aperten") Formel zufolge $A$ Dollar auf dem Konto:

$$A = Pe^{rt}$$

Wie man an der folgenden Grafik erkennt, steigen die Werte der Funktion $y = e^x$ sehr schnell an (man spricht in solchen Fällen von *exponentiellem Wachstum*). Daneben haben wir noch die Graphen für $y = e^{2x}$ und $y = e^{0,06x}$ gezeichnet. Der Graph von $y = e^{-x}$ fällt schnell auf 0 ab; hier spricht man von *exponentieller Abnahme*.

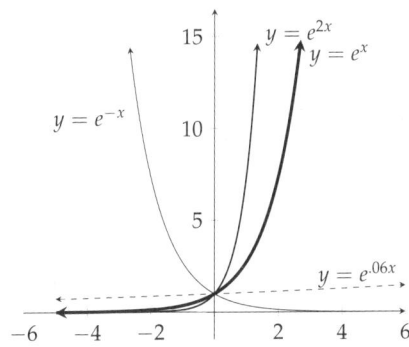

Einige Exponentialfunktionen

Wie sieht der Graph von $5^x$ aus? Da $e < 5 < e^2$, muss $5^x$ zwischen den Funktionen $y = e^x$ und $y = e^{2x}$ liegen. Exakter: $5 = e^{1,609\dots}$ und folglich $5^x \approx e^{1,609x}$. Allgemein lässt sich jede Funktion $a^x$ als eine Exponentialfunktion der Form $e^{kx}$ beschreiben, sobald wir einen Exponenten $k$ gefunden haben, für den gilt $a = e^k$. Wie finden wir dieses $k$? Mithilfe von *Logarithmen*.

Ebenso wie das Ziehen einer Quadratwurzel die Umkehrung des Quadrierens ist (beide Operationen heben einander auf), ist die Logarithmusfunktion die Umkehrung der Exponentialfunktion. Der gebräuchlichste Logarithmus ist derjenige zur Basis 10, geschrieben $\log x$. Wir sagen, dass

$$y = \log x \text{ , wenn } 10^y = x$$

Oder gleichbedeutend

$$10^{\log x} = x$$

Ein Beispiel: Da $10^2 = 100$, haben wir log 100 = 2. Hier eine nützliche Logarithmentafel:

| Logarithmus | Erklärung |
|:---:|:---:|
| log 1 = 0 | da $10^0 = 1$ |
| log 10 = 1 | da $10^1 = 10$ |
| log 100 = 2 | da $10^2 = 100$ |
| log 1000 = 3 | da $10^3 = 1000$ |
| log (1/10) = −1 | da $10^{-1} = 1/10$ |
| log 0,01 = −2 | da $10^{-2} = 0,01$ |
| log $\sqrt{10}$ = 1/2 | da $10^{1/2} = \sqrt{10}$ |
| log $10^x = x$ | da $10^x = 10^x$ |
| log 0 ist nicht definiert | da es kein $y$ gibt, für das gilt: $10^y = 0$ |

Logarithmen sind unter anderem deswegen so nützlich, weil sie große Zahlen in viel kleinere Zahlen verwandeln, mit denen unsere Gehirne viel besser umgehen können. Die *Richterskala* beispielsweise verwendet Logarithmen, was uns erlaubt, die Stärke von Erdbeben auf einer Skala von 1 bis 10 anzugeben. Logarithmen werden ebenfalls verwendet, um anzugeben, wie intensiv Schall (in Dezibel) ist, wie sauer eine chemische Lösung (in pH) oder oder wie populär eine Website (mit Googles Algorithmus PageRank). Was ist log 512? Jeder wissenschaftliche Taschenrechner (und sogar die meisten Suchmaschinen) werden auswerfen, dass $\log 512 = 2{,}709\ldots$ Das klingt plausibel: Da 512 zwischen $10^2$ und $10^3$ liegt, muss sein Logarithmus zwischen 2 und 3 liegen. Logarithmen wurden erdacht, um Multiplikationsaufgaben in einfachere Additionsaufgaben zu verwandeln. Die Mechanik dahinter beruht auf folgendem nützlichem Theorem:

**Theorem:** Für beliebige positive Zahlen $x$ und $y$ gilt:

$$\log xy = \log x + \log y$$

Mit anderen Worten: Der Logarithmus des Produkts ist die Summe der Logarithmen.

**Beweis:** Das folgt unmittelbar aus den Potenzgesetzen, da

$$10^{\log x + \log y} = 10^{\log x} 10^{\log y} = xy = 10^{\log xy}$$

Folglich bekommen wir wie gewünscht $xy$, wenn wir 10 hoch $\log x + \log y$ nehmen. $\square$

Eine weitere nützliche Eigenschaft ist die *Potenzregel*.

**Theorem:** Für alle positiven Zahlen $x$ und alle ganzen Zahlen $n$ gilt:

$$\log x^n = n \log x$$

**Beweis:** Den Potenzgesetzen zufolge gilt: $a^{bc} = (a^b)^c$. Folglich ist

$$10^{n \log x} = (10^{\log x})^n = x^n \cdot$$

Der Logarithmus von $x^n$ ist also gleich $n \log x$. $\square$

Am Logarithmus zur Basis 10 ist nichts Besonderes, außer dass er in der Chemie, Geologie und anderen Teilbereichen der Naturwissenschaft gern verwendet wird. Doch in den Computerwissenschaften und der diskreten Mathematik ist der Logarithmus zur Basis 2 üblicher. Für jedes $b > 0$ ist der Logarithmus zur Basis $b$ (Notation: $\log_b$) definiert durch die Regel:

$$y = \log_b x \text{, wenn } b^y = x$$

Ein Beispiel: $\log_2 32 = 5$, da $2^5 = 32$. Alle bereits gezeigten Eigenschaften von Logarithmen gelten für jede beliebige Basis $b$. Zum Beispiel

$$b^{\log_b x} = x \quad \log_b xy = \log_b x + \log_b y \quad \log_b x^n = n \log_b x$$

Doch in den meisten Bereichen von Mathematik, Physik und Technik hat sich der Logarithmus zur Basis $b = e$ als der nützlichste erwiesen. Man nennt ihn den *natürlichen Logarithmus* und schreibt ihn abgekürzt ln $x$. Es gilt also:

$$y = \ln x \text{, wenn } e^y = x$$

und dementsprechend für jede reelle Zahl $x$

$$\ln e^x = x$$

So kann Ihr Taschenrechner beispielsweise ermitteln, dass ln 5 = 1,609... (so haben wir vorher herausgefunden, dass $e^{1{,}609} \approx 5$). Mehr zum natürlichen Logarithmus in Kapitel 11 auf S.351.

---

**Nebenbemerkung**
Alle wissenschaftlichen Taschenrechner beherrschen natürliche und Logarithmen zur Basis 10, doch sie rechnen nicht explizit mit Logarithmen zu anderen Basen. Das stellt aber kein Problem dar, da man Logarithmen mit verschiedenen Basen leicht ineinander umrechnen kann. Im Grund gilt: Kennt man einen Logarithmus, kennt man alle. Beispielsweise können wir mit der folgenden Regel aus jedem Logarithmus zur Basis 10 den entsprechenden Wert zur Basis $b$ berechnen.
**Theorem:** Für alle positiven Zahlen $b$ *und* $x$ gilt:

$$\log_b x = \frac{\log x}{\log b}$$

**Beweis:** Es sei $y = \log_b x$. Dann ist $b^y = x$. Nimmt man auf beiden Seiten den log, bekommt man $\log b^y = \log x$, was nach der Exponentenregel identisch ist mit $y \log b = \log x$. Folglich ist $y = (\log x)/(\log b)$, wie gewünscht. ☐
Beispielsweise gilt für alle $x > 0$

$\ln x = (\log x) / (\log e) = (\log x) / (0{,}434 \ldots) \approx 2{,}30 \log x$
$\log 2\, x = (\log x) / (\log 2) = (\log x) / (0{,}301 \ldots) \approx 3{,}32 \log x$

## Weitere Auftritte von e

Ebenso wie die Zahl $\pi$ taucht auch die Zahl $e$ in der Mathematik immer mal wieder auf, oft an ganz unerwarteter Stelle. Zum Beispiel folgt die klassische Kurve der Normalverteilung, die wir in Kapitel 8 kennengelernt haben, der Gleichung

$$y = \frac{e^{-\frac{x^2}{2}}}{\sqrt{2\pi}}$$

Ihr Graph (auf S. 318 abgebildet) ist die vielleicht wichtigste Kurve in der gesamten Statistik.

In Kapitel 8 (auf S. 249) haben wir ebenfalls gesehen, dass $e$ in Stirlings Näherungsformel für $n!$ auftaucht:

$$n! \approx \left(\frac{n}{e}\right)^n \sqrt{2\pi n}$$

In Kapitel 11 (ab S. 341) werden wir sehen, dass $e$ und Fakultäten untrennbar miteinander zusammenhängen. Wir werden zeigen, dass $e^x$ sich durch folgende unendliche Reihe ausdrücken lässt:

$$e^x = 1 + x + \frac{x^2}{2!} + \frac{x^3}{3!} + \frac{x^4}{4!} + \ldots$$

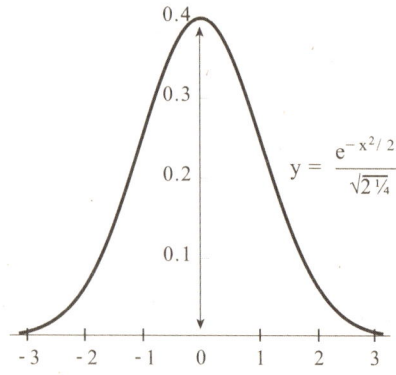

Die Kurve der Normalverteilung hat
die Gleichung e – x2 / 2 / √2 π.

Insbesondere gilt für $x = 1$ dieser Gleichung zufolge:

$$e = 1 + 1 + \frac{1}{2!} + \frac{1}{3!} + \frac{1}{4!} + \ldots$$

was eine schnelle Methode darstellt, genaue Werte von $e$ zu ermitteln. Übrigens scheint sich $e$ schon nach ein paar Stellen zu wiederholen:

$$e = 2{,}718281828 \ldots$$

Mein Highschool-Lehrer sagte: „2,7 Andrew Jackson, Andrew Jackson", weil der siebte US-Präsident in diesem Jahr gewählt worden war. (Für mich funktionierte die Eselsbrücke andersherum: Ich merkte mir das Jahr, in dem Jackson gewählt wurde, mit den Stellen von *e*.) Aber daraus darf man nicht vorschnell schließen, dass *e* eine rationale Zahl wäre. Das wäre sie, wenn sich die Abfolge 1828 unendlich wiederholen würde. Doch das trifft nicht zu. Die nächsten sechs Stellen von *e* lauten 459045, was ich mir merke als die Winkel im gleichschenkligen rechtwinkligen Dreieck.

Die Zahl *e* taucht auch ganz unerwartet in vielen Wahrscheinlichkeitsberechnungen auf. Angenommen, Sie würden jede Woche ein Lotterielos kaufen, das mit einer Wahrscheinlichkeit von 1 zu 100 gewinnt. Im Durchschnitt also wird eines von 100 Losen ein Gewinnlos sein. Das bedeutet allerdings nicht, dass Sie, wenn Sie 100 Lose kaufen, garantiert gewinnen: Es kann sein, dass bereits das erste Los ein Gewinn ist, es kann aber auch sein, dass Sie Pech haben und beispielsweise erst das 120ste Los einen Gewinn enthält. Wie stehen Ihre Chancen, wenigstens ein Mal zu gewinnen, wenn Sie 100 Wochen hintereinander jeweils ein Los kaufen? Jede Woche gewinnen Sie mit der Wahrscheinlichkeit 1/100 gleich 0,01; die Chance, dass Sie leer ausgehen, steht bei 99/100 oder 0,99. Da Ihre wöchentliche Gewinnchance von den Ergebnissen früherer Ziehungen unabhängig ist, beträgt die Chance, dass Sie 100 Wochen hintereinander leer ausgehen,

$$(0,99)^{100} \approx 0,3660$$

was sehr nahe bei

$$1/e \approx 0,3678794 \dots$$

liegt. Das ist kein Zufall. Erinnern wir uns an die Formel auf S. 311, als wir $e^x$ vorstellten:

$$\lim_{n \to \infty} \left(1 + \frac{x}{n}\right)^n = e^x$$

Setzen wir jetzt $x = -1$, bekommen wir für große Werte von *n*

$$\left(1 - \frac{1}{n}\right)^n \approx e^{-1} = 1/e$$

Für $n = 100$ heißt das, dass $(0,99)^{100} \approx 1/e$, wie versprochen. Demzufolge liegt Ihre Chance, wenigstens ein Mal zu gewinnen, bei etwa $1 - (1/e) \approx 64$ Prozent.

Eine meiner liebsten Wahrscheinlichkeitsaufgaben heißt *Matching-Problem* (alias „Heiratsproblem"). Angenommen, ein Lehrer gibt seinen $n$ Schülern $n$ korrigierte Schulaufgaben zurück, aber nach dem Zufallsprinzip: Jeder Schüler erhält irgendeine Schulaufgabe, die vielleicht seine ist, vielleicht aber auch nicht. Wie hoch ist die Wahrscheinlichkeit, dass kein einziger Schüler seine eigene Schulaufgabe zurückbekommt? Anders formuliert: Wenn die Zahlen 1 bis $n$ beliebig gemischt werden, wie groß ist dann die Wahrscheinlichkeit, dass keine der Zahlen an ihrer richtigen Position steht? Bei $n = 3$ können die Zahlen 1, 2, 3 auf 3! = 6 Arten sortiert werden, und es gibt 2 Abfolgen, in denen keine Zahl in ihrer natürlichen Position ist, nämlich 231 und 312. Bei $n = 3$ liegt die Wahrscheinlichkeit, dass sich nichts am richtigen Platz befindet, also bei 2/6 = 1/3.

Bei $n$ zurückgegebenen Schulaufgaben gibt es $n$! Möglichkeiten, sie zurückzugeben. *Dn* sei die Zahl der Fälle, bei denen niemand *seine* Aufgabe zurückbekommt. Dann beträgt die Chance, dass niemand *seine* Schulaufgabe bekommt, $pn = Dn/n!$. Bei $n = 4$ gibt es 9 Fälle, in denen nichts passt:

2143  2341  2413  3142  3412  3421  4123  4312  4321

Folglich ist $p4 = D4/4! = 9/24 = 0,375$, wie in der folgenden Tabelle vermerkt.

| n | Dn | $pn = Dn/n!$ |
|---|---|---|
| 1 | 0 | 0 |
| 2 | 1 | 1/2 = 0,50000 |
| 3 | 2 | 2/6 = 0,33333 |
| 4 | 9 | 9/24 = 0,37500 |
| 5 | 44 | 44/120 = 0,36667 |
| 6 | 265 | 265/720 = 0,36806 |
| 7 | 1.856 | 1.865/5.040 = 0,36825 |
| 8 | 14.887 | 14.887/40.320 = 0,36823 |

Je größer $n$ wird, desto stärker nähert sich $pn$ an $1/e$ an. Die Schlussfolgerung daraus ist bemerkenswert: Die Wahrscheinlichkeit, dass niemand seine eigene Schulaufgabe zurückbekommt, ist praktisch immer gleich, egal, wie groß die Klasse ist. Unabhängig davon, ob 10 oder 100 oder 1.000.000 Schüler die Klasse besuchen, die Wahrscheinlichkeit liegt immer sehr, sehr nahe bei $1/e$.

Woher kommt $1/e$? Einer ersten Annäherung zufolge bekommt bei $n$ Schülern jeder Schüler mit der Wahrscheinlichkeit $1/n$ seine eigene Schulaufgabe und entsprechend mit Wahrscheinlichkeit $1 - (1/n)$ die Schulaufgabe eines anderen. Folglich beträgt die Wahrscheinlichkeit, dass alle $n$ Schüler die Aufgabe eines anderen bekommen,

$$p_n \approx \left(1 - \frac{1}{n}\right)^n \approx 1/e$$

Dieser Wert gilt nur näherungsweise, weil die Ergebnisse, anders als bei der Lotterie-Aufgabe, nicht ganz unabhängig voneinander sind. Wenn Schüler 1 seine eigene Schulaufgabe zurückbekommt, erhöht sich die Chance dafür, dass auch Schüler 2 seine eigene Aufgabe bekommt, ein wenig. (Die Wahrscheinlichkeit würde $1/(n-1)$ betragen statt $1/n$.) Analog sinken die Chancen für Schüler zwei leicht, wenn Schüler 1 nicht seine eigene Aufgabe zurückbekommt. Doch da sich die Wahrscheinlichkeiten nicht allzu sehr verändern, ist die Annäherung sehr gut. Für den exakten Wert von $pn$ verwenden wir die unendliche Folge für

$$e^x = 1 + x + \frac{x^2}{2!} + \frac{x^3}{3!} + \frac{x^4}{4!} + \ldots$$

Setzen wir in diese Gleichung $x = -1$ ein, erhalten wir

$$1 - 1 + \frac{1}{2!} - \frac{1}{3!} + \frac{1}{4!} - \cdots = e^{-1} = 1/e$$

Wie sich zeigen lässt, beträgt bei $n$ Schülern die Wahrscheinlichkeit, dass niemand seine eigene Schulaufgabe zurückbekommt, genau

$$p_n = 1 - \frac{1}{1!} + \frac{1}{2!} - \frac{1}{3!} + \frac{1}{4!} - \cdots + (-1)^n \frac{1}{n!}$$

Für $n = 4$ Schüler beträgt $pn = 1 - 1 + 1/2 - 1/6 + 1/24 = 9/24$, wie oben gezeigt. Die Konvergenz gegen den wahren Wert von $1/e$ läuft also extrem schnell ab. Der Unterschied zwischen $pn$ und $1/e$ ist geringer als $1/(n+1)!$. Folglich liegt $p4$ nur noch um $1/5! = 0,0083$ von $1/e$ entfernt; $p10$ stimmt schon auf sieben Nachkommastellen mit $1/e$ überein und $p100$ schon auf mehr als 150 Nachkommastellen!

**Nebenbemerkung**

**Theorem:** Die Zahl $e$ ist irrational.

**Beweis:** Nehmen wir umgekehrt an, $e$ sei rational. Dann gibt es positive ganze Zahlen $m$ und $n$, für die gilt: $e = m/n$. Verwenden wir diese Zahl $n$ nun, um die unendliche Folge für $e$ in zwei Teile zu brechen, sodass $e = L + R$, mit

$$L = 1 + 1 + \frac{1}{2!} + \frac{1}{3!} + \frac{1}{4!} + \ldots + \frac{1}{(n-1)!} + \frac{1}{n!}$$

$$R = \frac{1}{(n+1)!} + \frac{1}{(n+2)!} + \frac{1}{(n+3)!} + \ldots$$

Beachten Sie, dass $n!e = ne(n-1)! = m(n-1)!$ eine ganze Zahl sein muss (da $m$ und $(n-1)!$ ganze Zahlen sind) und $n!L$ ebenfalls (da $n!/k!$ für alle $k \leq n$ eine ganze Zahl sein muss). Folglich ist $n!R = n!e - n!L$ die Differenz zweier ganzer Zahlen und muss demnach selbst eine ganze Zahl sein. Doch das ist unmöglich, da $n \geq 1$ impliziert, dass

$$\begin{aligned}
n!R &= \frac{1}{n+1} + \frac{1}{(n+1)(n+2)} + \frac{1}{(n+1)(n+2)(n+3)} + \ldots \\
&\leq \frac{1}{2} + \frac{1}{23} + \frac{1}{234} + \ldots \\
&= \frac{1}{2!} + \frac{1}{3!} + \frac{1}{4!} + \ldots = 0{,}71828\ldots \\
&< 1
\end{aligned}$$

Folglich kann $n!R$ keine ganze Zahl sein, da es keine positiven ganzen Zahlen kleiner 1 gibt. Also führt die Annahme, dass $e = m/n$ zu einem Widerspruch. Demnach muss $e$ irrational sein. □

# Eulers Gleichung

Die Zahl *e* wurde von dem großen Mathematiker Leonhard Euler entdeckt und bekannt gemacht, und er war der Erste, der dieser fundamentalen Zahl ihren aktuellen Namen gab. Die meisten Historiker der Mathematik widersprechen dem Verdacht, Euler habe die Zahl nach dem ersten Buchstaben seines Nachnamens benannt. Trotzdem nennen viele Menschen *e* die *eulersche Zahl*.

Die unendlichen Folgen für die Funktionen $e^x$, cos *x* und sin *x* haben wir bereits vorgestellt, und im nächsten Kapitel erklären wir, wo sie herkommen. Aber schreiben wir sie hier alle mal hin:

$$e^x = 1 + x + \frac{x^2}{2!} + \frac{x^3}{3!} + \frac{x^4}{4!} + \dots$$

$$\cos x = 1 - \frac{x^2}{2!} + \frac{x^4}{4!} - \frac{x^6}{6!} + \dots$$

$$\sin x = x - \frac{x^3}{3!} + \frac{x^5}{5!} - \frac{x^7}{7!} + \dots$$

Diese Formeln gelten für alle reellen Zahlen *x*, doch Euler besaß die Kühnheit, sich zu fragen, was herauskäme, wenn man *x* eine imaginäre Zahl sein ließe. Was würde es für eine Zahl bedeuten, wenn man sie mit einer imaginären Zahl potenzierte? Das Ergebnis ist Eulers wunderschönes Theorem.

**Theorem (Eulersche Formel):** Für jeden Winkel $\theta$ (gemessen in rad) gilt

$$e^{i\theta} = \cos \theta + i \sin \theta$$

**Beweis:** Wir beweisen dieses Theorem, indem wir betrachten, was passiert, wenn wir $x = i\theta$ in die Gleichung für $e^x$ einsetzen.

$$e^{i\theta} = 1 + i\theta + \frac{(i\theta)^2}{2!} + \frac{(i\theta)^3}{3!} + \frac{(i\theta)^4}{4!} + \frac{(i\theta)^5}{5!} + \frac{(i\theta)^6}{6!} + \frac{(i\theta)^7}{7!} + \dots$$

Betrachten Sie nun, was mit dem $i$-Term passiert, wenn $i$ mit verschiedenen Zahlen potenziert wird:

$$i^0 = 1, \quad i^1 = i, \quad i^2 = -1, \quad i^3 = -i \quad (\text{da } i^3 = i^2 i = -i),$$

und dann wiederholt sich das Muster: $i^4 = 1$, $i^5 = i$, $i^6 = -1$, $i^7 = -i$, $i^8 = 1$, usw.

Beachten Sie insbesondere, dass die $i$-Terme abwechselnd real und imaginär sind, und wir in jedem zweiten Term die Zahl $i$ ausklammern können, wie im Folgenden gezeigt.

$$
\begin{aligned}
e^{i\theta} &= 1 + i\theta - \frac{\theta^2}{2!} - i\frac{\theta^3}{3!} + \frac{\theta^4}{4!} + i\frac{\theta^5}{5!} - \frac{\theta^6}{6!} - i\frac{\theta^7}{7!} + \frac{\theta^8}{8!} + \dots \\
&= \left( 1 - \frac{\theta^2}{2!} + \frac{\theta^4}{4!} - \frac{\theta^6}{6!} + \dots \right) + i\left( \theta - \frac{\theta^3}{3!} + \frac{\theta^5}{5!} - \frac{\theta^7}{7!} + \dots \right) \\
&= \cos\theta + i\sin\theta
\end{aligned}
$$

wie gewünscht. ☺

Damit haben wir die Gottesgleichung vom Beginn des Kapitels bewiesen. Setzen wir $\theta = \pi$ rad (oder 180°), erhalten wir

$$e^{i\pi} = \cos\pi + i\sin\pi = -1 + i(0) = -1$$

Doch in der eulerschen Formel steckt noch viel mehr. Den Ausdruck $\cos\theta + i\sin\theta$ haben wir doch schon gesehen! Er bezeichnete den Punkt auf dem Einheitskreis in der komplexen Ebene, der durch einen Winkel von $\theta$ relativ zur positiven $x$-Achse gekennzeichnet ist. Nach der eulerschen Formel kann man diesen Punkt ganz einfach ausdrücken, wie in der Abbildung auf S. 326 gezeigt.

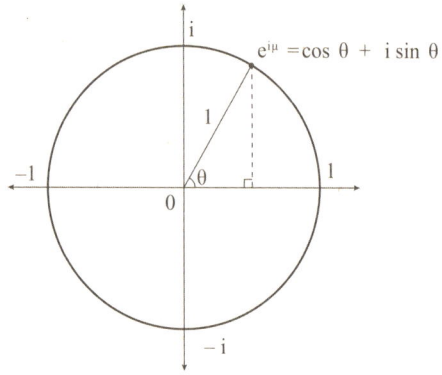

$e^{i\mu} = \cos\theta + i\sin\theta$

Nach der eulerschen Formel haben alle Punkte auf
dem Einheitskreis die Form $e^{i\theta}$.

Doch halt! Es kommt noch mehr! Jeder Punkt in der komplexen Ebene ist nur eine skalierte Version eines Punktes auf dem
Einheitskreis. Hat beispielsweise eine komplexe Zahl $z$ den
Betrag $R$ und den Winkel $\theta$, dann ist dieser Punkt einfach $R$ mal
der entsprechende Punkt auf dem Einheitskreis. Anders ausgedrückt:

$$z = Re^{i\theta}$$

Wenn wir also zwei Punkte in der komplexen Ebene haben,
etwa $z_1 = R_1 e^{i\theta_1}$ und $z_2 = R_2 e^{i\theta_2}$ , dann folgt aus dem Potenzgesetz (mit komplexen Zahlen), dass

$$z_1 z_2 = R_1 e^{i\theta_1} R_2 e^{i\theta_2} = R_1 R_2 e^{i(\theta_1 + \theta_2)}$$

was eine komplexe Zahl mit Betrag $R_1 R_2$ und Winkel $\theta_1 + \theta_2$ ist.
Es bestätigt sich also erneut, dass man zur Multiplikation komplexer Zahlen einfach ihre Beträge multipliziert und ihre Winkel addiert. Als wir dieses Ergebnis weiter vorn auf S. 307f.
herleiteten, brauchten wir dafür eine Seite voller Formeln. Mit

der eulerschen Formel gelangen wir in einer einzigen Zeile zum selben Schluss, allein mithilfe der Zahl *e*!

Beenden wir dieses Kapitel mit einer Huldigung an diese bemerkenswerte Zahl. (Joyce Kilmer, bitte entschuldigen Sie!)

*I think that I shall never see*
*A number lovelier than e.*
*Whose digits are too great to state*
*They're 2.71828 ...*
*And e has such amazing features.*
*It's loved by all (but mostly teachers).*
*With all of e's great properties,*
*Most integrals are done with ... ease.*
*Theorems are proved by fools like me.*
*But only Euler could make an e.*


Ich glaube, ich werde nie
eine liebenswertere Zahl als e sehen
Deren Ziffern zu viele sind, um sie hinzuschreiben:
Sie sind 2,71828 ...
*e* hat viele verblüffende Eigenschaften.
Und jeder liebt sie (vor allem Lehrer).
Dank der tollen Eigenschaften von *e*
lassen sich die meisten Integrale ganz e-infach machen.
Theoreme können von Narren wie mir bewiesen werden.
Doch nur Euler konnte ein *e* erschaffen.

# Kapitel elf

$$y = x^{11} \rightarrow y' = 11\,y^{10}$$

# Die Magie der Infinitesimalrechnung

## Von unendlich kleinen Schritten

Die Mathematik ist die Sprache der Wissenschaft, und die Infinitesimalrechnung ist die Methode, wie wir Naturgesetzen mathematisch nachspüren. Mit ihrer Hilfe berechnen wir, wie Dinge wachsen, sich verändern und sich bewegen. In diesem Kapitel werden wir lernen, mit welcher Rate sich Funktionen ändern und wie man komplizierte Funktionen durch einfachere Funktionen approximieren kann. Die Infinitesimalrechnung ist ein mächtiges Werkzeug für die Optimierung und hilft dabei, Parameter so zu wählen, dass Mengen (wie Umsatz oder Gewinn) maximiert bzw. minimiert werden (z. B. Kosten oder Weglänge).

Angenommen, Sie hätten ein quadratisches Kartonstück von 12 Zentimetern Seitenlänge, wie auf S. 329 gezeigt. Die Aufgabe besteht darin, aus den Ecken Quadrate der Seitenlänge $x$ auszuschneiden und den Rest des Kartons zu einer Kiste (ohne Deckel) mit möglichst großem Volumen zu formen.

Beginnen wir, indem wir das Volumen als Funktion von $x$ formulieren. Der Boden der Kiste hat die Fläche $(12 - 2x)(12 - 2x)$, die Höhe der Kiste ist $x$, folglich beträgt ihr Volumen

$$V = (12 - 2x)^2 x$$

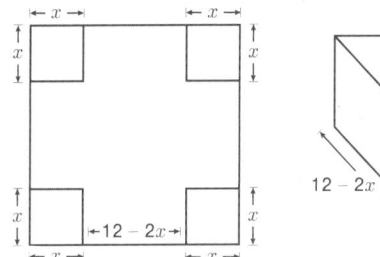 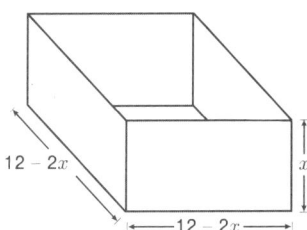

Welcher Wert von $x$ maximiert das Volumen der Kiste?

Kubikzentimeter. Unser Ziel lautet, $x$ so zu wählen, dass dieses Volumen möglichst groß wird. Wir dürfen $x$ weder zu groß noch zu klein wählen, denn für $x = 0$ oder $x = 6$ hat die Kiste ein Volumen von 0, weil sie dann ganz flach bzw. ganz dünn ist. Irgendwo dazwischen liegt unser optimaler Wert für $x$.

Unten sehen Sie den Graphen der Funktion $y = (12 - 2x)^2 x$ für die Werte von $x$ zwischen 0 und 6. Für $x = 1$ berechnen wir die Größe des Volumens als $y = 100$. Für $x = 2$ liegt $y$ bei 128, für $x = 3$ bei 108. Der Wert $x = 2$ sieht vielversprechend aus, aber vielleicht gibt es ja eine reelle Zahl zwischen 1 und 3, bei der $y$ noch größer wird?

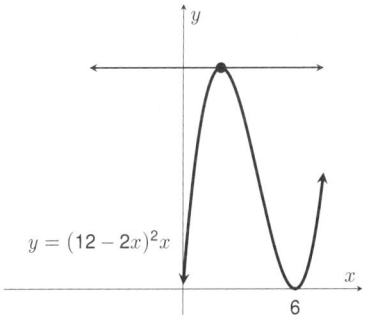

Der Punkt, an dem $y = (12 - 2x)^2 x$ maximiert wird,
hat eine horizontale Tangente.

Am Punkt unmittelbar links vom Gipfel steigt die Kurve noch an, die Steigung ist positiv, und unmittelbar rechts vom Maximum fällt die Kurve ab, mit negativer Steigung. Am Scheitelpunkt selbst ist der Funktionswert konstant, er steigt nicht mehr, aber er fällt auch noch nicht: Die Steigung wechselt von positiv zu negativ. Mathematischer ausgedrückt: Im Optimum hat der Graph eine horizontale Tangente (mit Steigung 0). In diesem Kapitel verwenden wir die Infinitesimalrechnung, um den Punkt zwischen 0 und 6 zu finden, an dem diese Tangente horizontal ist.

Wir werden uns übrigens in diesem Kapitel oft auf Nebenwege begeben, die oft gewaltige Abkürzungen darstellen. Die Infinitesimalrechnung ist ein riesiges Gebiet; spezialisierte Lehrbücher haben gerne mal 1000 Seiten und mehr. Auf den paar Dutzend Seiten, die wir hier haben, können wir nur ein Best-of bieten, und die *Integralrechnung*, mit der sich Flächen und Inhalte komplizierter Objekte berechnen lassen, sparen wir uns komplett. Wir konzentrieren uns ganz auf die *Differentialrechnung*, mit der berechnet wird, wie Funktionen wachsen und sich verändern.

Die am einfachsten zu analysierenden Funktionen sind gerade Linien. In Kapitel 2 (S. 56ff.) haben wir erkannt, dass die Gerade $y = mx + b$ die Steigung $m$ hat. Wächst $x$ um 1, steigt $y$ um $m$. Beispielsweise hat die Gerade $y = 2x + 3$ eine Steigung von 2. Erhöhen wir den Wert von $x$ um 1 (z. B. von $x = 10$ auf $x = 11$), steigt $y$ um 2 (hier von 23 auf 25).

Die Abbildung auf S. 331 zeigt die Graphen verschiedener Geraden. Beispielsweise hat $y = -x$ die Steigung $-1$, während $y = 5$ die Steigung 0 hat.

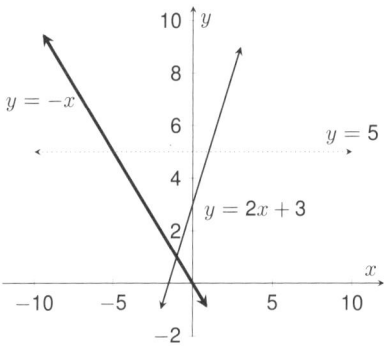

Graphen von Geraden

Kennen wir zwei Punkte einer Geraden, können wir sie mit einer Linie verbinden und deren Steigung ermitteln, ohne die Geradengleichung selbst kennen zu müssen. Die Steigung der Linie, die durch die Punkte ($x1$, $y1$) und ($x2$, $y2$) verläuft, berechnen wir nach der Formel „Höhengewinn durch zurückgelegte Strecke":

$$m = \frac{y_2 - y_1}{x_2 - x_1}$$

Nehmen Sie beispielsweise zwei beliebige Punkte auf der Geraden $y = 2x + 3$, etwa die Punkte (0, 3) und (4, 11). Dann ist die Steigung der Verbindungslinie $m = \frac{y_2 - y_1}{x_2 - x_1} = (11 - 3)/(4 - 0)$ $= 8/4 = 2$, was genau dem Faktor vor dem $x$ in der Geradengleichung entspricht.

Betrachten Sie nun die Funktion $y = x^2 + 1$, wie auf S. 332 abgebildet. Der Graph ist keine gerade Linie mehr, und die Steigung scheint sich ständig zu verändern. Versuchen wir mal, die Steigung der Tangente am Punkt (1, 2) zu ermitteln.

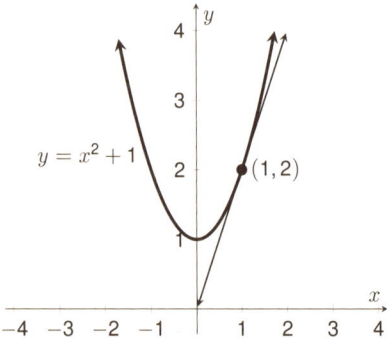

Finden Sie für $y = x^2 + 1$ die Steigung der Tangente an Punkt (1, 2).

Das Dumme ist, dass man zwei Punkte braucht, um eine Steigung zu bestimmen, wir aber nur einen Punkt haben, nämlich (1, 2). Deswegen ermitteln wir zuerst einen Annäherungswert für die Steigung der Tangente, indem wir eine Linie betrachten, die (wie auf S. 333 abgebildet) durch zwei Punkte der Kurve geht (*Sekante* genannt). Bei $x = 1{,}5$ ist $y = (1{,}5)^2 + 1 = 3{,}25$. Betrachten wir also die Steigung der Geraden von (1, 2) nach (1,5, 3,25): Gemäß unserer Formel beträgt die Steigung dieser Sekante

$$m = \frac{y_2 - y_1}{x_2 - x_1} = \frac{3{,}25 - 2}{1{,}5 - 1} = \frac{1{,}25}{0{,}5} = 2{,}5$$

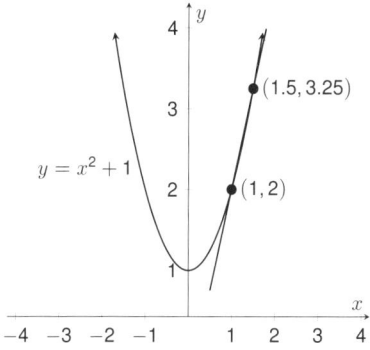

Approximation der Tangente durch eine Sekante

Um einen genaueren Näherungswert zu bekommen, rücken wir den zweiten Punkt näher an $(1, 2)$ heran. Nimmt man z. B. $x = 1,1$, ist $y = (1,1)^2 + 1 = 2,21$, und die Steigung beträgt $m = (2,21 - 2)/(1,1 - 1) = 2,1$. Wie aus der unten stehenden Tabelle ablesbar, scheint sich die Steigung der Sekante immer weiter an 2 anzunähern, je enger wir den zweiten Punkt an $(1, 2)$ rücken.

| $(x_1, y_1)$ | $x_2$ | $y_2 = x_2^2 + 1$ | $\dfrac{y_2 - y_1}{x_2 - x_1}$ | **Steigung** |
|---|---|---|---|---|
| $(1, 2)$ | $1,5$ | $3,25$ | $\dfrac{3,25 - 2}{1,5 - 1} = \dfrac{1,25}{0,5}$ | $= 2,5$ |
| $(1, 2)$ | $1,1$ | $2,21$ | $\dfrac{2,21 - 2}{1,1 - 1} = \dfrac{0,21}{0,1}$ | $= 2,1$ |
| $(1, 2)$ | $1,01$ | $2,0201$ | $\dfrac{2,0201 - 2}{1,01 - 1} = \dfrac{0,0201}{0,01}$ | $= 2,01$ |
| $(1, 2)$ | $1,001$ | $2,002001$ | $\dfrac{2,002001 - 2}{1,001 - 1} = \dfrac{0,002001}{0,001}$ | $= 2,001$ |
| $(1, 2)$ | $1 + h$ | $2 + 2h + h^2$ | $\dfrac{(2 + 2h + h^2) - 2}{(1 + h) - 1} = \dfrac{2h + h}{h}$ | $= 2 + h$ |

Betrachten Sie mal, was passiert, wenn $x = 1 + h$, mit $h \neq 0$, wobei $h$ winzig klein werden darf. Dann ist $y = (1 + h)^2 + 1 = 2 + 2h + h^2$. Die Steigung der Sekante wäre dann

$$\frac{y_2 - y_1}{x_2 - x_1} = \frac{(2 + 2h + h^2) - 2}{(1 + h) - 1} = \frac{2h + h^2}{h} = 2 + h$$

Je weiter $h$ sich an 0 annähert, desto weiter nähert sich die Steigung der Sekante an 2 an. Mathematisch drücken wir das so aus:

$$\lim_{h \to 0} (2 + h) = 2$$

Diese Notation besagt, dass der *Grenzwert* von $2 + h$ für $h$ gegen 0 gleich 2 ist. Das leuchtet auch intuitiv ein, denn wenn $h$ immer kleiner wird, nähert sich $2 + h$ immer näher an 2 an. So haben wir ermittelt, dass die Tangente am Graphen der Funktion $y = x^2 + 1$ am Punkt (1, 2) die Steigung 2 hat.

Allgemein sieht die Situation folgendermaßen aus: Wir wollen für die Funktion $y = f(x)$ die Steigung der Tangente am Punkt $(x, f(x))$ ermitteln. Wie auf S. 335 abgebildet, ist die Steigung der Sekante durch Punkt $(x, f(x))$ und den benachbarten Punkt $(x + h, f(x + h))$

$$\frac{y_2 - y_1}{x_2 - x_1} = \frac{f(x + h) - f(x)}{(x + h) - x} = \frac{f(x + h) - f(x)}{h}$$

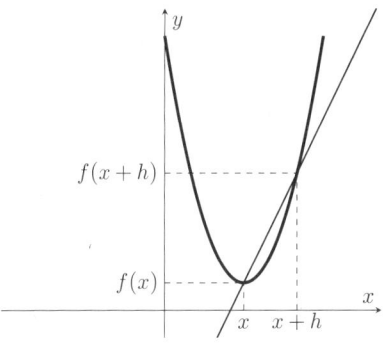

Die Steigung der Sekante durch $(x, f(x))$
und $(x + h, f(x + h))$ ist $\frac{f(x+h)-f(x)}{h}$

Wir verwenden die Notation $f'(x)$ für die Steigung der Tangente am Punkt $(x, f(x))$, also

$$f'(x) = \lim_{h \to 0} \frac{f(x + h) - f(x)}{h}$$

Das ist eine komplizierte Definition, machen wir also ein paar Beispiele. Bei Geraden gilt $y = mx + b$, folglich $f(x) = mx + b$. Um $f(x + h)$ zu finden, ersetzen wir $x$ durch $x + h$ und erhalten $f(x + h) = m(x + h) + b$. Folglich beträgt die Steigung der Sekante

$$\frac{f(x + h) - f(x)}{h} = \frac{m(x + h) + b - (mx + b)}{h} = \frac{mh}{h} = m$$

Die Steigung der Tangente ist also gleich $m$, unabhängig vom Wert von $x$. Demnach ist $f'(x) = m$. Was auch einleuchtet, schließlich hat die Gerade $y = mx + b$ überall die Steigung $m$.

Suchen wir nun mit dieser Definition nach der Ableitung von $y = x^2$. Hier haben wir

$$\frac{f(x+h)-f(x)}{h} = \frac{(x+h)^2 - x^2}{h}$$

$$= \frac{(x^2 + 2xh + h^2) - x^2}{h}$$

$$= \frac{2xh + h^2}{h}$$

$$= 2x + h$$

Wenn $h$ jetzt gegen 0 geht, bekommen wir $f'(x) = 2x$.

Für $f(x) = x^3$ erhalten wir

$$\frac{f(x+h)-f(x)}{h} = \frac{(x+h)^3 - x^3}{h}$$

$$= \frac{(x^3 + 3x^2h + 3xh^2 + h^3) - x^3}{h}$$

$$= \frac{3x^2h + 3xh^2 + h^3}{h}$$

$$= 3x^2 + 3xh + h^2$$

Und wenn $h$ gegen 0 geht, bekommen wir $f'(x) = 3x^2$.

Soeben haben wir die Ableitung einer kubischen Funktion gebildet, man sagt auch: Wir haben sie *differenziert*. Kennt man erst einmal die Ableitungen einiger einfacher Funktionen, lassen sich die Ableitungen komplizierterer Funktionen ohne große Mühe und ganz ohne Grenzwerte ermitteln. Folgendes Theorem ist sehr nützlich:

**Theorem:** Wenn $u(x) = f(x) + g(x)$, dann ist $u'(x) = f'(x) + g'(x)$. Mit anderen Worten: *Die Ableitung einer Summe ist die Summe der Ableitungen.* Für alle reellen Zahlen $c$ gilt überdies, dass die Ableitung von $c f(x)$ gleich $c f'(x)$ ist.

Aus diesem Theorem folgt erstens: Da $y = x^3$ die Ableitung $3x^2$ hat und $y = x^2$ die Ableitung $2x$, hat $y = x^3 + x^2$ die Ableitung $3x^2 + 2x$. Und zweitens: Die Funktion $y = 10x^3$ hat die Ableitung $30x^2$.

**Nebenbemerkung**

**Beweis:** Es sei $u(x) = f(x) + g(x)$. Dann gilt

$$\frac{u(x + h) - u(x)}{h} = \frac{f(x + h) + g(x + h) - (f(x) + g(x))}{h}$$

$$= \frac{f(x + h) - f(x)}{h} + \frac{g(x + h) - g(x)}{h}$$

Ermitteln wir auf beiden Seiten den Grenzwert für $h \to 0$, erhalten wir

$$u'(x) = f'(x) + g'(x)$$

wie gewünscht. Beachten Sie, dass wir bei der Ermittlung des Grenzwerts für die rechte Seite den Umstand ausgenutzt haben, dass *der Grenzwert einer Summe die Summe der Grenzwerte ist*. Das möchte ich an dieser Stelle nicht beweisen, doch es leuchtet hoffentlich intuitiv ein, dass wenn sich $a$ immer weiter an $A$ annähert und $b$ immer weiter an $B$, sich dann auch $a + b$ immer weiter an $A + B$ annähert. An dieser Stelle sei auch angemerkt, dass der *Grenzwert eines Produkts das Produkt der Grenzwerte ist* und *der Grenzwert eines Quotienten der Quotient der Grenzwerte*. Doch wie wir sehen werden, sind die entsprechenden Regeln für Ableitungen nicht ganz so einfach. *Beispielsweise ist die Ableitung eines Produkts nicht das Produkt der Ableitungen.*

Zum Beweis der zweiten Hälfte des Theorems: Wenn $v(x) = c\,f(x)$, dann haben wir

$$v'(x) = \lim_{h \to 0} \frac{v(x + h) - v(x)}{h} = \lim_{h \to 0} \frac{cf(x + h) - cf(x)}{h}$$

$$= c \lim_{h \to 0} \frac{f(x + h) - f(x)}{h} = cf'(x)$$

wie gewünscht. □

Um die Ableitung von $f(x) = x^4$ zu ermitteln, multiplizieren wir $f(x + h) = (x + h)^4$ zunächst aus: $x^4 + 4x^3h + 6x^2h^2 + 4xh^3 + h^4$. Die Koeffizienten dieses Ausdrucks (1, 4, 6, 4, 1) kommen Ihnen vielleicht bekannt vor; es handelt sich um Zeile 4 des pascalschen Dreiecks, das wir in Kapitel 4 behandelt haben. Folglich erhalten wir

$$\frac{f(x + h) - f(x)}{h} = \frac{4x^3h + 6x^2h^2 + 4xh^3 + h^4}{h} = 4x^3 + h \times []$$

und wenn $h \to 0$, bekommen wir $f'(x) = 4x^3$. Erkennen Sie das Muster? Die Ableitungen von $x$, $x^2$, $x^3$, und $x^4$ lauten 1, $2x$, $3x^2$, und $4x^3$. Analog bekommt man für höhere Exponenten folgende unheimlich *potente* Regel: (Eine weitere gängige Notation für die Ableitung ist $y'$; ab jetzt werden wir sie verwenden.)

**Theorem (Potenzregel):** Für $n \geq 0$ hat

$$y = x^n \text{ die Ableitung } y' = nx^{n-1}$$

Ein Beispiel: Wenn

$$y = x^5, \text{ dann ist } y' = 5x^4$$

und wenn

$$y = x^{10}, \text{ dann ist } y' = 10x^9$$

Selbst eine konstante Funktion wie $y = 1$ lässt sich nach dieser Regel ableiten, da $1 = x^0$, wobei $y = x^0$ für jeden Wert von $x$ die Ableitung $0x^{-1} = 0$ hat. Das ergibt auch Sinn, da die Gerade $y = 1$ eine Horizontale ist. Mit der Potenzregel und dem Theorem von weiter oben können wir jetzt jedes Polynom differenzieren. Wenn zum Beispiel:

$$y = x^{10} + 3x^5 - x^3 - 7x + 2520, \text{ dann ist } y' = 10x^9 + 15x^4 - 3x^2 - 7$$

Die Potenzregel gilt sogar, wenn $n$ keine positive ganze Zahl ist. Wenn beispielsweise:

$$y = \frac{1}{x} = x^{-1}, \text{ dann ist } y = -1x^{-2} = \frac{-1}{x^2}$$

Analog gilt: Wenn

$$y = \sqrt{x} = x^{1/2}, \text{ dann ist } y = \frac{1}{2}x^{-1/2} = \frac{1}{2\sqrt{x}}$$

Doch wir sind noch nicht so weit, diese Tatsachen auch beweisen zu können. Bevor wir lernen, kompliziertere Funktionen zu differenzieren, verwenden wir das bisher Gelernte, um einige weitere Optimierungsprobleme zu lösen.

## Minimierungs- und Maximierungsaufgaben

Die Differenzierung zeigt uns auf, wo eine Funktion ihre maximalen oder minimalen Werte annimmt. Bei welchem $x$-Wert erreicht beispielsweise die Parabel $y = x^2 - 8x + 10$ ihren tiefsten Punkt?

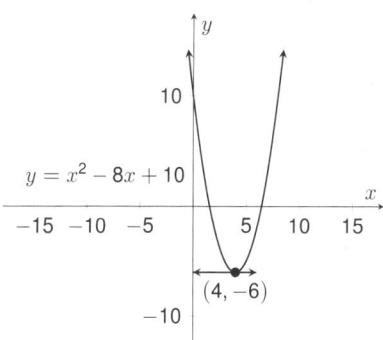

Die Parabel $y = x^2 - 8x + 10$ erreicht ihren tiefsten Punkt, wenn $y' = 0$.

Im Minimum muss die Steigung der Tangente 0 sein. Da $y' = 2x - 8$, müssen wir nur die Ableitung gleich Null setzen, $2x - 8 = 0$, und nach $x$ auflösen. Wir erhalten den Wert $x = 4$ (und $y = 16 - 32 + 10 = -6$). Stellen, an denen die Ableitung einer Funktion $y = f(x)$ gleich null ist, nennt man *kritische Punkte* von $f$. Die obige Funktion $y = x^2 - 8x + 10$ hatte nur einen kritischen Punkt, $x = 4$. Wo erreicht der Graph sein Maximum? Für die obige Gleichung gibt es kein Maximum, da der Wert von $y = x^2 - 8x + 10$ beliebig groß werden kann. Würde man $x$ auf ein bestimmtes Intervall beschränken, beispielsweise $0 \leq x \leq 6$, dann wäre $y$ an einem der Ränder am größten. Hier sehen wir, dass bei $x = 0$, $y = 10$ und bei $x = 6$, $y = -2$, folglich erreicht die Funktion an ihrem Rand $x = 0$ den höchsten Wert. Allgemein formuliert, gilt folgendes wichtiges Theorem:

**Theorem (Theorem zur Extremstellenbestimmung):** Hat eine differenzierbare Funktion $y = f(x)$ ein Minimum oder ein Maximum an Punkt $x^*$, dann muss $x^*$ ein kritischer Punkt von $f$ oder ein Randpunkt sein. Kehren wir jetzt zur Kisten-Aufgabe vom Anfang des Kapitels zurück. (S. 328f.) Dort waren wir an der Maximierung der Funktion

$$y = (12 - 2x)^2 x = 4x^3 - 48x^2 + 144x$$

interessiert, wobei $x$ zwischen 0 und 6 liegen musste. Wir suchen nach dem Wert von $x$, für den $y$ maximal wird. Da unsere Funktion ein Polynom ist, lautet seine Ableitung:

$$y' = 12x^2 - 96x + 144 = 12(x^2 - 8x + 12) = 12(x - 2)(x - 6)$$

Folglich hat die Funktion ihre kritischen Punkte bei $x = 2$ und $x = 6$. Da die Kiste an den Randpunkten ein Volumen von 0 hat, ist ihr Volumen dort minimiert. Folglich muss sie ihr maximales Volumen am letzten verbleibenden kritischen Punkt $x = 2$ haben, wo $y = 128$ Kubikzentimeter.

# Ableitungsregeln

Je mehr Funktionen wir ableiten können, desto mehr Aufgaben können wir lösen. Die wichtigste Funktion in der Differential-rechnung ist vermutlich die Exponentialfunktion $y = e^x$. Das Besondere an $y = e^x$ ist, dass die Ableitung der Funktion wieder die Funktion selbst ist.

**Theorem:** Wenn $y = e^x$, dann $y' = e^x$.

---

**Nebenbemerkung**

Warum gilt für $f(x) = e^x$, dass $f'(x) = e^x$? Hier der Kern-gedanke: Betrachten Sie zuerst, dass

$$\frac{f(x + h) - f(x)}{h} = \frac{e^{x+h} - e^x}{h} = \frac{e^x(e^h - 1)}{h}$$

und erinnern Sie sich dann an die Definition von $e$

$$e = \lim_{n \to \infty} \left(1 + \frac{1}{n}\right)^n$$

was bedeutet, dass sich bei immer größer werdendem $n$ der Wert von $(1 + 1/n)^n$ immer näher an $e$ annähert. Nun sei $h = 1/n$. Bei sehr großen $n$ liegt $h = 1/n$ sehr nahe bei 0. Folglich gilt für $h$ nahe 0

$$e \approx (1 + h)^{1/h}$$

Potenzieren wir beide Seiten mit $h$ und verwenden wir das Potenzgesetz, wonach $(a^b)^c = a^{bc}$, dann sehen wir, dass

$$e^h \approx 1 + h$$

und deshalb

$$\frac{e^h - 1}{h} \approx 1$$

Je weiter sich $h$ also an 0 annähert, desto weiter nähert sich $\frac{e^h-1}{h}$ an 1 an, wie gewünscht. □

Gibt es noch andere Funktionen, deren Ableitung wieder die Funktion selbst ist? Ja, aber sie haben alle die Form $y = ce^x$, wobei $c$ eine reelle Zahl ist (beachten Sie, dass dies auch den Fall $c = 0$ einschließt, der uns die konstante Funktion $y = 0$ gibt).

Wir haben gesehen: Wenn wir Funktionen addieren, ist die Ableitung der Summe die Summe der Ableitungen. Wie steht es mit dem Produkt von Funktionen? Leider ist die Ableitung des Produkts nicht das Produkt der Ableitungen, aber sie ist nicht allzu schwer zu berechnen, wie folgendes Theorem zeigt:

**Theorem (Produktregel für Ableitungen):** Wenn $y = f(x)$ $g(x)$, dann $y' = f(x)g'(x) + f'(x)g(x)$.

Um beispielsweise $y = x^3 e^x$ nach der Produktregel zu differenzieren, trennen wir das Ganze in $f(x) = x^3$ und $g(x) = e^x$. Folglich ist

$$\begin{aligned} y' &= f(x)g'(x) + f'(x)g(x) \\ &= x^3 e^x + 3x^2 e^x \end{aligned}$$

Beachten Sie, dass für $f(x) = x^3$ und $g(x) = x^5$ die Produktregel besagt, dass ihr Produkt $x^3 x^5 = x^8$ die Ableitung

$$\begin{aligned} y' &= x^3(5x^4) + 3x^2(x^5) \\ &= 5x^7 + 3x^7 = 8x^7 \end{aligned}$$

hat – was wiederum unsere Potenzregel bestätigt.

**Nebenbemerkung**

**Beweis (Produktregel):** Es sei $u(x) = f(x)g(x)$. Dann

$$\frac{u(x + h) - u(x)}{h} = \frac{f(x + h)g(x + h) - f(x)g(x)}{h}$$

Als Nächstes erweitern wir den Zähler gewitzt – ohne seinen Wert zu ändern –, indem wir $f(x + h)g(x)$ subtrahieren und gleich wieder addieren. Damit bekommen wir

$$\frac{f(x + h)g(x + h) - f(x + h)g(x) + f(x + h)g(x) - f(x)g(x)}{h}$$

$$= f(x + h)\left(\frac{g(x + h) - g(x)}{h}\right) + \left(\frac{f(x + h) - f(x)}{h}\right)g(x)$$

Wenn $h \to 0$, wird das zu $f(x)g'(x) + f'(x)g(x)$, wie gewünscht. $\square$

Die Produktregel spart uns nicht nur Rechenarbeit, sondern erlaubt uns auch, die Ableitungen weiterer Funktionen zu finden. Für positive ganze Zahlen haben wir die Potenzregel schon bewiesen. Jetzt können wir auch zeigen, dass sie ebenfalls für Brüche und negative Zahlen gilt. Beispielsweise besagt die Potenzregel, dass für

$$y = \sqrt{x} = x^{1/2} \text{ gilt } y' = \frac{1}{2}x^{-1/2} = \frac{1}{2\sqrt{x}}$$

Führen wir uns anhand der Produktregel vor Augen, warum das stimmt. Nehmen wir an, dass $u(x) = \sqrt{x}$.

Dann ist

$$u(x)u(x) = \sqrt{x}\sqrt{x} = x$$

Differenzieren wir beide Seiten, bekommen wir nach der Produktregel

$$u(x)u'(x) + u'(x)u(x) = 1$$

Folglich ist $2u(x)u'(x) = 1$, und entsprechend
$u'(x) = \frac{1}{2u(x)} = \frac{1}{2\sqrt{x}}$, wie vorhergesagt.

**Nebenbemerkung**

Gälte die Potenzregel auch für negative Exponenten, sollte die Funktion $y = x^{-n}$ die Ableitung $y' = -nx^{-n-1} = \frac{-n}{x^{n+1}}$ haben. Um das zu beweisen, nehmen wir $u(x) = x^{-n}$, mit $n \geq 1$. Dann haben wir per Definition für $x \neq 0$

$$u(x)x^n = x^{-n}x^n = x^0 = 1$$

Differenzieren wir beide Seiten, erhalten wir nach der Produktregel

$$u(x)(nx^{n-1}) + u'(x)x^n = 0$$

Wir verschieben den ersten Term auf die andere Seite, teilen durch $x^n$ und erhalten

wie gewünscht.  □
Wenn also $y = 1/x = x^{-1}$, dann $y' = -1/x^2$.
Wenn $y = 1/x^2 = x^{-2}$, dann $y = -2x^{-3} = -2/x^3$ usw.

In Kapitel 7 haben wir nach der positiven Zahl $x$ gesucht, für die die Funktion

$$y = x + 1/x$$

ihr Minimum erreicht. Durch den klugen Einsatz von Geometrie haben wir gezeigt, dass dies für $x = 1$ der Fall ist. Doch dank der Infinitesimalrechnung brauchen wir gar nicht so klug zu sein. Wir lösen einfach $y' = 0$, hier $1 - 1/x^2 = 0$, und die einzige positive Zahl, die diese Gleichung erfüllt, ist $x = 1$.

Die trigonometrischen Funktionen lassen sich auch leicht differenzieren. Beachten Sie, dass folgendes Theorem nur gilt, wenn die Winkel in rad ausgedrückt werden.

**Theorem:** Wenn $y = \sin x$, dann $y' = \cos x$. Wenn $y = \cos x$, dann $y' = -\sin x$. Anders ausgedrückt: *Die Ableitung des Sinus ist der Kosinus und die Ableitung des Kosinus ist der negative Sinus.*

**Nebenbemerkung**

**Beweis:** Der Beweis beruht auf folgendem Lemma. (Ein Lemma ist eine Aussage, die uns beim Beweis eines wichtigeren Theorems hilft.)

**Lemma:**

$$\lim_{h \to 0} \frac{\sin h}{h} = 1 \text{ und } \lim_{h \to 0} \frac{\cos h - 1}{h} = 0$$

Das besagt, dass für winzige Winkel $h$ (in rad) nahe 0 der Sinuswert sehr nahe bei $h$ liegt und der Kosinuswert sehr nahe bei 1. Beispielsweise sagt uns ein Taschenrechner, dass $\sin 0{,}0123 = 0{,}0122996$ ... und $\cos 0{,}0123 = 0{,}9999243$ ... Akzeptieren wir dieses Lemma fürs Erste, können wir Sinus- und Kosinusfunktion differenzieren.

Wir verwenden die $\sin(A + B)$-Identität aus Kapitel 9 (s. S. 286ff.) und erhalten

$$\frac{\sin(x + h) - \sin x}{h} = \frac{\sin x \cos h + \sin h \cos x - \sin x}{h}$$

$$= \sin x \left(\frac{\cos h - 1}{h}\right) + \cos x \left(\frac{\sin h}{h}\right)$$

Wenn $h \to 0$, wird unserem Lemma zufolge der Ausdruck zu $(\sin x)(0) + (\cos x)(1) = \cos x$. Analog gilt:

$$\frac{\cos(x + h) - \cos x}{h} = \frac{\cos x \cos h - \sin x \sin h - \cos x}{h}$$

$$= \cos x \left(\frac{\cos h - 1}{h}\right) - \sin x \left(\frac{\sin h}{h}\right)$$

Wenn $h \to 0$, wird das zu $(\cos x)(0) - (\sin x)(1) = -\sin x$, wie gewünscht. $\square$

**Nebenbemerkung**

Wir können $\lim h{\to}0 (\sin h)/h = 1$ mit folgender Abbildung beweisen.

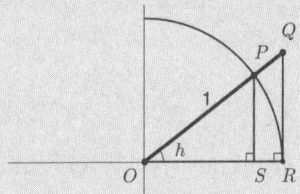

Auf dem obigen Kreis sind $P = (\cos h, \sin h)$ und $R = (1, 0)$, wobei $h$ ein kleiner positiver Winkel ist. Im rechtwinkligen Dreieck $OQR$ gilt $\tan h = QR/OR = QR$. Daraus folgt, dass das rechtwinklige Dreieck $OPS$ die Fläche $\frac{1}{2}\cos h \sin h$ hat und das rechtwinklige Dreieck $OQR$ die Fläche $\frac{1}{2} ORQR = \frac{1}{2}\tan \frac{\sin h}{2\cos h}$.

Betrachten wir nun den Abschnitt $OPR$, ein keilförmiges Objekt. Die Fläche des Einheitskreises ist $\pi 1^2 = \pi$, und der Abschnitt ist nur der Bruchteil $h/(2\pi)$ des Einheitskreises. Folglich hat der Abschnitt $OPR$ die Fläche $\pi (h/2\pi) = h/2$. Da der Abschnitt $OPR$ das Dreieck $OPS$ enthält und selbst vom Dreieck $OQR$ umschlossen ist, erhalten wir durch den Vergleich der Flächen

$$\frac{1}{2}\cos h \sin h < \frac{h}{2} < \frac{\sin h}{2\cos h}$$

Multiplizieren wir überall mit $2/\sin h > 0$, erhalten wir

$$\cos h < \frac{h}{\sin h} < \frac{1}{\cos h}$$

Gilt für positive Zahlen: $a < b < c$, dann gilt umgekehrt: $1/c < 1/b < 1/a$. Daraus folgt

$$\cos h < \frac{\sin h}{h} < \frac{1}{\cos h}$$

Wenn $h \to 0$, nähern sich sowohl $\cos h$ als auch $1/\cos h$ immer weiter an 1 an. Folglich ist $\lim_{h \to 0} \sin h/h = 1$. □

**Nebenbemerkung**

Mit dem obigen Ergebnis und ein paar Zeilen Algebra lässt sich beweisen, dass $\lim h \to 0 (\cos h - 1)/h = 0$.

$$\frac{\cos h - 1}{h} = \frac{\cos h - 1}{h} \frac{\cos h + 1}{\cos h + 1} = \frac{\cos^2 h - 1}{h(\cos h + 1)}$$

$$= \frac{-\sin^2 h}{h(\cos h + 1)} = -\frac{\sin h}{h} \frac{\sin h}{\cos h + 1}$$

Wenn nun $h \to 0$, $(\sin h)/h \to 1$ und $(\sin h)/(\cos h + 1) \to 0/2 = 0$. Folglich $\lim_{h \to 0}(\cos h - 1)/h = 0$. □

Sobald wir die Ableitungen von Sinus und Kosinus kennen, können wir auch die Tangensfunktion ableiten.

**Theorem:** Für $y = \tan x$, $y' = 1/(\cos^2 x) = \sec^2 x$.

**Beweis:** Es sei $u(x) = \tan x = (\sin x)/(\cos x)$. Dann ist

$$\tan (x) \cos x = \sin x$$

Differenzieren wir auf beiden Seiten unter Verwendung der Produktregel, bekommen wir

$$\tan x \, (-\sin x) + \tan'(x) \cos x = \cos x$$

Teilen wir durch $\cos x$ und lösen nach $\tan'(x)$ auf, erhalten wir

$$\tan'(x) = 1 + \tan x \tan x = 1 + \tan^2 x = \frac{1}{\cos^2 x} = \sec^2 x$$

wobei wir die vorletzte Gleichung erhalten, indem wir die Identität $\cos^2 x + \sin^2 x = 1$ durch $\cos^2 x$ teilen. $\square$

Über einen ähnlichen Ansatz können wir auch die *Quotientenregel* der Differenzierung beweisen:

**Theorem (Quotientenregel):** Wenn $u(x) = f(x)/g(x)$, dann

$$u'(x) = \frac{g(x)f'(x) - f(x)g'(x)}{g(x)g(x)}$$

**Nebenbemerkung**
**Beweis der Quotientenregel:** Da $u(x)g(x) = f(x)$, bekommen wir durch Differenzieren auf beiden Seiten nach der Produktregel

$$u(x)g'(x) + u'(x)g(x) = f'(x)$$

Multiplizieren wir beide Seiten mit $g(x)$, erhalten wir

$$g(x)u(x)g'(x) + u'(x)g(x)g(x) = g(x)f'(x)$$

Ersetzen wir $g(x)u(x)$ durch $f(x)$ und lösen nach $u(x)$ auf, bekommen wir die gewünschte Größe. $\square$

Inzwischen wissen wir unter anderem, wie man Summen, Produkte und Quotienten von Funktionen differenziert. Die *Kettenregel* (die ich auf S. 350 formuliere, aber nicht beweise) verrät uns, was wir tun müssen, wenn Funktionen miteinander *komponiert* werden. Wenn beispielsweise $f(x) = \sin x$ *und* $g(x) = x^3$, dann

$$f(g(x)) = \sin(g(x)) = \sin(x^3)$$

Beachten Sie, dass das nicht dasselbe ist wie die Funktion

$$g(f(x)) = g(\sin x) = (\sin x)^3$$

Die Kettenregel verrät uns, wie man *verkettete* Funktionen differenzieren muss.

**Theorem (Kettenregel):**
Wenn $y = f(g(x))$, dann $y' = f'(g(x))g'(x)$.

Ist beispielsweise $f(x) = \sin x$ und $g(x) = x^3$, dann ist $f'(x) = \cos x$ und $g'(x) = 3x^2$. Die Kettenregel besagt, dass für $y = f(g(x)) = \sin(x^3)$, also folgt, dass

$$y' = f'(g(x))g'(x) = \cos(g(x))g'(x) = 3x^2 \cos(x^3)$$

Allgemein folgt aus der Kettenregel, dass wenn $y = \sin(g(x))$, dann $y' = g'(x) \cos(g(x))$.

Analog hat $y = \cos(g(x))$ die Ableitung $y' = -g'(x) \sin(g(x))$.

Andererseits folgt für $y = g(f(x)) = (\sin x)^3$, dass

$$y' = g'(f(x))f'(x) = 3(f(x)^2)f'(x) = 3\sin^2 x \cos x$$

Allgemein folgt aus der Kettenregel, dass wenn $y = (g(x))^n$, dann $y' = n(g(x))^{n-1}g'(x)$. Was sagt die Kettenregel über die Ableitung von $y = (x^3)^5$?

$$y' = 5(x^3)^4(3x^2) = 5x^{12}(3x^2) = 15x^{14}$$

Was zum Glück mit unserer *Potenzregel* übereinstimmt. Differenzieren wir mal $y = \sqrt{x^2 + 1} = (x^2 + 1)^{1/2}$. Dann

$$y' = \frac{1}{2}(x^2 + 1)^{-1/2}(2x) = \frac{x}{\sqrt{x^2 + 1}}$$

Auch Exponentialfunktionen lassen sich ganz einfach differenzieren. Da $e^x$ seine eigene Ableitung ist, gilt für $y = e^{g(x)}$, dass

$$y' = g'(x)e^{g(x)}$$

Beispielsweise hat $y = e^{x^2}$ die Ableitung $y' = (3x^2)\,e^{x^3}$.

Beachten Sie, dass die Funktion $y = e^{kx}$ die Ableitung $y' = ke^{kx} = ky$ hat. Dies ist eine der Eigenschaften, die die Exponentialfunktion so wichtig machen. Exponentielles Wachstum findet überall dort statt, wo die Wachstumsrate proportional zur Outputgröße ist. Deswegen sieht man Exponentialfunktionen im Finanzwesen und Biologie in der besonders häufig.

Der *natürliche Logarithmus* ln $x$ hat die Eigenschaft, dass

$$e^{\ln x} = x$$

für alle $x > 0$. Verwenden wir die Kettenregel, um die Ableitung davon zu ermitteln. Setzen wir $u(x) = \ln x$, bekommen wir $e^{u(x)} = x$.

Differenzieren wir beide Seiten dieser Gleichung, erhalten wir $u'(x)e^{u(x)} = 1$. Doch da $e^{u(x)} = x$, folgt daraus, dass $u(x) = 1/x$. Mit anderen Worten: Wenn $y = \ln x$, dann $y' = 1/x$. Wenden wir die Kettenregel erneut an, erhalten wir: Wenn $y = \ln(g(x))$, dann $y' = \frac{g'(x)}{g(x)}$.

Die Konsequenzen aus der Kettenregel lassen sich folgendermaßen zusammenfassen:

| $y = f(g(x))$ | $y' = f'(g(x))g'(x)$ |
|---|---|
| $y = \sin(g(x))$ | $y' = g'(x)\cos(g(x))$ |
| $y = \cos(g(x))$ | $y' = -g'(x)\sin(g(x))$ |
| $y = (g(x))^n$ | $y' = n(g(x))^{n-1}g'(x)$ |
| $y = e^{g(x)}$ | $y' = g'(x)e^{g(x)}$ |
| $y = \ln(g(x))$ | $y' = g'(x)/g(x)$ |

Wenden wir die Kettenregel an, um eine Frage der Infinitesi-muh-rechnung zu klären! Die Kuh Clara steht eine Meile nördlich des $x$-Achsen-Flusses, der von Ost nach West verläuft. Ihr Stall befindet sich drei Meilen östlich und eine Meile nördlich von ihrem aktuellen Standort. Clara möchte im Fluss trinken und dann zurück in den Stall gehen, und zwar auf möglichst kurzem Weg.

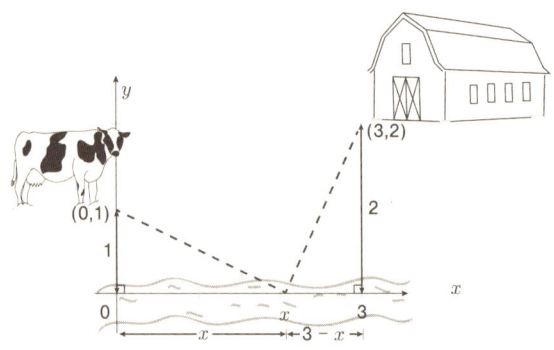

Eine Anwendung der Infinitesimuhrechnung:
Wo sollte die Kuh trinken, um die Weglänge zu minimieren?

Angenommen, Clara geht in gerader Linie von ihrem Startpunkt $(0, 1)$ zu ihrer Trinkstelle $(x, 0)$, dann beträgt die Wegstrecke zur Trinkstelle nach Pythagoras (oder der Abstandsformel) $\sqrt{x^2 + 1}$ und die Wegstrecke zur Scheune $B = (3, 2)$ von dort $\sqrt{(3 - x)^2 + 4} = \sqrt{x^2 - 6x + 13}$. Folglich besteht das Problem darin, die Zahl $x$ (zwischen 0 und 3) so zu wählen, dass

$$y = \sqrt{x^2 + 1} + \sqrt{x^2 - 6x + 13} = (x^2 + 1)^{1/2} + (x^2 - 6x + 13)^{1/2}$$

minimiert wird. Differenzieren wir den obigen Ausdruck (nach der Kettenregel) und setzen wir die Ableitung gleich 0, erhalten wir

$$\frac{x}{\sqrt{x^2 + 1}} + \frac{x - 3}{\sqrt{x^2 - 6x + 13}} = 0$$

Sie können selbst überprüfen, dass für $x = 1$ die linke Seite der Gleichung zu $1/\sqrt{2} - 2/\sqrt{8}$ wird, was tatsächlich gleich 0 ist. (Direkt können Sie die Gleichung lösen, indem Sie $x/\sqrt{x^2 + 1}$ auf die andere Seite bringen, dann beide Seiten quadrieren und über Kreuz multiplizieren. Dann kürzt sich eine Menge raus, und wieder lautet die einzige Lösung zwischen 0 und 3: $x = 1$.)

Mit ein wenig *Reflexion* können wir unsere Lösung überprüfen (wie wir es schon in Kapitel 7 gemacht haben). Stellen Sie sich vor, Clara ginge nach dem Trinken nicht zu ihrem Stall an Punkt B (3, 2), sondern würde zur Reflexion des Stalls an Punkt $B' = (3, -2)$ gehen, wie unten gezeigt.

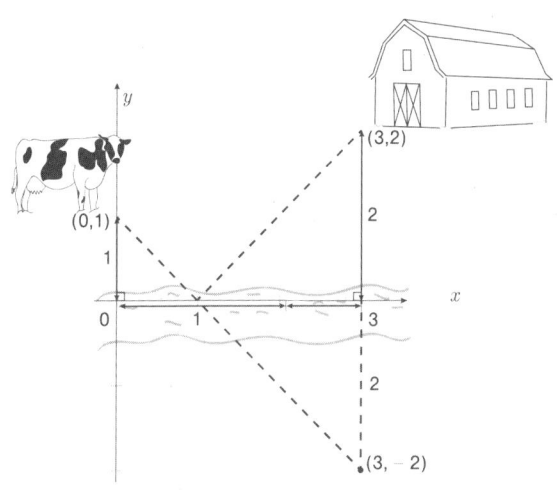

Wenn man reflektiert, kann man die Aufgabe
auch anders lösen.

Die Entfernung zu $B'$ ist genau dieselbe wie zu $B$. Und jeder Weg von oberhalb des Flusses zu $B'$ muss den Fluss (die x-Achse) irgendwo überqueren. Der kürzeste Weg vom Startpunkt zu $B'$ ist die Gerade von (0, 1) nach (3, -2), (mit Steigung $-3/3 = -1$), die die x-Achse bei $x = 1$ schneidet. Dafür bräuchten wir weder Infinitesimalrechnung noch Quadratwurzeln!

# Eine magische Anwendung:
# die Taylorreihe

Für den Beweis der eulerschen Formel auf S. 324ff. verwendeten wir folgende mysteriöse Formeln:

$$e^x = 1 + x + \frac{x^2}{2!} + \frac{x^3}{3!} + \frac{x^4}{4!} + \ldots$$

$$\cos x = 1 - \frac{x^2}{2!} + \frac{x^4}{4!} - \frac{x^6}{6!} + \ldots$$

$$\sin x = x - \frac{x^3}{3!} + \frac{x^5}{5!} - \frac{x^7}{7!} + \ldots$$

Wir sehen uns gleich an, wie wir zu ihnen kamen. Aber erst wollen wir ein bisschen mit ihnen spielen. Betrachten Sie sich, was passiert, wenn man jeden Term der Reihe für $e^x$ ableitet: Die *Potenzregel* verrät uns, dass die Ableitung von $x^4/4!$ gleich $(4x^3)/4!$ = $x^3/3!$ ist, was genau dem vorhergehenden Term der Reihe entspricht. Mit anderen Worten: Wenn wir die Reihe von $e^x$ ableiten, bekommen wir wieder die Reihe von $e^x$ – was ja zu dem passt, was wir über $e^x$ schon wissen. Differenzieren wir $x$ − $x^3/3! + x^5/5! − x^7/7! + \ldots$ Term für Term, erhalten wir $1 − x^2/2!$ + $x^4/4! − x^6/6! + \ldots$ , was zu dem Umstand passt, dass die Ableitung der Sinusfunktion die Kosinusfunktion ist. Umgekehrt erhalten wir durch die Ableitung der Kosinus-Folge den negativen Wert der Sinus-Folge. Beachten Sie, dass die Folge auch bestätigt, dass $\cos 0 = 1$, und weil alle Exponenten gerade sind, muss der Wert von $\cos(−x)$ demjenigen von $\cos x$ entsprechen, was wir ebenfalls schon wussten (z. B $(−x)^4/4! = x^4/4!$). Analog wirft uns die Sinus-Folge aus, dass $\sin 0 = 0$, und weil alle

Exponenten ungerade sind, bekommen wir sin $(-x) = -\sin x$, wie gewünscht.

Betrachten wir uns nun, wo diese Formeln herkommen. In diesem Kapitel haben wir gelernt, wie man die Ableitungen der gängigsten Funktionen bildet. Manchmal ergibt sich aber die Notwendigkeit, die zweite, dritte oder noch höhere Ableitung einer Funktion zu berechnen, Notation: $f''(x)$, $f'''(x)$ usw. Die zweite Ableitung misst die *Rate der Änderung* in der Steigung der Funktion am Punkt $(x, f(x))$. Die dritte Ableitung misst die Änderungsrate der zweiten Ableitung usw. Die oben aufgeführten Reihen heißen *Taylorreihen*, benannt nach dem britischen Mathematiker Brook Taylor (1685 – 1731). Für eine Funktion $f(x)$ mit den Ableitungen $f'(x), f''(x), f'''(x)$ usw. gilt:

$$f(x) = f(0) + f'(0)x + f''(0)\frac{x^2}{2!} + f'''(0)\frac{x^3}{3!} + f''''(0)\frac{x^4}{4!} + \ldots$$

für alle Werte von $x$, die „nahe genug" an 0 liegen. Doch was bedeutet „nahe genug"? Bei manchen Funktionen wie $e^x$, sin $x$ und cos $x$ sind alle Werte von $x$ nahe genug. Bei anderen Funktionen hingegen muss, wie wir später sehen werden, $x$ klein sein, damit die Reihe auch der Funktion entspricht.

Schauen wir mal, was die Formel für $f(x) = e^x$ besagt. Da die Funktion ihre eigene (erste, zweite, dritte usw. Ableitung ist, gilt

$$f(0) = f'(0) = f''(0) = f'''(0) = \ldots = e^0 = 1$$

und die Taylorreihe für $e^x$ lautet $1 + x + x^2/2! + x^3/3! + x^4/4! + \ldots$, wie versprochen. Wenn $x$ klein ist, müssen wir nur ein paar Terme der Reihe berechnen, um einen exzellenten Näherungswert zu erhalten. Haben Sie etwa 1000 Dollar auf der Bank, die mit 5 Prozent jährlich stetig verzinst werden, liegen nach einem Jahr exakt $1000e^{0,05} = 1051,27$ Dollar auf Ihrem Konto. Eine sehr gute Approximation bietet schon ein *Taylorpolynom zweiten Grades*:

$$1000 (1 + 0,05 + (0,05)^2/2!) = 1051,25$$

Und das Taylorpolynom *dritten Grades* liefert uns bereits 1051,27 Dollar.

Wir illustrieren das unten, wo $y = ex$ neben den Taylorpolynomen ersten, zweiten und dritten Grades abgebildet ist.

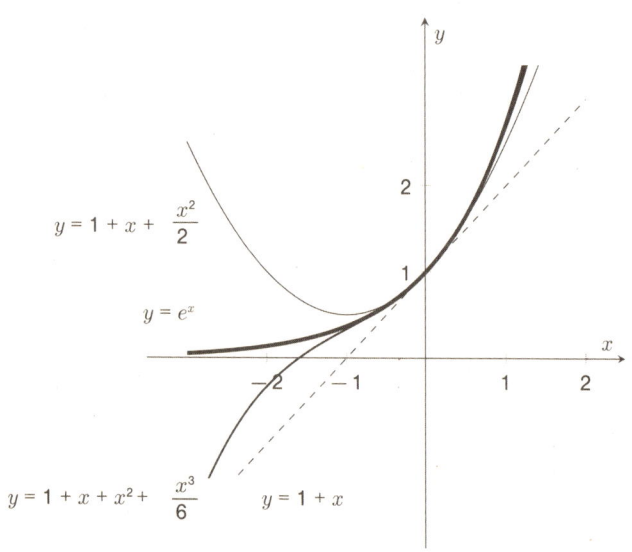

Approximationen an $e^x$ durch Taylorpolynome

Je höher der Grad des Taylorpolynoms ist, desto genauer wird die Näherung, insbesondere für $x$-Werte nahe 0. Doch was haben die Taylorpolynome an sich, dass sie so gut funktionieren? Das Polynom ersten Grades liefert für $x$ nahe 0 die *lineare Approximation*

$$f(x) \approx f(0) + f'(0)x$$

Das ist eine Gerade, die durch den Punkt $(0, f(0))$ geht und die Steigung $f'(0)$ hat. Analog lässt sich zeigen, dass das Taylorpolynom $n$-ten Grades ebenfalls durch den Punkt $(0, f(0))$ geht

356

und dieselbe erste Ableitung, zweite Ableitung, dritte Ableitung usw. bis zur selben $n$-ten Ableitung hat wie die Originalfunktion $f(x)$.

**Nebenbemerkung**
Taylorpolynome und Taylorreihen lassen sich nicht nur für Werte von $x$ nahe null einsetzen. Konkret lautet die Taylorreihe für $f(x)$ an der *Entwicklungsstelle a*

$$f(a) + f'(a)(x - a) + f''(a)\frac{(x - a)^2}{2!} + f'''(a)\frac{(x - a)^3}{3!} + \dots$$

Wie im Fall, in dem $a = 0$, ist die Taylorreihe für alle reellen oder komplexen Zahlen $x$, die hinreichend nahe an $a$ liegen, gleich $f(x)$.

Betrachten wir die Taylorreihe für $f(x) = \sin x$. Beachten Sie, dass $f'(x) = \cos x, f''(x) = -\sin x, f'''(x) = -\cos x$ und $f''''(x) = \sin x = f(x)$, wie am Anfang. An der Stelle 0 bekommen wir das sich wiederholende Muster $0, 1, 0, -1, 0, 1, 0, -1, \dots$, was dazu führt, dass jede gerade Potenz von $x$ in der Taylorreihe verschwindet. Folglich haben wir für alle Werte von $x$ (gemessen in rad)

$$\sin x = x - \frac{x^3}{3!} + \frac{x^5}{5!} - \frac{x^7}{7!} + \dots$$

Analog bekommen wir für $f(x) = \cos x$

$$\cos x = 1 - \frac{x^2}{2!} + \frac{x^4}{4!} - \frac{x^6}{6!} + \dots$$

Betrachten wir zum Schluss ein Beispiel, wo das Taylorpolynom für manche $x$ gleich der Funktion ist, aber nicht für alle. Nehmen Sie $f(x) = 1/1 - x = (1 - x)^{-1}$. Hier ist $f(0) = 1$ und nach der Kettenregel lauten die ersten Ableitungen:

$$f'(x) = -1(1-x)^{-2}(-1) = (1-x)^{-2}$$

$$f''(x) = (-2)(1-x)^{-3}(-1) = 2(1-x)^{-3}$$

$$f'''(x) = -6(1-x)^{-4}(-1) = 3!(1-x)^{-4}$$

$$f''''(x) = -4!(1-x)^{-5}(-1) = 4!(1-x)^{-5}$$

Macht man nach diesem Muster weiter, erkennt man, dass die $n$-te Ableitung von $(1-x)^{-1}$ gleich $n!(1-x)^{-(n+1)}$, und bei $x = 0$ die $n$-te Ableitung schlicht $n!$ ist (das lässt sich auch über vollständige Induktion beweisen). Folglich lautet die Taylorreihe:

$$\frac{1}{1-x} = 1 + x + x^2 + x^3 + x^4 + \dots$$

Doch diese Gleichung gilt nur für $x$ zwischen $-1$ und $1$. Für $x$ größer 1 werden die Zahlen, die aufaddiert werden, immer größer, folglich ist die Summe nicht definiert.

Mehr über diese Reihe erzähle ich Ihnen im folgenden Kapitel über Unendlichkeit. Fürs Erste können Sie ja schon mal darüber sinnieren, was es wirklich bedeutet, eine unendliche Zahl von Zahlen zusammenzuzählen. Wie kann solch eine Summe einen bestimmten Wert haben? Das ist eine gute Frage, und wir werden versuchen, sie im folgenden Kapitel zu beantworten, in dem wir viele überraschende, verwirrende, der Intuition widersprechende und wunderschöne Dinge lernen werden.

$$1 + 2 + 3 + \dots = \infty$$

(oder vielleicht $1/\mathbf{12}$?)

# Die Magie des Unendlichen

## Unendlich interessant

Lassen Sie mich zum Schluss über Unendlichkeit sprechen. Unsere Reise begann in Kapitel 1 mit der Summe aller Zahlen von 1 bis 100:

$$1 + 2 + 3 + 4 + \dots + 100 = 5050$$

Später entdeckten wir eine allgemeine Formel für die Summe der Zahlen von 1 bis $n$:

$$1 + 2 + 3 + \dots + n = \frac{n(n+1)}{2}$$

und weitere Formeln für Summen mit einer endlichen Zahl von Termen. In diesem Kapitel erkunden wir Summen mit einer unendlichen Zahl von Termen wie

$$1 + \frac{1}{2} + \frac{1}{4} + \frac{1}{8} + \frac{1}{16} + \dots$$

Im Folgenden werde ich Sie davon zu überzeugen versuchen, dass der Wert dieser Summe 2 beträgt, und zwar nicht *ungefähr* 2, sondern *genau* 2. Manchmal sind die Ergebnisse solcher Summen verblüffend, etwa

$$1 - \frac{1}{3} + \frac{1}{5} - \frac{1}{7} + \frac{1}{9} - \frac{1}{11} + \ldots = \frac{\pi}{4}$$

Manche unendliche Summen wie

$$1 + \frac{1}{2} + \frac{1}{3} + \frac{1}{4} + \frac{1}{5} + \frac{1}{6} + \ldots$$

addieren sich zu gar nichts. Wir sprechen davon, dass die Summe aller positiven Zahlen unendlich ist, wobei die Unendlichkeit durch eine liegende Acht dargestellt wird:

$$1 + 2 + 3 + 4 + 5 + \ldots = \infty$$

Das bedeutet, dass die Summe immer weiter anwächst, ohne Grenze nach oben. Mit anderen Worten: Irgendwann wird die Summe größer als jede beliebige Zahl, einhundert, eine Million, eine Billion usw. Am Ende des Kapitels werden wir sehen, dass man behaupten könnte

$$1 + 2 + 3 + 4 + 5 + \ldots = \frac{-1}{12}$$

Sind Sie gespannt? Ich hoffe, ja! Wie sich herausstellen wird, können sehr seltsame Dinge passieren, wenn man die *twilight zone* der Unendlichkeit betritt – genau das macht die Mathematik ja so faszinierend und unterhaltsam. Ist unendlich eine Zahl? Eigentlich nicht, auch wenn der Ausdruck manchmal wie eine Zahl verwendet wird. Salopp formuliert, könnten Mathematiker sagen:

$$\infty + 1 = \infty \qquad \infty + \infty = \infty \qquad 5 \times \infty = \infty \qquad \frac{1}{\infty} = 0$$

Technisch gesehen, gibt es keine größte Zahl, weil wir immer 1 draufpacken und eine noch höhere Zahl bekommen können. Das Symbol ∞ bedeutet im Kern „beliebig groß" oder „größer als jede positive Zahl" (analog bedeutet der Ausdruck −∞ kleiner als jede beliebige negative Zahl). Die Werte für ∞ − ∞ und 1/0 sind übrigens nicht definiert. Es wäre verlockend, 1/0 = ∞ zu definieren, da 1 dividiert durch immer kleinere Zahlen immer größer wird. Aber das Problem besteht darin, dass 1 geteilt durch eine winzige negative Zahl einen riesigen negativen Wert ergibt.

## Wichtige unendliche Summen: geometrische Reihen

Beginnen wir mit einer Aussage, die von allen Mathematikern akzeptiert wird, den meisten Laien aber auf den ersten Blick falsch erscheint:

$$0,99999 \ldots = 1$$

Dabei sind sich alle einig, dass diese zwei Zahlen nahe beieinanderliegen, extrem nahe sogar. Und doch finden Laien, dass diese zwei Zahlen nicht als identisch gelten sollten. Lassen Sie mich versuchen, Sie davon zu überzeugen, dass diese Zahlen tatsächlich gleich sind. Ich werde Ihnen sogar mehrere Beweise dafür vorlegen. Vielleicht überzeugt Sie ja einer davon.

Am schnellsten bin ich fertig, wenn Sie die Aussage

$$\frac{1}{3} = 0,33333\ldots$$

für wahr halten. Multipliziert man beide Seiten mit 3, erhält man

$$1 = \frac{3}{3} = 0,99999\ldots$$

Für den nächsten Beweis nutzen wir die Technik aus Kapitel 6 (s. S. 171f.) zur Bewertung sich unendlich wiederholender Nachkommastellen. $w$ sei eine endlose Abfolge von Neunen hinter dem Komma:

$$w = 0{,}99999 \ldots$$

Multiplizieren wir nun beide Seiten mit 10, bekommen wir

$$10w = 9{,}99999 \ldots$$

Ziehen wir die erste Gleichung von der zweiten ab, erhalten wir

$$9w = 9{,}00000 \ldots$$

was bedeutet, dass $w = 1$.

Als Nächstes folgt ein Argument, das völlig ohne Algebra auskommt. Stimmen Sie folgender Aussage zu: Wenn zwei Zahlen verschieden sind, muss es immer eine weitere Zahl geben, die zwischen die beiden passt (etwa der Durchschnitt aus den beiden Zahlen)? Nehmen wir nun einmal an, 0,9999 ... und 1 seien tatsächlich verschieden. Doch welche Zahl sollte zwischen die beiden passen? Wenn es unmöglich ist, eine Zahl zu finden, die dazwischenpasst, dann können die zwei Zahlen nicht verschieden sein!

Wir sagen, dass Zahlen mit unendlich vielen Nachkommastellen oder Summen mit unendlich vielen Termen *gleich* sind, wenn sie *beliebig nahe* beieinanderliegen. Anders ausgedrückt: Die Differenz zwischen den beiden Zahlen ist geringer als jede positive Zahl, die Sie nennen können, sei das nun 0,01 oder 0,0000001 oder 1 durch eine Billion. Da die Differenz zwischen 1 und 0,99999 ... kleiner ist als jede beliebige positive Zahl, kommen Mathematiker überein, diese zwei Zahlen *gleich* zu nennen. Nach derselben Logik können wir folgende unendliche Summe bewerten:

$$1 + \frac{1}{2} + \frac{1}{4} + \frac{1}{8} + \frac{1}{16} + \ldots = 2$$

Diese Reihe kann man sich ganz plastisch vorstellen: Nehmen Sie an, Sie stehen zwei Meter von einer Wand entfernt und machen einen ersten, großen Schritt von genau einem Meter auf die Wand zu. Dann machen Sie einen weiteren Schritt Richtung Wand, der aber nur noch einen halben Meter lang ist. Ihr nächster Schritt ist einen Viertelmeter lang, der nächste einen Achtelmeter usw. Nach jedem Schritt hat sich Ihre Entfernung zur Wand genau halbiert. Ignoriert man mal die praktische Schwierigkeit, immer winzigere Schritte zu machen, nähert man sich mit dieser Methode der Wand beliebig nahe an. Folglich beträgt die Gesamtstrecke, die man zurückgelegt hat, genau zwei Meter.

Wir können diese Summe auch geometrisch darstellen, wie in der Abbildung unten. Wir beginnen mit einem 1 x 2-Rechteck mit Fläche 2, halbieren es, halbieren es wieder und wieder und wieder. Die Fläche des ersten Teils beträgt 1, die Fläche des zweiten Teils beträgt 1/2 , des dritten Teils 1/4 usw. Wenn die Zahl der Teile, *n,* gegen unendlich geht, füllen die Flächen das gesamte Rechteck aus, folglich beträgt ihre Gesamtfläche 2.

Ein geometrischer Beweis,
dass 1 + 1/2 + 1/4 + 1/8 + 1/16 + ... = 2

Für eine algebraische Erklärung betrachten wir *Partialsummen*, wie in der folgenden Tabelle gezeigt.

| Partialsummen von $1 + \frac{1}{2} + \frac{1}{4} + \frac{1}{8} + \dots$ | | |
|---|---|---|
| $1$ | $= 1$ | $= 2 - 1$ |
| $1 + \frac{1}{2}$ | $= 1\frac{1}{2}$ | $= 2 - \frac{1}{2}$ |
| $1 + \frac{1}{2} + \frac{1}{4}$ | $= 1\frac{3}{4}$ | $= 2 - \frac{1}{4}$ |
| $1 + \frac{1}{2} + \frac{1}{4} + \frac{1}{8}$ | $= 1\frac{7}{8}$ | $= 2 - \frac{1}{8}$ |
| $1 + \frac{1}{2} + \frac{1}{4} + \frac{1}{8} + \frac{1}{16}$ | $= 1\frac{15}{16}$ | $= 2 - \frac{1}{16}$ |
| $1 + \frac{1}{2} + \frac{1}{4} + \frac{1}{8} + \frac{1}{16} + \frac{1}{32}$ | $= 1\frac{31}{32}$ | $= 2 - \frac{1}{32}$ |
| $\dots$ | $\dots$ | $\dots$ |

Offenbar läuft das Muster darauf hinaus, dass für $n \geq 0$

$$1 + \frac{1}{2} + \frac{1}{4} + \frac{1}{8} + \dots + \frac{1}{2^n} = 2 - \frac{1}{2^n}$$

Wir können das über Induktion beweisen (wie in Kapitel 6, S. 173ff., gelernt) oder nachweisen, dass es sich um einen Spezialfall der folgenden Formel für endliche geometrische Reihen handelt.

**Theorem (für endliche geometrische Reihen):** Für $x \neq 1$ und $n \geq 0$

$$1 + x + x^2 + x^3 + \dots + x^n = \frac{1 - x^{n+1}}{1 - x}$$

**Beweis 1:** Über Induktion lässt sich das folgendermaßen beweisen: Für $n = 0$ besagt die Formel, dass $1 = \frac{1 - x^1}{1 - x}$, was sicherlich stimmt. Nehmen Sie nun an, dass die Formel auch für $n = k$ gilt, sodass

$$1 + x + x^2 + x^3 + \ldots + x^k = \frac{1 - x^{k+1}}{1 - x}$$

Dann gilt die Formel auch für $n = k + 1$, denn wenn wir auf beiden Seiten $x^{k+1}$ addieren, bekommen wir

$$
\begin{aligned}
1 + x + x^2 + x^3 + \ldots + x^k + x^{k+1} &= \frac{1 - x^{k+1}}{1 - x} + x^{k+1} \\
&= \frac{1 - x^{k+1}}{1 - x} + \frac{x^{k+1}(1 - x)}{1 - x} \\
&= \frac{1 - x^{k+1} + x^{k+1} - x^{k+2}}{1 - x} \\
&= \frac{1 - x^{k+2}}{1 - x}
\end{aligned}
$$

wie gewünscht.                                                                    □

Alternativ können wir das algebraisch mit ein wenig „Schiebung" beweisen:

**Beweis 2:** Es sei

$$S = 1 + x + x^2 + x^3 + \ldots + x^n$$

Multiplizieren wir beide Seiten mit $x$, erhalten wir

$$xS = x + x^2 + x^3 + \ldots + x^n + x^{n+1}$$

Zieht man nun $xS$ von $S$ ab, kürzt sich alles Mögliche raus, und uns bleibt

$$S - xS = 1 - x^{n+1}$$

Mit anderen Worten: $S(1 - x) = 1 - x^{n+1}$ und folglich

$$S = \frac{1 - x^{n+1}}{1 - x}$$

wie gewünscht.                                                                    □

Beachten Sie, dass diese endliche geometrische Reihe für $x = 1/2$ unser obiges Muster bestätigt:

$$1 + \frac{1}{2} + \frac{1}{4} + \frac{1}{8} + \ldots + \frac{1}{2^n} = \frac{1 - (1/2)^{n+1}}{1 - \frac{1}{2}} = 2 - \frac{1}{2^n}$$

Je größer $n$ wird, desto stärker nähert sich $(1/2)^n$ an 0 an. Folglich erhalten wir für $n \to \infty$

$$1 + \frac{1}{2} + \frac{1}{4} + \frac{1}{8} + \frac{1}{16} + \ldots = \lim_{n \to \infty} \left( 1 + \frac{1}{2} + \frac{1}{4} + \frac{1}{8} + \ldots + \frac{1}{2^n} \right)$$

$$= \lim_{n \to \infty} \left( 2 - \frac{1}{2^n} \right)$$

$$= 2$$

**Nebenbemerkung**
Hier ein Witz, den nur Mathematiker lustig finden: Eine unendliche Zahl von Mathematikern kommt in eine Bar. Der erste bestellt ein Bier. Der zweite bestellt ein halbes Bier. Der dritte ein Viertel Bier, der vierte ein Achtel usw. Ruft der Barmann: „Ihr solltet eure Grenzen kennen!" Und reicht ihnen zwei Bier.

Allgemein tendiert der Wert von Zahlen zwischen $-1$ und 1, die in immer höhere Potenzen erhoben werden, gegen 0. Folglich haben wir die überaus wichtige (*unendliche*) *geometrische Reihe*.

**Theorem (geometrische Reihe):** Für $-1 < x < 1$ gilt:

$$1 + x + x^2 + x^3 + x^4 + \ldots = \frac{1}{1 - x}$$

Zur Lösung der obigen Aufgabe setzen wir $x = 1/2$ in die geometrische Reihe ein und erhalten

$$1 + \frac{1}{2} + \frac{1}{4} + \frac{1}{8} + \frac{1}{16} + \ldots = \frac{1}{1 - 1/2} = 2$$

Wenn Ihnen die geometrische Reihe bekannt vorkommt, dann liegt das daran, dass wir ihr am Ende des vorigen Kapitels (s. S. 354ff.) schon begegnet sind, als wir mittels Infinitesimalrechnung bewiesen, dass für die Funktion $y = 1/(1 - x)$ die Taylorreihe $1 + x + x^2 + x^3 + x^4 + \ldots$ lautet.

Schauen wir, was uns die geometrische Reihe noch verrät. Was können wir über die folgende Summe sagen?

$$\frac{1}{4} + \frac{1}{16} + \frac{1}{64} + \frac{1}{256} + \ldots$$

Klammern wir überall 1/4 aus, wird das zu

$$\frac{1}{4} \left( 1 + \frac{1}{4} + \frac{1}{16} + \frac{1}{64} + \ldots \right)$$

und nach den Regeln für geometrische Reihen (mit $x = 1/4$) lässt sich das vereinfachen zu

$$\frac{1}{4} \left( \frac{1}{1 - 1/4} \right) = \frac{1}{4} \times \frac{4}{3} = \frac{1}{3}$$

Für diese Reihe gibt es einen besonders schönen Beweis ohne Worte; siehe dazu die Abbildung auf S. 368. Beachten Sie, dass die dunklen Felder genau ein Drittel der Fläche des großen Quadrats abdecken.

Wir können die geometrische Reihe sogar dazu verwenden, die 0,99999-Frage zu klären, da eine unendliche Zahl von Nachkommastellen nur eine getarnte unendliche Reihe ist. Konkret können wir die geometrische Reihe für $x = 1/10$ aufstellen und erhalten

$$0{,}99999 \ldots = \frac{9}{10} + \frac{9}{100} + \frac{9}{1000} + \frac{9}{10000} + \ldots$$

$$= \frac{9}{10} \left( 1 + \frac{1}{10} + \frac{1}{100} + \frac{1}{1000} + \ldots \right)$$

$$= \frac{9}{10} \left( \frac{1}{(1 - 1/10)} \right)$$

$$= \frac{9}{10 - 1}$$

$$= 1$$

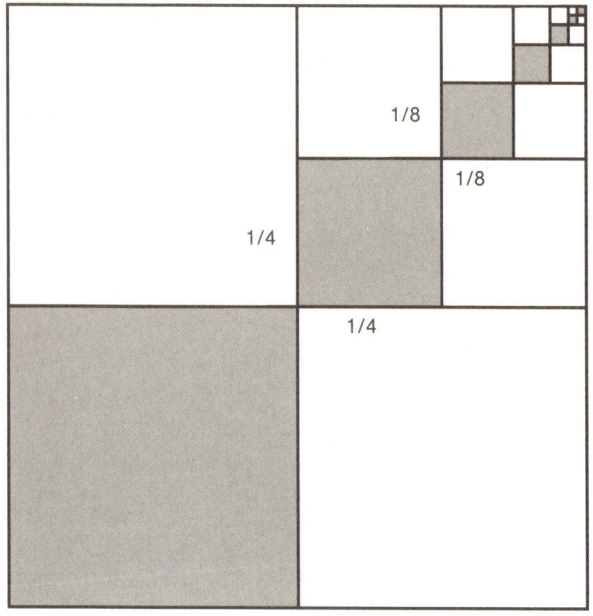

Wortloser Beweis: 1/4 + 1/16 + 1/64 + 1/256 + ... = 1/3

Die Formel für geometrische Reihen funktioniert sogar, wenn $x$ eine komplexe Zahl ist, vorausgesetzt der Betrag von $x$ ist kleiner als 1. Die imaginäre Zahl $i/2$ beispielsweise hat den Betrag $1/2$, der geometrischen Reihe zufolge gilt also:

$$1 + i/2 + (i/2)^2 + (i/2)^3 + (i/2)^4 + \ldots = \frac{1}{1 - i/2}$$

$$= \frac{2}{2-i} = \frac{2}{2-i} \times \frac{2+i}{2+i} = \frac{4+2i}{4-i^2} = \frac{4+2i}{5} = \frac{4}{5} + \frac{2}{5}i$$

was wir in der folgenden Abbildung in der komplexen Ebene illustrieren:

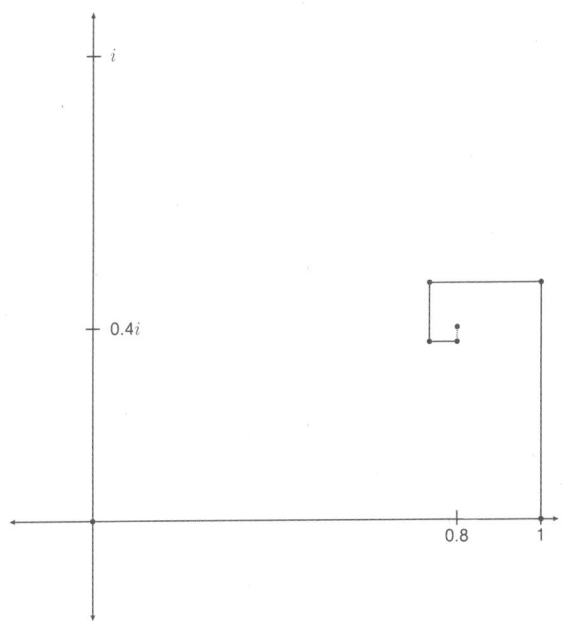

$$1 + i/2 + (i/2)^2 + (i/2)^3 + (i/2)^4 + (i/2)^5 + \ldots = \frac{4}{5} + \frac{2}{5}i$$

Die Formel für *endliche* geometrische Reihen gilt für alle Werte von $x \neq 1$, doch für *unendliche* Reihen gilt die Bedingung, dass $|x| < 1$. Für $x = 2$ sagt die *endliche* geometrische Reihe korrekt voraus, dass (wie in Kapitel 6 bewiesen)

$$1 + 2 + 4 + 8 + 16 + \ldots + 2^n = \frac{1 - 2^{n+1}}{1 - 2} = 2^{n+1} - 1$$

Setzt man aber $x = 2$ in die Formel für *unendliche* geometrische Reihen ein, erhält man

$$1 + 2 + 4 + 8 + 16 + \ldots = \frac{1}{1 - 2} = -1$$

was lächerlich wirkt. (Allerdings kann der Anschein trügen. Im letzten Abschnitt werde ich Ihnen eine plausible Interpretation für dieses Ergebnis präsentieren.)

**Nebenbemerkung**
Es gibt unendlich viele *positive ganze* Zahlen:

$$1, 2, 3, 4, 5 \ldots$$

Es gibt auch unendlich viele *positive gerade* Zahlen:

$$2, 4, 6, 8, 10 \ldots$$

Mathematiker sprechen davon, dass die Menge der positiven ganzen Zahlen und die Menge der positiven geraden Zahlen gleich *mächtig* sind, weil sie zu Paaren geordnet werden können:

| 1 | 2 | 3 | 4 | 5 | ... |
|---|---|---|---|---|-----|
| ↕ | ↕ | ↕ | ↕ | ↕ | ... |
| 2 | 4 | 6 | 8 | 10 | ... |

Jede Menge, die sich mit positiven ganzen Zahlen zu Paaren ordnen lässt, heißt *abzählbar*.

Abzählbare unendliche Mengen haben die geringste Mächtigkeit. Jede Menge, die man nummerieren kann, ist abzählbar, da sich das erste Element mit der 1 zu einem Paar ordnen lässt, das zweite mit der 2 usw. Die Menge aller ganzen Zahlen

$$\ldots -3, -2, -1, 0, 1, 2, 3 \ldots$$

kann nicht von der kleinsten bis zur größten Zahl durchnummeriert werden (was wäre die erste Zahl auf der Liste?), doch sie lässt sich so arrangieren:

$$0, 1, -1, 2, -2, 3, -3 \ldots$$

Folglich ist die Menge aller ganzen Zahlen abzählbar und von derselben Mächtigkeit wie die Menge der positiven ganzen Zahlen.

Wie steht es mit der Menge der *positiven rationalen* Zahlen? Das sind die Zahlen der Form $m/n$, wobei $m$ und $n$ ganze Zahlen sind. Ob Sie es glauben oder nicht, auch diese Menge ist abzählbar. Sie lässt sich folgendermaßen auflisten:

$$\frac{1}{1} \quad \frac{1}{2} \, \frac{2}{1} \quad \frac{1}{3} \, \frac{2}{2} \, \frac{3}{1} \quad \frac{1}{4} \, \frac{2}{3} \, \frac{3}{2} \, \frac{4}{1} \ldots$$

wobei wir die Brüche nach der Summe ihrer Zähler und Nenner sortiert haben. Da jede rationale Zahl auf der Liste auftaucht, sind die positiven rationalen Zahlen auch abzählbar.

## Nebenbemerkung

Gibt es unendliche Mengen von Zahlen, die *nicht abzählbar* sind? Der deutsche Mathematiker Georg Cantor (1845–1918) hat bewiesen, dass die reellen Zahlen, selbst diejenigen im Bereich zwischen 0 und 1, eine *überabzählbare* Menge bilden. Sie könnten versuchen, sie folgendermaßen aufzulisten:

$$0,1, \ 0,2, \ ... \ , 0,9, \ 0,01, \ 0,02, \ ... \ , 0,99, \ 0,001, \ 0,002,$$
$$... \ 0,999 \ ...$$

usw. Doch damit würden Sie nur reelle Zahlen mit einer endlichen Zahl an Stellen erzeugen. Die Zahl $1/3 = 0,333$ ... würde auf Ihrer Liste niemals auftauchen. Doch vielleicht ließe sich ja eine kreativere Art finden, alle reellen Zahlen aufzulisten? Cantor hat bewiesen, dass die Suche danach zum Scheitern verurteilt sein muss. Er argumentierte folgendermaßen: Angenommen, die reellen Zahlen ließen sich auflisten. Um ein konkretes Beispiel zu nennen: Nehmen wir an, unsere Liste begänne mit

$$0,314159265 \ ...$$
$$0,271828459 \ ...$$
$$0,618033988 \ ...$$
$$0,123581321 \ ...$$

Wir können beweisen, dass solche Listen garantiert unvollständig sein müssen, indem wir reelle Zahlen bilden, die nicht auf der Liste sind. Konkret bilden wir die reelle Zahl $0,r1r2r3r4$ ... wobei $r1$ eine ganze Zahl zwischen 0 und 9 ist, die von der Ziffer auf der ersten Nachkommastelle der Ausgangszahl abweicht (in unserem Beispiel $r1 \neq 3$), und $r2$ weicht von der Ziffer auf der zweiten Nachkommastelle der zweiten Zahl ab (hier $r2 \neq 7$) usw. Angenommen, wir schaffen damit die Zahl $0,2674$ ...

Unendliche Reihen ergeben sich oft bei der Lösung von Wahrscheinlichkeitsaufgaben. Angenommen, Sie werfen zwei herkömmliche Würfel so oft, bis die Summe der Augen 6 oder 7 beträgt. Beträgt die Augenzahl 6, gewinnen Sie, beträgt sie 7, verlieren Sie. Wie hoch ist die Wahrscheinlichkeit, dass Sie gewinnen? Es gibt $6 \times 6 = 36$ gleichermaßen wahrscheinliche Ergebnisse für das Werfen von 2 Würfeln. Bei 5 dieser Ergebnisse beträgt die Gesamt-Augenzahl 6 (nämlich (1, 5), (2, 4), (3, 3), (4, 2), (5, 1)), und bei 6 Ergebnissen beträgt die Augenzahl 7 ((1, 6), (2, 5), (3, 4), (4, 3), (5, 2), (6, 1)). Es scheint also, als liege Ihre Gewinnchance unter 50 Prozent. Intuitiv erkennen wir, dass von allen Würfelergebnissen nur $5 + 6 = 11$ wirklich zählen – bei allen anderen würfeln wir einfach erneut. In 5 dieser 11 Fälle gewinnen wir, in 6 verlieren wir. Folglich sollte unsere Gewinnchance bei 5/11 liegen.

Mithilfe einer geometrischen Reihe können wir tatsächlich bestätigen, dass die Gewinnchance 5/11 beträgt. Die Wahrscheinlichkeit, beim ersten Wurf zu gewinnen, liegt bei 5/36. Wie groß ist die Chance, beim zweiten Wurf zu gewinnen? Damit es überhaupt zu einem zweiten Wurf kommt, dürfen Sie in der ersten Runde keine 6 oder 7 geworfen haben. Um in der zweiten Runde zu gewinnen, brauchen Sie eine 6. Die Wahrscheinlichkeit für eine 6 oder 7 in der ersten Runde beträgt $5/36 + 6/36 = 11/36$, folglich ist die Wahrscheinlichkeit, dass man weder eine 6 noch eine 7 bekommt, 25/36. Die Chance, in der zweiten Runde zu gewinnen, errechnen wir, indem wir diese Zahl mit der Wahrscheinlichkeit multiplizieren, eine 6 zu würfeln, also 5/36. Die Wahrscheinlichkeit, in der zweiten Runde zu gewinnen, ist also (25/36)(5/36). Um in der dritten Runde zu gewinnen, darf die gewürfelte Augenzahl in den ersten beiden Runden weder 6 noch 7 gewesen sein. Dann müssen wir in der dritten Runde noch eine 6 würfeln, was mit der Wahrscheinlichkeit von (25/36)(25/36)(5/36) geschieht. Die Wahrscheinlichkeit, in der vierten Runde zu gewinnen, beträgt $(25/36)^3(5/36)$ usw. Addiert man all diese Wahrscheinlichkeiten, kommt man auf die Gesamt-Gewinnchance von

$$\frac{5}{36} + \left(\frac{25}{36}\right)\left(\frac{5}{36}\right) + \left(\frac{25}{36}\right)^2\left(\frac{5}{36}\right) + \left(\frac{25}{36}\right)^3\left(\frac{5}{36}\right) + \dots$$

$$= \frac{5}{36}\left[1 + \frac{25}{36} + \left(\frac{25}{36}\right)^2 + \left(\frac{25}{36}\right)^3 + \dots\right]$$

$$= \frac{5}{36}\left(\frac{1}{1 - \frac{25}{36}}\right) = \frac{5}{36 - 25} = \frac{5}{11}$$

wie vorhergesagt. □

## Die harmonische Reihe und einige Varianten

Addiert sich eine unendliche Reihe zu einer endlichen Zahl $a$, spricht man von *Konvergenz* gegen $a$. Konvergiert eine unendliche Reihe nicht, spricht man von *Divergenz*. Damit eine Reihe konvergiert, müssen die zu summierenden Zahlen immer näher an die 0 heranrücken. Beispielsweise sahen wir, dass die Reihe 1 + 1/2 + 1/4 + 1/8 + ... gegen 2 konvergierte, während die einzelnen Terme, 1, 1/2, 1/4, 1/8 usw., immer näher an die 0 rückten. Doch die umgekehrte Aussage stimmt nicht unbedingt, denn eine Reihe kann sehr wohl divergieren, obwohl die Terme gegen 0 gehen. Das wichtigste Beispiel dafür ist die *harmonische Reihe*, so genannt, weil die alten Griechen entdeckten, dass Saiten mit den relativen Längen 1, 1/2, 1/3, 1/4, 1/5 ... harmonische Klänge erzeugen.

**Theorem:** Die harmonische Reihe divergiert, also

$$1 + \frac{1}{2} + \frac{1}{3} + \frac{1}{4} + \frac{1}{5} + \ldots = \infty$$

**Beweis:** Um zu beweisen, dass die Summe gegen unendlich geht, müssen wir zeigen, dass sie beliebig groß werden kann. Dafür brechen wir die Summe in Teile auf, beruhend auf der Summe der Ziffern im Nenner. Beachten Sie, dass die ersten 9 Terme alle größer sind als 1/10, folglich gilt:

$$1 + \frac{1}{2} + \frac{1}{3} + \frac{1}{4} + \frac{1}{5} + \frac{1}{6} + \frac{1}{7} + \frac{1}{8} + \frac{1}{9} > \frac{9}{10}$$

Die nächsten 90 Terme sind jeweils größer als 1/100, also

$$\frac{1}{10} + \frac{1}{11} + \frac{1}{12} + \ldots + \frac{1}{99} > 90 \times \frac{1}{100} = \frac{9}{10}$$

Analog sind die nächsten 900 Terme jeweils größer als 1/1000, also

$$\frac{1}{100} + \frac{1}{101} + \frac{1}{102} + \ldots + \frac{1}{999} > \frac{900}{1000} = \frac{9}{10}$$

Machen wir auf diese Weise weiter, erhalten wir

$$\frac{1}{1000} + \frac{1}{1001} + \frac{1}{1002} + \ldots + \frac{1}{9999} > \frac{9000}{10,000} = \frac{9}{10}$$

usw. Folglich ist die Summe all dieser Zahlen zumindest

$$\frac{9}{10} + \frac{9}{10} + \frac{9}{10} + \frac{9}{10} + \ldots$$

was unendlich groß wird.

**Nebenbemerkung**

Hier eine lustige Tatsache:

$$1 + \frac{1}{2} + \frac{1}{3} + \dots + \frac{1}{n} \approx \gamma + \ln n$$

wobei $\gamma$ die Zahl 0,5772155649 ... ist (*Euler-Mascheroni-Konstante* genannt) und ln $n$ der natürliche Logarithmus von $n$, beschrieben in Kapitel 10, s. S. 316. (Ob $\gamma$, ausgesprochen *gamma*, rational ist oder nicht, ist übrigens unbekannt.) Die Approximation wird immer besser, je größer $n$ wird. Hier eine Tabelle, die den tatsächlichen Wert der Summe mit dem ihrer Annäherung vergleicht:

| $n$ | $1 + \frac{1}{2} + \frac{1}{3} + \dots + \frac{1}{n}$ | $\gamma + \ln n$ | Abweichung |
|---|---|---|---|
| 10 | 2,92897 | 2,87980 | 0,04917 |
| 100 | 5,18738 | 5,18239 | 0,00499 |
| 1000 | 7,48547 | 7,48497 | 0,00050 |
| 10.000 | 9,78761 | 9,78756 | 0,00005 |

Ebenso faszinierend ist die folgende Tatsache: Wenn wir lediglich Brüche mit Primzahlen im Nenner betrachten, gilt für jede große Primzahl $p$:

$$\frac{1}{2} + \frac{1}{3} + \frac{1}{5} + \frac{1}{7} + \frac{1}{11} + \frac{1}{13} + \dots + \frac{1}{p} \approx M + \ln \ln p$$

wobei $M = 0{,}2614972 \dots$ *Meissel-Mertens-Konstante* heißt. Wieder wird die Approximation genauer, je größer $p$ wird. Eine Folge dieses Umstands ist, dass

$$\frac{1}{2} + \frac{1}{3} + \frac{1}{5} + \frac{1}{7} + \frac{1}{11} + \frac{1}{13} + \dots = \infty$$

Allerdings kriecht der Wert nur sehr langsam gegen unendlich, schließlich ist der ln von ln $p$ selbst für große Werte von p ziemlich klein. Addieren wir beispielsweise die Kehrwerte aller Primzahlen bis *Googol*, also $10^{100}$, liegt das Ergebnis noch unter 6.

Sehen wir mal, was passiert, wenn wir *die harmonische Reihe verändern*. Entfernt man eine endliche Zahl von Termen, divergiert die Reihe weiterhin. Lässt man beispielsweise die erste Million Terme, $1 + \frac{1}{2} + \ldots + \frac{1}{10^6}$, weg, die zusammen nur wenig mehr als 14 ergeben, summieren sich die verbleibenden Terme weiterhin zu unendlich.

Macht man die Terme der harmonischen Reihe größer, divergiert die Summe weiterhin. Da beispielsweise für $n > 1$ gilt, dass $\frac{1}{\sqrt{n}} > \frac{1}{n}$, bekommen wir

$$1 + \frac{1}{\sqrt{2}} + \frac{1}{\sqrt{3}} + \frac{1}{\sqrt{4}} + \ldots = \infty$$

Ein *Verkleinern* der Terme führt aber *nicht* notwendigerweise dazu, dass die Summe konvergiert. Dividieren wir etwa jeden Term der harmonischen Reihe durch 100, divergiert die Reihe trotzdem noch, weil

$$\frac{1}{100} + \frac{1}{200} + \frac{1}{300} + \ldots = \frac{1}{100}(1 + 1/2 + 1/3 + 1/4 +) = \infty$$

Die Reihe lässt sich aber durchaus so verändern, dass sie konvergiert. Wie Euler gezeigt hat, ist

$$1 + \frac{1}{2^2} + \frac{1}{3^2} + \frac{1}{4^2} + \ldots = \frac{\pi^2}{6}$$

Und tatsächlich lässt sich (mithilfe der Infinitesimalrechnung) zeigen, dass für alle $p > 1$

$$1 + \frac{1}{2^p} + \frac{1}{3^p} + \frac{1}{4^p} + \ldots$$

gegen eine Zahl kleiner $\frac{p}{p-1}$ konvergiert. Schon für $p = 1{,}01$ sind die Terme nur ein winziges bisschen kleiner als in der harmonischen Reihe, trotzdem konvergiert die Summe

$$1 + \frac{1}{2^{1.01}} + \frac{1}{3^{1.01}} + \frac{1}{4^{1.01}} + \ldots < 101$$

Angenommen, wir lassen bei der harmonischen Reihe alle Zahlen weg, in denen eine 9 vorkommt. Es lässt sich zeigen, dass die Summe auch in diesem Fall nicht gegen unendlich geht und folglich gegen irgendeinen Wert konvergieren muss. Wir beweisen das, indem wir jeweils alle 9-losen Zahlen mit Zählern gleicher Länge addieren. Wir beginnen mit den 8 Brüchen mit einstelligen Nennern, also 1/1 bis 1/8. Es gibt $8 \times 9 = 72$ zweistellige Nenner ohne 9 (1/10 bis 1/88, außer 1/19, 1/29, usw. bis 1/79, da es 8 Möglichkeiten für die erste Ziffer gibt (alles außer 0 und 9) und 9 für die zweite Ziffer. Analog gibt es $8 \times 9 \times 9$ dreistellige Zahlen ohne 9en und allgemein $8 \times 9^{n-1}$ $n$-stellige Zahlen ohne 9en. Der größte Bruch mit einstelligem Nenner ist 1, der größte Bruch mit zweistelligem Nenner ist 1/10 und der größte Bruch mit dreistelligem Nenner ist 1/100. Mit diesem Wissen zerlegen wir unsere unendliche Reihe folgendermaßen in Blöcke:

$$1 + \frac{1}{2} + \frac{1}{3} + \frac{1}{4} + \frac{1}{5} + \frac{1}{6} + \frac{1}{7} + \frac{1}{8} < 8$$

$$\frac{1}{10} + \frac{1}{11} + \frac{1}{12} + \ldots + \frac{1}{88} < (8 \times 9) \times \frac{1}{10} = 8\left(\frac{9}{10}\right)$$

$$\frac{1}{100} + \frac{1}{101} + \frac{1}{102} + \ldots + \frac{1}{888} < (8 \times 9^2)\frac{1}{100} = 8\left(\frac{9}{10}\right)^2$$

usw. Die Summe aller Zahlen beträgt nach der Formel für geometrische Reihen maximal

$$8 \left( 1 + \frac{9}{10} + \left( \frac{9}{10} \right)^2 + \left( \frac{9}{10} \right)^3 + \dots \right) = \frac{8}{1 - \frac{9}{10}} = 80$$

Die Reihe der 9-losen Zahlen konvergiert also gegen eine Zahl kleiner 80. Wie vorhergesagt. □

Dieses Ergebnis könnte man sich damit erklären, dass in fast allen großen Zahlen irgendwo eine 9 vorkommt. Generiert man etwa eine zufällige Zahl, bei der jede Ziffer zufällig aus den möglichen Werten 0 bis 9 ausgewählt wird, beträgt die Wahrscheinlichkeit, dass auf den ersten $n$ Stellen keine 9 vorkommt, $(9/10)^n$, was sich immer stärker an 0 annähert, je größer $n$ wird.

**Nebenbemerkung**

Wenn wir die Ziffern von $\pi$ und $e$ als zufällige Abfolgen betrachten, ist es praktisch garantiert, dass Ihre liebste ganze Zahl irgendwo in dieser Abfolge auftaucht. Meine liebste vierstellige Zahl ist die 2.520, und man findet sie auf den Stellen 1845 bis 1848 von $\pi$. Die ersten 6 Fibonacci-Zahlen, 1, 1, 2, 3, 5 und 8, haben ihren Auftritt ab Stelle 820.390. Es überrascht nicht allzu sehr, dass die Folge innerhalb der ersten Million Zahlen auftritt, denn bei einer zufällig generierten Zahl steht die Chance, dass eine gegebene sechsstellige Zahl an einer bestimmten Stelle der Reihe auftritt, bei 1 : 1.000.000. Angesichts von annähernd einer Million Stellen, an denen die Zahl auftreten könnte, stehen die Chancen also ziemlich gut. Die Zahl 999999 taucht übrigens überraschend früh auf, ab Stelle 763 von $\pi$. Der Physiker Richard Feynman scherzte einmal, wenn er $\pi$ auf 767 Stellen auswendig wüsste, könnte er Menschen den Eindruck vermitteln, $\pi$ sei eine rationale Zahl, weil er seinen Vortrag mit „999999 usw." abschlösse. Es gibt Programme und Webseiten, die Ihre Lieblings-

Ziffernfolgen in $\pi$ und e aufspüren. Mithilfe eines solchen Programms fand ich heraus, dass ich $\pi$ auf 2.259.758 Stellen auswendig lernen müsste, damit ich meinen Vortrag mit 190.361 abschließen könnte, einem ganz besonderen Datum: Am 19. März 1961 bin ich zur Welt gekommen!

## Verwirrende und unmögliche unendliche Summen

Fassen wir zusammen, welchen Summen wir bisher begegnet sind. Am Anfang des Kapitels untersuchten wir

$$1 + \frac{1}{2} + \frac{1}{4} + \frac{1}{8} + \frac{1}{16} + \ldots = 2$$

Wir sahen, dass es sich um einen Spezialfall einer geometrischen Reihe handelte, für die allgemein gilt: Für alle $x$ mit $-1 < x < 1$ gilt:

$$1 + x + x^2 + x^3 + x^4 + \ldots = \frac{1}{1 - x}$$

Beachten Sie, dass die geometrische Reihe auch für negative Werte zwischen 0 und $-1$ funktioniert. Für $x = -1/2$ besagt sie beispielsweise

$$1 - \frac{1}{2} + \frac{1}{4} - \frac{1}{8} + \frac{1}{16} - \ldots = \frac{1}{1 - (-1/2)} = \frac{2}{3}$$

Eine Reihe, deren Glieder abwechselnd positiv und negativ sind, heißt *alternierende Reihe*. Alternierende Reihen konvergieren immer zu einer Zahl, wenn sich ihre Glieder immer stärker an 0 annähern. Für die obige Reihe sieht man das, wenn man die Zahlengerade zeichnet und seinen Finger auf die 0 legt. Bewegen Sie den Finger nun um 1 nach rechts, dann um 1/2 nach links, dann 1/4 nach rechts (jetzt sollten Sie am Punkt 3/4 sein), dann 1/8 nach links (zum Punkt 5/8) usw. Der Ort, an dem Ihr Finger liegt, wird sich schließlich auf einen festen Wert, 2/3, einpendeln.

Betrachten Sie nun die alternierende Reihe

$$1 - \frac{1}{2} + \frac{1}{3} - \frac{1}{4} + \frac{1}{5} - \frac{1}{6} + \ldots$$

Nach vier Termen wissen wir, dass die unendliche Summe mindestens $1 - 1/2 + 1/3 - 1/4 = 7/12 = 0{,}583 \ldots$ beträgt, und nach fünf Termen, dass maximal $1 - 1/2 + 1/3 - 1/4 + 1/5 = 47/60 = 0{,}783 \ldots$ herauskommen kann. Das tatsächliche Endergebnis liegt etwa in der Mitte zwischen den beiden Werten, nämlich bei 0,693147... Den *realen* Wert dieser Zahl können wir mithilfe der Infinitesimalrechnung bestimmen. Nehmen wir zum Aufwärmen die geometrische Reihe

$$1 + x + x^2 + x^3 + x^4 + \ldots = \frac{1}{1 - x}$$

und betrachten wir, was passiert, wenn wir beide Seiten differenzieren. Aus Kapitel 11 (s. S. 336f.) wissen Sie, dass die Ableitungen von 1, $x$, $x^2$, $x^3$, $x^4$ usw. lauten: 0, 1, $2x$, $3x^2$, $4x^3$ usw. Wenn wir also annehmen, dass die Ableitung einer unendlichen Summe die (unendliche) Summe der Ableitungen ist, und $(1- x)^{-1}$ nach der Kettenregel differenzieren, bekommen wir für $-1 < x < 1$

$$1 + 2x + 3x^2 + 4x^3 + 5x^4 + \ldots = \frac{1}{(1 - x)^2}$$

Nehmen wir jetzt die geometrische Reihe für $-x$ statt für $x$, so dass für $-1 < x < 1$

$$1 - x + x^2 - x^3 + x^4 - \ldots = \frac{1}{1 + x}$$

Und jetzt bilden wir die Umkehrung der Ableitung: das *Integral*. Um ein Integral zu ermitteln, „differenzieren wir rückwärts". Die Ableitung von $x^2$ ist $2x$, umgekehrt können wir also sagen, das Integral von $2x$ ist $x^2$. (Technische Anmerkung: Die Ableitung von $x^2 + 5$ oder $x^2 + \pi$ oder ganz allgemein $x^2 + c$, wobei $c$ eine beliebige Zahl sein kann, ist ebenfalls $2x$, das Integral von $2x$ ist also eigentlich $x^2 + c$.) Die Integrale von 1, $x$, $x^2$, $x^3$, $x^4$ usw. sind $x$, $x^2/2$, $x^3/3$, $x^4/4$, $x^5/5$. Und das Integral von $1/(1 + x)$ ist der natürliche Logarithmus von $1 + x$. Folglich gilt für $-1 < x < 1$:

$$x - \frac{x^2}{2} + \frac{x^3}{3} - \frac{x^4}{4} + \frac{x^5}{5} - \ldots = \ln(1 + x)$$

(Technische Anmerkung: Der konstante Term auf der linken Seite ist 0, da für $x = 0$ der Wert $\ln 1 = 0$ herauskommen soll.)

Für *x ganz nahe bei 1* erkennen wir die natürliche Bedeutung von 0,693147 ... , nämlich

$$1 - \frac{1}{2} + \frac{1}{3} - \frac{1}{4} + \frac{1}{5} - \frac{1}{6} + \ldots = \ln 2$$

**Nebenbemerkung**
Bilden wir eine geometrische Reihe, bei der wir $x$ durch $-x^2$ ersetzen, bekommen wir für $x$ zwischen $-1$ und 1

$$1 - x^2 + x^4 - x^6 + x^8 - \ldots = \frac{1}{1 + x^2}$$

In den meisten Lehrbüchern finden Sie, dass $y = \arctan x$ die Ableitung $y = \frac{1}{1 + x^2}$ hat. Bilden wir also auf beiden Seiten das Integral (wobei gilt, dass $\arctan 0 = 0$), bekommen wir

$$x - \frac{x^3}{3} + \frac{x^5}{5} - \frac{x^7}{7} + \frac{x^9}{9} - \ldots = \tan^{-1} x$$

Rücken wir $x$ immer näher an 1 heran, bekommen wir

$$1 - \frac{1}{3} + \frac{1}{5} - \frac{1}{7} + \frac{1}{9} - \frac{1}{11} + \ldots = \tan^{-1} 1 = \frac{\pi}{4}$$

Jetzt, wo wir wissen, wie geometrische Reihen verwendet werden können, betrachten wir uns mal, wie man sie missbrauchen kann. Die Formel für geometrische Reihen lautet:

$$1 + x + x^2 + x^3 + x^4 + \ldots = \frac{1}{1 - x}$$

wobei für $x$ gilt $-1 < x < 1$. Sehen wir uns an, was passiert wenn $x = -1$. Dann bekommen wir nach der Formel

$$1 - 1 + 1 - 1 + 1 - \ldots = \frac{1}{1 - (-1)} = \frac{1}{2}$$

Das kann natürlich nicht stimmen: Da wir nur ganze Zahlen addieren oder subtrahieren, kann in der Summe unmöglich ein Bruch herauskommen, selbst wenn die Summe gegen eine Zahl konvergieren würde. Andererseits ist die Lösung nicht völlig absurd, denn wenn wir die Partialsummen betrachten, haben wir

$$1 = 1$$
$$1 - 1 = 0$$
$$1 - 1 + 1 = 1$$
$$1 - 1 + 1 - 1 = 0$$

usw. Da die Hälfte der Partialsummen den Wert 1 hat und die andere Hälfte den Wert 0, ist die Lösung 1/2 nicht unvernünftig.

Verwenden wir den illegalen Wert $x = 2$, bekommen wir nach der Formel für geometrische Reihen

$$1 + 2 + 4 + 8 + 16 + \ldots = \frac{1}{1 - 2} = -1$$

Das wirkt nun völlig idiotisch. Wie kann eine negative Zahl rauskommen, wenn wir lauter positive Zahlen addieren? Und doch könnte es auch für dieses Ergebnis eine vernünftige Erklärung geben. So haben wir beispielsweise in Kapitel 3 (s. S. 183) gelernt, wie eine positive Zahl als negative Zahl dargestellt werden kann, etwa in Beziehungen wie

$$10 \equiv -1 \pmod{11}$$

Das erlaubte uns Aussagen wie $10^k \equiv (-1)^k \pmod{11}$.

Im Folgenden zeige ich Ihnen eine ungewöhnliche Art, $1 + 2 + 4 + 8 + 16 + \ldots$ aufzufassen. Um mir folgen zu können, muss man allerdings ein wenig um die Ecke denken. Erinnern Sie sich an Kapitel 4 (s. S. 183), wo wir gelernt haben, dass sich jede positive ganze Zahl auf eindeutige Weise als Summe von Zweierpotenzen darstellen lässt? Das ist die Grundlage der *binären* Arithmetik, mit der Digitalcomputer rechnen. Jede ganze Zahl lässt sich mit einer endlichen Zahl von Zweierpotenzen darstellen. Für die Zahl $106 = 2 + 8 + 32 + 64$ beispielsweise braucht man nur vier Zweierpotenzen. Doch angenommen, es wären auch unendlich große ganze Zahlen erlaubt, für die man so viele Zweierpotenzen verwenden darf, wie man nur mag. Eine typische unendliche ganze Zahl könnte dann so aussehen:

$$1 + 2 + 8 + 16 + 64 + 256 + 2048 + \ldots$$

Eine unendliche Abfolge von Zweierpotenzen. Was eine solche Zahl darstellen soll, ist unklar, aber wir könnten uns stimmige Regeln dafür ausdenken, wie man mit ihnen rechnet. Beispielsweise könnten wir zwei solche Zahlen nach der uralten Schulmethode mit „x gemerkt" addieren. Wollen wir beispielsweise 106 zu der obigen Zahl addieren, bekommen wir

$$1 + 2 \quad\ + 8 + 16 \quad\ + 64 \quad\quad\ + 256 + \dots$$

$$\underline{\ \ + 2 \quad\ + 8 \quad\ + 32 + 64 \qquad\qquad\qquad\quad}$$

$$1 \quad\ + 4 \qquad\qquad\ + 64 + 128 + 256 + \dots$$

wobei sich $2 + 2$ zusammentun, um eine 4 zu bilden, als Nächstes bilden $8 + 8$ zusammen 16, aber wenn man das mit der nächsten 16 addiert, kommt 32, was wiederum mit der nächsten 32 zusammen 64 ergibt, was in Summe mit den zwei 64ern 64 und 128 ergibt. Alles oberhalb von 256 bleibt unverändert. Stellen Sie sich nun vor, was passiert, wenn man die „größte" unendliche ganze Zahl nimmt und 1 dazu zählt.

$$1 + 2 + 4 + 8 + 16 + 32 + 64 + 128 + 256 + \dots$$

$$\underline{+\ 1 \qquad\qquad\qquad\qquad\qquad\qquad\qquad\qquad\quad}$$

Das Ergebnis wäre eine unendliche Kettenreaktion, bei der unter der Linie keine einzige Zweierpotenz auftaucht. Entsprechend kann man die Summe als eine 0 auffassen. $(1 + 2 + 4 + 8 + 16 + \dots) + 1 = 0$, und wenn man auf beiden Seiten 1 abzieht, sieht es aus, als verhielte sich die unendliche Summe wie die Zahl $-1$. Hier folgt meine liebste unmögliche unendliche Summe:

$$1 + 2 + 3 + 4 + 5 + \dots = \frac{-1}{12}$$

Wir „beweisen" das wieder mit ein wenig *Schiebung*, wie wir sie schon in Beweis 2 der endlichen geometrischen Reihe verwendet haben. Schiebung ist bei endlichen Summen zwar erlaubt, doch kann sie bei unendlichen Summen zu absurd wirkenden Ergebnissen führen. Verwenden wir zum Beispiel Schiebung, um eine Identität von S. 365 zu erklären.

Wir schreiben die Summe zwei Mal hin, allerdings um eine Stelle verschoben angeordnet:

$$S = 1 - 1 + 1 - 1 + 1 - 1 + \dots$$
$$S = 1 - 1 + 1 - 1 + 1 - \dots$$

Addiert man diese Gleichungen, erhalten wir

$$2S = 1$$

und folglich $S = 1/2$, das Ergebnis von oben, als wir $x = -1$ in die geometrische Reihe einsetzten.

**Nebenbemerkung**

Mit *Schiebung* lässt sich die Formel für die geometrische Reihe ganz schnell (wenn auch nicht ganz legal) beweisen.

$$S = 1 + x + x^2 + x^3 + x^4 + x^5 + \dots$$
$$xS = x + x^2 + x^3 + x^4 + x^5 + \dots$$

Ziehen wir die zwei Gleichungen voneinander ab, erhalten wir

$$S(1 - x) = 1$$

und folglich

$$S = \frac{1}{1 - x}$$

Als Nächstes behaupte ich, dass die alternierende Version der obigen Summe auch eine interessante Lösung hat, nämlich

$$1 - 2 + 3 - 4 + 5 - 6 + 7 - 8 + \dots = \frac{1}{4}$$

Hier mein Beweis mittels Schiebung: Wir schreiben die Summe zwei Mal hin und bekommen

$$
\begin{aligned}
T &= \quad 1 - 2 + 3 - 4 + 5 - 6 + 7 - 8 + \ldots \\
T &= \qquad\quad 1 - 2 + 3 - 4 + 5 - 6 + 7 - \ldots
\end{aligned}
$$

Wenn wir jetzt diese beiden Gleichungen zusammenzählen, bekommen wir

$$
2T = 1 - 1 + 1 - 1 + 1 - 1 + 1 - 1 + \ldots
$$

folglich ist $2T = S = 1/2$ und demnach $T = 1/4$, wie behauptet.

Betrachten wir zum Schluss, was passiert, wenn wir die Summe aller positiven ganzen Zahlen $U$ nennen und direkt darunter (nicht verschoben) die obige Summe $T$ schreiben.

$$
\begin{aligned}
U &= \quad 1 + 2 + 3 + 4 + 5 + 6 + 7 + 8 + \ldots \\
T &= \quad 1 - 2 + 3 - 4 + 5 - 6 + 7 - 8 + \ldots
\end{aligned}
$$

Ziehen wir die zweite Gleichung von der ersten ab, zeigt sich

$$
U - T = 4 + 8 + 12 + 16 + \ldots = 4\,(1 + 2 + 3 + 4 + \ldots)
$$

Anders ausgedrückt:

$$
U - T = 4U
$$

Lösen wir nach $U$ auf, erhalten wir $3U = -T = -1/4$, und folglich

$$
U = -1/12
$$

wie behauptet.

Der Ordnung halber sei hier erwähnt: Addiert man eine unendliche Zahl positiver ganzer Zahlen, divergiert das Ergebnis natürlich gegen unendlich. Doch tun Sie meine endlichen Lösungen bitte nicht als reine und nutzlose Taschenspielertricks ab. Denn möglicherweise gibt es Zusammenhänge, in denen diese Ergebnisse tatsächlich Sinn machen. Nachdem wir unsere Betrachtungsweise auf Zahlen erweitert hatten, erkannten wir, dass die Summe $1 + 2 + 4 + 8 + 16 + \ldots = -1$ nicht völlig unplausibel war. Denken Sie auch an die Zeit zurück, als wir uns auf reelle Zahlen beschränkten und es uns unmöglich war, eine Zahl zu finden, die quadriert $-1$ ergab. Doch später, als wir komplexe Zahlen als Punkte in der komplexen Ebene erkannten, die eigenen, stimmigen Rechenregeln gehorchten, fiel es uns ganz leicht, eine solche Zahl zu finden. Tatsächlich verwenden theoretische Physiker, die sich mit der *Stringtheorie* beschäftigen, in ihren Berechnungen das Ergebnis $-1/12$ für die Summe $1 + 2 + 3 + 4 + \ldots$

Stößt man auf paradox erscheinende Ergebnisse wie oben, kann man das Ganze als Unfug abtun und die Sache damit beenden. Aber wenn man seiner Fantasie erlaubt, auch andere Möglichkeiten zu betrachten, entsteht vielleicht ein in sich stimmiges und wunderschönes System.

Beenden wir dieses Buch mit einem paradoxen Ergebnis. Zu Beginn dieses Abschnitts (s. S. 81) sahen wir, dass die alternierende Reihe

$$1 - \frac{1}{2} + \frac{1}{3} - \frac{1}{4} + \frac{1}{5} - \frac{1}{6} + \ldots$$

gegen den Wert $\ln 2 = 0{,}693147 \ldots$ konvergiert. Addiert man dieselben Zahlen in anderer Reihenfolge, sollte natürlich dasselbe herauskommen, da das *Kommutativgesetz der Addition* für beliebige Werte von *A und B* besagt :

$$A + B = B + A$$

Und doch, schauen Sie mal, was passiert, wenn wir die Summe folgendermaßen umstellen:

$$1 - \frac{1}{2} - \frac{1}{4} + \frac{1}{3} - \frac{1}{6} - \frac{1}{8} + \frac{1}{5} - \frac{1}{10} - \frac{1}{12} + \ldots$$

Beachten Sie, dass weiterhin dieselben Zahlen summiert werden, da jeder Bruch mit ungeradem Nenner addiert und jeder Bruch mit geradem Nenner subtrahiert wird. Die geraden Zahlen werden zwar doppelt so schnell verbraucht wie die ungeraden, doch der Vorrat an beiden ist unerschöpflich, und jeder Bruch aus der Originalsumme kommt in der neuen Summe genau ein Mal vor. Einverstanden? Doch beachten Sie nun, dass oben nichts anderes steht als

$$= \left(1 - \frac{1}{2}\right) - \frac{1}{4} + \left(\frac{1}{3} - \frac{1}{6}\right) - \frac{1}{8} + \left(\frac{1}{5} - \frac{1}{10}\right) - \frac{1}{12} + \dots$$

$$= \frac{1}{2} - \frac{1}{4} + \frac{1}{6} - \frac{1}{8} + \frac{1}{10} - \frac{1}{12} + \dots$$

$$= \frac{1}{2}\left(1 - \frac{1}{2} + \frac{1}{3} - \frac{1}{4} + \frac{1}{5} - \frac{1}{6} + \dots\right)$$

was die Hälfte der Originalsumme ist. Wie kann das sein? Wie ist es möglich, dass wir eine Ansammlung von Zahlen umstellen und ein völlig anderes Ergebnis bekommen? Die überraschende Antwort lautet: *Das Kommutativgesetz der Addition gilt nicht mehr unbedingt, wenn man eine unendliche Zahl von Zahlen addiert.*

Das Problem tritt in konvergierenden Reihen auf, bei denen sowohl die positiven als auch die negativen Terme jeweils divergierende Reihen bilden. Anders ausgedrückt: Die positiven Terme addieren sich zu $\infty$ und die negativen zu $-\infty$. Das war in unserem letzten Beispiel der Fall. Solche Reihen nennt man *bedingt konvergent*, und erstaunlicherweise lassen sie sich umgruppieren, bis jedes beliebige Ergebnis herauskommt. Wie würde man die letzte Summe umstellen müssen, um als Ergebnis 42 zu bekommen? Man zählt positive Terme zusammen, bis man 42 erreicht, und zieht dann den ersten negativen Term ab. Dann zählt man wieder positive Terme hinzu, bis man wieder über 42 ist. Dann zieht man den zweiten negativen Term ab. Wiederholt man den Vorgang, kommt man schließlich immer näher und näher an 42. (Subtrahiert man etwa den fünften negativen Term, $-1/10$, ist man immer schon auf 0,1 an 42 herangekommen. Nach der Subtraktion des 50. negativen Terms, $-1/100$, ist man 42 schon auf 0,01 nahegekommen usw.)

Die meisten unendlichen Reihen, denen wir in der Praxis begegnen, zeigen dieses merkwürdige Verhalten aber nicht. Konvergiert eine Reihe selbst dann noch, wenn man jeden Term durch seinen Betrag ersetzt (sodass alle negativen Terme positiv werden), dann konvergiert die Originalsumme *unbedingt*. Die alternierende Reihe von weiter oben etwa,

$$1 - \frac{1}{2} + \frac{1}{4} - \frac{1}{8} + \frac{1}{16} - \ldots = \frac{2}{3}$$

ist unbedingt konvergent, denn wenn wir die Summe der Beträge bilden, bekommen wir die vertraute konvergente Reihe

$$1 + \frac{1}{2} + \frac{1}{4} + \frac{1}{8} + \frac{1}{16} + \ldots = 2$$

Bei unbedingt konvergenten Reihen gilt das Kommutativgesetz der Addition weiter, selbst bei unendlich vielen Termen. In einer alternierenden Reihe wie oben kann man die Terme $(1, -1/2, 1/4, -1/8 \ldots)$ umstellen, wie man will, am Ende konvergiert die Summe immer gegen 2/3.

Anders als unendliche Reihen hat dieses Buch sehr wohl ein Ende. Wir wagen es nicht, über die Unendlichkeit hinaus weiterzumachen, folglich scheint dies ein guter Zeitpunkt zum Aufhören zu sein. Doch eine letzte mathemagische Exkursion kann ich mir nicht verkneifen:

## Zugabe! Magische Quadrate!

Als Belohnung dafür, dass Sie bis zum Ende durchgehalten haben, betreibe ich jetzt noch ein wenig Mathemagie. Viel Vergnügen dabei! Mit Unendlichkeit hat das folgende Thema nichts zu tun, aber es trägt die Magie schon im Namen: *magische Quadrate*. Ein magisches Quadrat ist ein quadratisches Zahlenfeld, in dem jede Zeile, Spalte und Diagonale sich jeweils zur selben Summe addiert. Das berühmteste magische 3 x 3-Quadrat ist unten abgebildet. Und wirklich addieren sich alle drei Zeilen, alle drei Spalten und beide Diagonalen zu 15.

Eine ziemlich unbekannte Eigenschaft magischer Quadrate nenne ich „Quadrat-Palindrom": Behandelt man die Zeilen und Spalten als 3-stellige Zahlen, und nimmt man die Summe ihrer Quadrate, stellt sich heraus, dass

$$492^2 + 357^2 + 816^2 = 294^2 + 753^2 + 618^2$$
$$438^2 + 951^2 + 276^2 = 834^2 + 159^2 + 672^2$$

| 4 | 9 | 2 |
|---|---|---|
| 3 | 5 | 7 |
| 8 | 1 | 6 |

Ein magisches 3 x 3-Quadrat mit der magischen Summe 15

Ein ähnliches Phänomen tritt auch bei einigen der „gewickelten" Diagonalen auf, zum Beispiel:

$$456^2 + 312^2 + 897^2 = 654^2 + 213^2 + 798^2$$

„Magische" Quadrate, fürwahr!

Das einfachste magische 4 x 4-Quadrat verwendet die Zahlen 1 bis 16, und alle Zeilen, Spalten und Diagonalen addieren sich zu der magischen Summe 34 (s. Abb. S. 392). Mathematiker und Magier lieben magische Quadrate dieses Formats, weil es in der Regel Dutzende Möglichkeiten gibt, die magische Summe zu erreichen. Beispielsweise addieren sich in dem unten abgebildeten magischen Quadrat nicht nur alle Zeilen, Spalten und Diagonalen zu 34, sondern auch alle 2 x 2-Quadrate, zum Beispiel der obere Quadrant mit den Zahlen 8, 11, 13 und 2, die vier Zahlen in der Mitte und die vier Ecken des magischen Quadrats. Selbst die gewickelten Diagonalen addieren sich zu 34, ebenso wie die Ecken aller 3 x 3-Quadrate innerhalb des großen Quadrats.

| 8 | 11 | 14 | 1 |
|---|---|---|---|
| 13 | 2 | 7 | 12 |
| 3 | 16 | 9 | 6 |
| 10 | 5 | 4 | 15 |

Ein magisches Quadrat mit 34 als Summe aller Zeilen,
Spalten und Diagonalen. Außerdem ergeben fast alle Vierergruppen
symmetrisch gelegener Quadrate zusammen 34.

Haben Sie eine zweistellige Lieblingszahl größer 20? Sie können sofort ein magisches Quadrat mit Summen von $T$ konstruieren, indem Sie schlicht die Zahlen von 1 bis 12 verwenden und dazu die vier Zahlen $T - 18$, $T - 19$, $T - 20$ und $T - 21$ (s. Abb. unten).

Das magische Quadrat auf S. 393 hat beispielsweise Summen von $T = 55$. Jede Vierergruppe, die sich vorher zu 34 addierte, ergibt nun 55, solange die Vierergruppe *genau eine* der Zahlen enthält, in der die Variable $T$ steckt. Folglich ergeben die vier Quadrate in der oberen rechten Ecke ebenfalls 55 (35 + 1 + 7 + 12 = 55) , während der Viererblock in der Mitte der linken Seite zu groß ist (34 + 2 + 3 + 37 ≠ 55).

| 8 | 11 | $T - 20$ | 1 |
|---|---|---|---|
| $T - 21$ | 2 | 7 | 12 |
| 3 | $T - 18$ | 9 | 6 |
| 10 | 5 | 4 | $T - 19$ |

Ein schnelles magisches Quadrat mit
der magischen Summe T

392

| 8 | 11 | 35 | 1 |
|---|----|----|---|
| 34 | 2 | 7 | 12 |
| 3 | 37 | 9 | 6 |
| 10 | 5 | 4 | 36 |

Ein magisches Quadrat mit der
magischen Summe 55

Nicht jeder hat eine zweistellige Lieblingszahl, aber einen Geburtstag hat jeder, und meiner Erfahrung nach lieben Menschen individualisierte magische Quadrate mit ihrem Geburtsdatum. Hier eine Methode, die ich verwende, um ein magisches Doppelgeburtstags-Quadrat zu konstruieren, in dem der Geburtstag sogar zwei Mal erscheint: in der obersten Zeile und in den vier Ecken. Hat der Geburtstag die vier Ziffern $A$, $B$, $C$ und $D$, machen Sie daraus folgendermaßen ein magisches Quadrat: Beachten Sie, dass jede Zeile, Spalte und Diagonale sowie die meisten symmetrisch angeordneten Gruppen von vier Feldern sich zu der magischen Summe $A + B + C + D$ addieren.

| $A$ | $B$ | $C$ | $D$ |
|-----|-----|-----|-----|
| $C - 1$ | $D + 1$ | $A - 1$ | $B + 1$ |
| $D + 1$ | $C + 1$ | $B - 1$ | $A - 1$ |
| $B$ | $A - 2$ | $D + 2$ | $C$ |

Ein magisches Doppelgeburtstags-Quadrat. Das Datum A/B/C/D erscheint in der obersten Zeile und in den vier Ecken.

Das magische Quadrat für den Geburtstag meiner Mutter, den 18. November 1936, sieht folgendermaßen aus:

| 11 | 18 | 3 | 6 |
|----|----|----|----|
| 2 | 7 | 10 | 19 |
| 7 | 4 | 17 | 10 |
| 18 | 9 | 8 | 3 |

Ein magisches Geburtstagsquadrat für meine Mutter:
11/18/36, mit der magischen Summe 38

Konstruieren Sie nun ein magisches Quadrat basierend auf Ihrem eigenen Geburtstag. Folgen Sie dem obigen Muster, wird Ihre Geburtstagssumme mehr als drei Dutzend Mal auftauchen. Schauen Sie, wie viele davon Sie finden.

Bei magischen Quadraten des Formats 4 x 4 hat man zwar die meisten Kombinationsmöglichkeiten, doch es gibt auch Techniken für die Konstruktion größerer magischer Quadrate. Hier ist beispielsweise ein 10 x 10 Felder großes magisches Quadrat, in dem alle Zahlen von 1 bis 100 erscheinen.

| 92 | 99 | 1 | 8 | 15 | 67 | 74 | 51 | 58 | 40 |
|----|----|----|----|----|----|----|----|----|----|
| 98 | 80 | 7 | 14 | 16 | 73 | 55 | 57 | 64 | 41 |
| 79 | 6 | 88 | 20 | 22 | 54 | 56 | 63 | 70 | 47 |
| 85 | 87 | 19 | 21 | 3 | 60 | 62 | 69 | 71 | 28 |
| 86 | 93 | 25 | 2 | 9 | 61 | 68 | 75 | 52 | 34 |
| 17 | 24 | 76 | 83 | 90 | 42 | 49 | 26 | 33 | 65 |
| 23 | 5 | 82 | 89 | 91 | 48 | 30 | 32 | 39 | 66 |
| 4 | 81 | 13 | 95 | 97 | 29 | 31 | 38 | 45 | 72 |
| 10 | 12 | 94 | 96 | 78 | 35 | 37 | 44 | 46 | 53 |
| 11 | 18 | 100 | 77 | 84 | 36 | 43 | 50 | 27 | 59 |

Ein 10 x 10 Felder großes magisches Quadrat mit den Zahlen
von 1 bis 100

Finden Sie auch ohne Nachrechnen heraus, was die Summe jeder Zeile sein muss? Ganz am Anfang des Buchs haben wir gezeigt, dass sich die Zahlen von 1 bis 100 zu 5050 addieren, folglich muss jede Zeile genau ein Zehntel davon ergeben. Die magische Summe muss also 5050/10 = 505 betragen. Dieses Buch begann mit der Aufgabe, alle Zahlen von 1 bis 100 zu addieren, und ich finde es passend, das Buch auch damit zu beenden. Herzlichen Glückwunsch, Sie haben es geschafft! (Vielen Dank für Ihr Durchhaltevermögen!) Wie nützlich, interessant und magisch die hier präsentierten Ideen, Themen und Lösungsstrategien waren, erkennen Sie hoffentlich, wenn Sie dieses Buch erneut durchblättern oder sich mit anderen Büchern zum Thema „Mathematik" beschäftigen.

# Nachbetrachtung

Ich hoffe, das war nicht das letzte Mathebuch, das Sie je gelesen haben. Schließlich gibt es eine Menge toller Titel zu diesem Thema. Tatsächlich habe ich die meisten interessanten Dinge über Mathematik nicht in Schule oder Uni gelernt, sondern aus Büchern (etliche davon habe ich unten aufgeführt).

Das Buch ist ein Ableger meines Video-Lehrgangs *The Joy of Mathematics*, produziert von The Great Courses. Dieser Lehrgang umfasst 24 halbstündige Vorlesungen über sämtliche Themen dieses Buchs und einige weitere, wie Wahrscheinlichkeitsrechnung, Mathematische Spiele und Magie. (Vielen Dank an die Produzenten, dass ich viele Ideen aus diesem Lehrgang für dieses Buch verwenden durfte!) The Great Courses umfasst mittlerweile mehr als drei Dutzend Lehrgänge (erhältlich auf CD, DVD und als Download) über die verschiedensten Mathethemen, darunter eigene Lehrgänge über Algebra, Geometrie, Infinitesimalrechnung und die Geschichte der Mathematik. Die Produzenten haben tolle Arbeit geleistet und einige der besten Professoren im Land dafür gewonnen, diese Kurse zu geben. Ich betrachte es als Ehre und Privileg, dass ich selbst vier Kurse beitragen durfte (die anderen drei hießen *Discrete Mathematics*, *The Secrets of Mental Math* und *The Mathematics of Games und Puzzles).*

Gedruckte Anleitungen, wie man blitzschnell im Kopf rechnet, finden Sie in meinem Buch *Mathemagie*, das ich zusammen mit Michael Shermer verfasst habe, und das auf Deutsch im Heyne Verlag erschienen ist. Es beschreibt im Detail, wie man Aufgaben aller Art schnell und genau löst. Wenn Sie das kleine Einmaleins beherrschen, sollten Sie alle dort vorgestellten Methoden nachvollziehen können. Darüber hinaus habe ich noch ein ganz einfaches Buch für Grundschüler geschrieben,

*The Art of Mental Calculation,* zusammen mit Natalya St. Clair, von der auch die wunderschönen Illustrationen in diesem Buch stammen. Sie finden es auf Amazon.com oder createspace.com.

Drei Bücher habe ich für fortgeschrittene Leser verfasst: *Proofs That Really Count: The Art of Combinatorial Proof* (zusammen mit Jennifer J. Quinn, veröffentlicht von The Mathematical Association of America (MAA)), *Biscuits of Number Theory* (gemeinsam herausgegeben mit Ezra Brown). Mein jüngstes Buch ist *The Fascinating World of Graph Theory*, das ich mit Gary Chartrand und Ping Zhang verfasst habe, und das bei Princeton University Press erschienen ist.

Großen literarischen Dank schulde ich Martin Gardner, dem größten Mathematiker aller Zeiten, der mehr als 200 Bücher schrieb, viele davon über mathematische Spielereien und Knobeleien. Seine Bücher (und seine Kolumne „Mathematical Games" in *Scientific American*) haben ganze Generationen von Mathematikern und Mathefans inspiriert. Dem Beispiel Gardners folgend, empfehle ich alle Bücher von Alex Bellos, Ivars Peterson und Ian Stewart. Eines der besten neuen Bücher auf unserem Gebiet ist *The Joy of X: Die Schönheit der Mathematik* von Steven Strogatz.

Was Lehrbücher für mathematisch Anspruchsvolle angeht, bin ich ein großer Fan der Titel von Richard Rusczyk (produziert von The Art of Problem Solving). Die Bücher sind anspruchsvoll, jedoch verständlich geschrieben und behandeln Themen wie Algebra, Geometrie, Infinitesimalrechnung, Problemlösung usw. Die Website (ArtOfProblemSolving.com) bietet auch Online-Kurse für Schüler und Studenten, die Mathe lieben und an Wettbewerben teilnehmen wollen. Es gibt noch weitere vergnügliche Quellen im Internet. Mein Kollege Francis Su liefert auf seiner Website Math Fun Facts (www.math. hmc.edu/funfacts) Hunderte Beispiele für verblüffende mathematische Fakten. Ursprünglich waren sie für Mathelehrer gedacht, als spannende Einführung in Mathestunden. Alex Bogomolny hat ebenfalls eine Website, Cut the Knot (Cut-The-Knot. org) mit Dutzenden interaktiven mathematischen Fundstücken und Puzzles. Damit werden Sie sich lange amüsieren können.

In einer seiner Kolumnen liefert er über 100 Beweise für den Satz des Pythagoras. Gratis-Videos finden Sie auf der Website von Numberphile (Numberphile.com). Dort wird Mathematik auf überaus unterhaltsame Weise präsentiert.

Dem habe ich nichts mehr hinzuzufügen. Viel Spaß also!

# Danksagung

Dieses Buch wäre niemals entstanden ohne die hartnäckige Ermutigung durch meine Agentin, Karen Gantz Zahler, und die enthusiastische Unterstützung durch meinen außerordentlichen Lektor T.J. Kelleher bei Basic Books.

Ich kann mir auch nicht vorstellen, wie ich dieses Projekt jemals ohne die unschätzbare Hilfe von Natalya St. Clair hätte stemmen sollen. Von ihr stammen die vielen, vielen Zeichnungen, Abbildungen und Diagramme, die dieses Buch schmücken. Natalya hat die Gabe, Mathematik wunderschön aussehen zu lassen – und es ist ein Vergnügen, mit ihr zu arbeiten.

Eine Unmenge wertvolles Feedback bekam ich von meinem ehemaligen Studenten Sam Gutekunst, der jedes einzelne Kapitel des Manuskripts genau durchlas. Sam hat das Buch in so vieler Hinsicht verbessert, dass er T.J.s Aufgabe deutlich einfacher machte. Ich hatte auch das Glück, dass die Mathematiker Amy Shell-Gellasch und Vincent Matsko das Buch Kapitel für Kapitel mit ihrem scharfen Blick durchgingen. Von ihnen stammen viele Anregungen, die das Endprodukt erheblich beeinflussten.

Ich habe das Glück, am Harvey Mudd College tolle Kollegen und Studenten zu haben. Mein besonderer Dank gilt Professor Francis Su für viele Gespräche und seine MathFun-Facts-Website. Ich möchte auch Christopher Brown, Gary Chartrand, Jay Cordes, John Fort und Mohamed Omar für wertvolle Gespräche und Ideen danken.

Ich danke Ethan Brown dafür, dass er mir seine Methode verriet, wie er sich Tau merkte, Doug Dunham für die Erlaubnis, sein Schmetterlingsbild zu verwenden, Dale Gerdemann für die Erstellung des Sierpinski-Diagramms, Mike Keith für die Erlaubnis, *Near a Raven*, seinen tollen Tribut an π, zu verwenden,

den Mathemusikern Larry Lesser und Dane Camp für die Erlaubnis, ihre Texte *Mathematical Pi* und *Knowin' Induction* zu verwenden, und Natalya St. Clair für das „Goldene Rose"-Foto.

Dank auch dem sehr professionellen Team bei Perseus Books. Es war ein Vergnügen, mit Quynh Do, T.J. Kelleher, Cassie Nelson, Melissa Veronesi, Sue Warga und Jeff Williams (neben zahllosen anderen, die hinter den Kulissen schuften) zu arbeiten.

Riesengroßen Dank schulde ich The Great Courses dafür, dass sie so wunderbare DVD-Kurse produzieren, die es mir ermöglicht haben, Mathematik einem viel größeren Publikum nahezubringen, als ich es je für möglich gehalten hätte. Vielen Dank auch dafür, dass ich mich ausgiebig von dem Material von *Joy of Mathematics* bedienen durfte, als ich dieses Buch hier schrieb. Bei all diesen Kursen wäre ohne Jay Tate nichts gegangen.

Ich möchte meinen Eltern danken, Larry und Lenore Benjamin, und den Lehrern, die mich zu dem formten, was ich heute bin. Ich werde meinen Grundschullehrerinnen Betty Gold, Mary Ann Sparks und Jean Fisler ewig dankbar sein, ebenso den Studenten und Professoren der Fachbereiche Mathematik und angewandte Mathematik an der Mayfield High School, Carnegie Mellon University, Johns Hopkins University und am Harvey Mudd College.

Am meisten möchte ich meiner Frau Deena und meinen Töchtern Laurel und Ariel danken, für ihre Liebe und Geduld, während ich dieses Buch hier schrieb. Deena hat jedes einzelne Wort korrekturgelesen, ihr gilt meine ewige Liebe und Dankbarkeit.

Arthur Benjamin
Claremont, California
2015